確率論入門

赤 攝也

筑摩書房

文庫化に際して

『確率論入門』(培風館)が筑摩書房により文庫化されることになった.これを機に一言申し述べたい.

本書は現代確率論への入門書であって専門書ではない.だから,確率論を勉強しようという人には十分だが,研究しようという人は,本書で得た知識を武器として,専門書に挑戦して頂かなくてはならない.

1958年に初版が出たとき,この分野の重鎮であった諸先輩から大変好意的な批評を頂いて,とても嬉しかったことをよく覚えている.

その後長い間,多くの読者を得て来たが,一方,確率論そのものも大きく発展して来ている.

だから,文庫化のお誘いがあったとき,果して今も以前のような役割りをになうにふさわしいかどうかを確かめなければならなかった.

幸い,結果は大丈夫というものであった.しっかり書いてあるという感想を得たのである.それで,よろこんで文庫化をお願いしたのであった.

一人でも多くの読者のお役に立つことを願ってやまない.

なお，今回いろいろとお世話になった筑摩書房と編集の海老原勇氏に深く感謝している．また，永年旧版の刊行に努力して下さった培風館にも厚くお礼を申し上げる次第である．

2014 年 3 月 19 日

赤　攝　也

はしがき

　確率論は，偶然および予測に関する理論である．これは，パスカル（Pascal），フェルマ（Fermat）にはじまり，ラプラス（Laplace）などによって大幅に発展せしめられ，そしてボレル（Borel）により新しい生命をあたえられた．また，これに現代数学的衣裳をもたらしたのはコルモゴロフ（Kolmogorov）の功績である．

　およそ，何らかの形で偶然ないしは予測の介入する問題について，ある程度正確な判断を下そうとすれば，われわれは必然的にこの理論の援助をこわなければならない．そして確率論は，いまや，このような要求の多くに，十分こたえうるくらい，大きく成長をとげたといってよい．また，純粋に数学理論として見ても，決して他の分野にひけをとらない顕著な存在となってきた．この理論の，広範囲の普及がのぞまれるゆえんである．

　著者は，本書が，この理論に対するわかりやすい入門書となるように目ざして書いた．確率論の何たるかを知りたい学生や一般人諸士にとっても，また，この理論を何かの役に立てたいと思う他分科の学者，技術者にとっても，それぞれの役目をはたすようくふうしたつもりである．

確率論には，古来極めて多くの書物が出版されている．しかも，その中には名著といわれるものも数多い．それゆえ，いまさら，そのリストに一書を加えるのは無用のわざと考えられるかも知れない．しかし，実情は決してそうではないのである．

　これまでの確率論の書物の多くは，ほぼ二種類に分類しうるように思う．その一つは，ラプラスなどの研究を中心とする，いわゆる古典確率論のそのままの解説書であり，もう一つは，ボレル，コルモゴロフにはじまる近代確率論の，現代数学風の解説書である．この当然の帰結として，これら二つのグループの書物の間には，かなり顕著な断層を指摘することができる．そしてしかも，この断層を埋めてくれる書物はほとんどないといってよいのである．この実情は，確率論をその全般にわたって修得したいと思う諸士にとって，かなり大きな障害であると思われる．

　そこで，著者は，古典確率論を，平易さを失わない範囲でできるだけ現代風に再編成するとともに，近代確率論を平易化してそれに接続し，もって上述の断層を少しでも埋めるような書物が必要であると考えた．その結果が本書なのである．

　一方，著者は，この目的の上からも，読みやすさという点からも，本書を読むのに必要な素養は，せいぜい大学の一般教養の数学の程度に局限しなければ，あまり意味がないと信じ，そのように配慮した．

　したがって，これらの意図が現実に達せられたものとす

れば，本書は，かなり広範囲の読者に役立ちうるものと思う．しかし，はたして意図通りのものができているかどうかは，諸士の御批判にまたなくてはならない．忌憚のない御意見を切望する次第である．

　最後にお礼の言葉を申し述べたい．新数学シリーズの監修者である吉田洋一教授，ならびに立教大学の古屋茂教授は，ていねいに内容を閲読され，数多くの御注意を下さった．これによって，本書は，大幅な改良の機会に恵まれたわけである．また，立教大学数学科の中島京子さんは，実にたんねんに校正をして下さった．さらに，培風館の野原博氏，森平勇三氏の，万般にわたる御好意は特記しなければならない．本書は，これらの方々の御援助あってはじめてうまれ出ることができた．深く感謝の意を表するものである．

1958 年 12 月

　　　　　　　　　　　　　　　　　　　赤　攝　也

目　次

文庫化に際して　003
はしがき　005
いとぐち　013

I. 確率の概念　026

§1. 事　象 …………………………………… 026
§2. 確　率 …………………………………… 031
§3. 集合の概念 ……………………………… 034
§4. 集合の演算 ……………………………… 037
§5. 確率事象 ………………………………… 040
§6. 確率の基本的性質 ……………………… 048
§7. 確率空間 ………………………………… 050
§8. 確率空間の例 …………………………… 055
　　演習問題 I ……………………………… 064

II. 確率の性質　066

§1. 事象の関係 ……………………………… 066
§2. 確率の基本的性質 ……………………… 072
§3. 二つの事象の独立性 …………………… 079
§4. 多くの事象の独立性 …………………… 085
§5. 相対確率の性質 ………………………… 093
　　演習問題 II ……………………………… 099

III. 多重試行　101

§1. 二重試行 ………………………………… 101
§2. 確率事象の標準形 ……………………… 109
§3. 多重試行 ………………………………… 115

- §4. 確率の計算 ……………………… 118
- §5. 多重確率空間 ……………………… 124
- §6. 無限多重試行 ……………………… 127
-    演習問題III ……………………… 135

IV. 確率変数   137

- §1. 確率変数 ……………………… 137
- §2. 確率変数の演算 ……………………… 145
- §3. 確率変数の独立性 ……………………… 151
- §4. 平 均 値 ……………………… 154
- §5. 分散, 標準偏差, 共分散 ……………………… 161
- §6. 大数の法則 ……………………… 167
- §7. ポアソンの小数法則 ……………………… 171
- §8. ラプラスの定理 ……………………… 175
-    演習問題IV ……………………… 186

V. マルコフ連鎖   189

- §1. 単純マルコフ連鎖 ……………………… 189
- §2. 多重確率空間 ……………………… 198
- §3. 極限分布 ……………………… 206
- §4. マルコフ連鎖 ……………………… 214
- §5. エントロピー ……………………… 221
- §6. 術語に対する注意 ……………………… 233
- §7. 確率過程 ……………………… 235
-    演習問題V ……………………… 237

VI. ボレル型の確率空間   241

- §1. 確率事象拡張の必要性 ……………………… 241
- §2. 連続性の公理 ……………………… 244
- §3. ボレル型の確率空間 ……………………… 251
- §4. 大数の強法則 ……………………… 255
- §5. 確率変数の拡張 ……………………… 263

§6. 可測関数の理論から ……………………………………… 267
　§7. 確率変数の性質 …………………………………………… 272
　　　演習問題Ⅵ ………………………………………………… 285

付　録　289

　§1. ガウス分布とスターリングの公式 ……………………… 289
　§2. 多重確率空間 ……………………………………………… 293
　§3. カラテオドリの定理 ……………………………………… 301

参考書について　307
問題解答　309
文庫版付記　318
索　引　322

確率論入門

いとぐち

1. 本書は，**確率論**，すなわち**確率**なるものに関する理論への入門書たることをこころざす．――それでは，いったい，確率とは何であろうか．

われわれは，本文に入るまえに，まずいささかの頁をさき，この概念の大まかな説明をこころみたいと思う．これから取り組もうとする対象について，たとえ漠然とでもいくらかの知識を得ておくことは，決して無益ではないと信ずるからである．

人によっては，漠然とした知識は真の知識ではなく，かえって誤解を招くのみであると説く向きもないではない．しかし，たとえ真の知識ではないにしても，真の知識を得るいとぐちとしての効果のあるものならば，なにもやせがまんをして，これを無理に排除することはないであろう．

すなわち，以下は，いわば本書における話へのいとぐちといった役割を果たそうとするものである．

2. この世の中には，ある実験をほぼ同じ条件の下でくりかえしたとしても，いつも同じ結果が得られるとはかぎらないことがある．たとえば，よく切られた1組のトランプから，でたらめに1枚を抜き取る，という実験を考えて

みる．これは，そのおこなわれる時や所や，おこなう人には関係がなく，いつも同じ条件でおこないうると見なされるものである．しかし，それにもかかわらず，抜かれたカードは毎回違っているのが普通である．

また，サイコロを振る，という実験もそうである．できる限り同じ条件でサイコロを振ったとしても，めったに同じ目が出るものではなく，それどころか，次に出るはずの目を予想することさえもできないであろう．

かといって，われわれはここでそのような事態をなげこうというのではない．トランプやサイコロの利用価値は，まさしくこのような"偶然性"にあるということができる．トランプをいくらよく切っておいても，そこからでたらめに抜いたカードが，いつもたとえばハートのA（エース）であるならば，トランプ遊びの大半は，はなはだつまらないものとなろう．また，サイコロを振るといつでも3の目が出る，というふうな世の中がどこかにあるとすれば，そこでははじめから双六遊びなどというものは考えられないはずなのである．

要するに，この世の中には，ほぼ同じ条件の下で同じ実験をおこなったとしても，その結果が偶然に支配されて，いろいろと変わってあらわれることがある．そして，そのような実験は，結果のいつも同じであるような必然的な実験に比較し，決してより低級というわけのものではない．

3. 一般に，その結果が偶然に支配されて，いろいろと変わるような実験を**試行**という．そして，試行の結果とし

て考えうるような個々のものを，その試行の**根元事象**といい表わす．

上にも述べたように，よく切られた1組のトランプ（以下 Joker はのぞくものとする）からでたらめに1枚を抜き取る，という実験は一つの試行である．そして，"ハートのA"，"スペードの3"，"クラブのQ"，……などは，すべてこの試行の根元事象である．

サイコロを振る，という実験も一つの試行である．この場合の根元事象としては，"1の目"，"2の目"，……，"6の目"の6個がかぞえ上げられる．

例1. 10円銅貨を床になげ，表が上か裏が上かを調べる，という実験は一つの試行である．この場合の根元事象は"表"，"裏"の二つである．

例2. 1等から5等までのくじの多数入った福引の箱をよくかきまぜて，その中から1本のくじを引き，何等かを調べる，という実験は一つの試行である．この場合は，"1等"から"5等"までの5個の根元事象がある．

注意1. 各等のくじは，それぞれ何本もあるであろう．たとえば，1等10本，2等20本，3等30本，……．しかし，上の実験の"結果"としては，どのくじが出たか，ではなく，何等であったか，という点が注目されている．したがって，その根元事象は，おのおののくじそのものではなく，出たくじの等級となるのである．

例3. 10円銅貨を床になげ，それが北の方向から右へどの位傾いているかを示す角度 θ をはかる，という実験を考える（次ページの第1図参照）．ただし，銅貨の表裏は問題にしない．そのとき，これは一つの試行であって，その根元事象は0以上 2π 未満のあらゆる角度である．

例 4. ある物体の質量を天秤で測定する．物理実験をやったことのある人はよく知っているであろうが，このような測定をくりかえすとき，その度ごとに測定値は偶然に支配されて，微妙な食いちがいをおこすものである．よって，これは一つの試行と考えることができる．ところで，測定値は食いちがうとはいっても，大概は本当の質量に近いのであるが，まれには本当の質量からきわめてかけはなれた値が得られることもある．そして，測定値がその中におさまるような上下の限界をきめることはかなりむずかしい．それゆえ，この試行の根元事象としては，あらゆる正の実数を考えておくのが無難である．

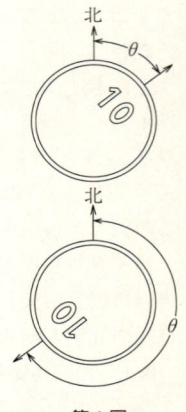

第 1 図

これらの例からも知られるように，一つの試行の根元事象は，有限個のこともあり，無限に多くあることもあるのである．

4. 日常，上に述べたような試行をめぐり，ある事柄の"起る可能性の程度"が問題になることがある．

たとえば，普通の福引では，"3 等以下が当たる"という事柄の可能性は，"2 等以上が当たる"という事柄の可能性よりも，よほど大きいようになっている．また，トランプ抜きの試行では，良識からいって，"ハートが出る"という事柄と，"ダイヤが出る"という事柄とは，全く同程度に起る可能性をもつと考えられる．ハートもダイヤも，ともに 13 枚のカードからなるからである．

これらの例にかぎらず，一般に試行を行おうとする人の関心事は，もっぱらこのようなこと——つまり，ある事柄の"起る可能性の程度"であるということもできる．結果が偶然に支配されていろいろに変わりうる以上は，結果についてあらかじめ知りうることは，いやおうなしにそのような種類のものに限られてしまうからである．

　それでは，この"起る可能性の程度"というものを，もっと明確にとらえる方法はないものであろうか．もし，これに対し何らかの方式が定められ，その結果，種々の事柄の起りやすさを比べることができるようになるならば，その効用にはけだし大きなものがあるであろう．

　実をいえば，本書の対象たる確率とは，まさにこのような要望にこたえんとする概念なのである．よりくわしくいえば，ある事柄の確率とは，その起る可能性の程度というものを，0以上1以下の一つの数値でもって表現するものにほかならない．そして，より起りやすい事柄の確率はより大きく，より起りにくい事柄の確率はより小さいように定められるのである．

　5. それでは，いったい，事柄の確率はどのようにして定めるか．

　確率の理論はラプラス（P. S. Laplace, 1749-1827）によってその基礎を固められた．そのラプラスの提案した方法を次に紹介しよう：

　例として，トランプ抜きの試行を考え，"ハートが出る"という事柄に注目する．カードの総枚数は 52 枚，ハート

の枚数は13枚である．試行に際しては，カードはよく切られ，十分にまぜあわせられる．そして，その中から1枚のカードが抜かれるのである．して見れば，52枚のカードは，全く平等に抜き出される機会をもつといわなければならないであろう．すなわち，特定の，たとえばスペードのAがとくに抜かれやすい，などということはなく，どのカードも全く同じ程度に抜かれる可能性をもつであろう．それゆえ，抜かれるカードがハートである可能性は，52に13の程度，いいかえれば，全体を1として $\frac{13}{52}=\frac{1}{4}$ の程度であるといっても不自然ではない．この事情をもってラプラスは，"ハートが出る"という事柄の確率は $\frac{1}{4}$ であるというのである．

一般に，彼は次のように定義する：

試行の根元事象が全部で N 個あって，それらは全く同じ程度に起る可能性をもつとする．このとき，一つの事柄にとって都合のよい根元事象——すなわち，それが出ればその事柄の起るような根元事象——の数が R 個あれば，その事柄の確率は

$$\frac{R}{N}$$

である．

上のトランプ抜きの例では，$N=52$, $R=13$ となっている．

例5. サイコロ投げの試行では，もしそのサイコロが完全なものであれば，6個の根元事象は全く同じ程度に起る可能性をもつ

とみなされる．一方，たとえば"偶数が出る"という事柄にとって都合のよい根元事象は，2の目，4の目，6の目の三つである．ゆえに，"偶数が出る"という事柄の確率は $\frac{3}{6}=\frac{1}{2}$．同様にして，"1か2が出る"という事柄の確率は $\frac{2}{6}=\frac{1}{3}$，"3以上が出る"という事柄の確率は $\frac{4}{6}=\frac{2}{3}$ である．

6. 上に述べたラプラスの定義はきわめて有用である．これの適用しうる場合は非常に多く，方面によっては，これ以外の方法は全く不必要といいう位である．

しかしながら，もっと広く種々の方面に応用しうるような理論を構成しようとすると，少々不便な点もないではない．

たとえば，サイコロ投げの試行を考える．もし，さいわいに用意したサイコロが完全なものならば，たしかにラプラスの定義を適用することができるであろう．しかし，残念ながら多くのサイコロはそうではない．また，例3の試行では，根元事象は0以上 2π 未満のあらゆる実数であって，その個数は無限にある．したがって，たとえば"銅貨のかたむきが $\frac{\pi}{4}$ 以下である"というような事柄の確率を計算しようとすると，定義における $\frac{R}{N}$ は分母も分子も無限大となって，たいへんぐあいがわるいのである．

いったい，このような試行における，いろいろの事柄の確率をきめるにはどうしたらよいのであろうか．——その対策として考えられるのが，次に述べる **"相対頻度"** を利用する方法である．

7. 人は，一つのサイコロが完全であるかないかを調べ

たいとき，どういう方法をとるであろうか．おそらく，実際に振ってみるのではないであろうか．実は，"実際に何度も何度も試行をくりかえして，どの程度に問題の事柄が起るかをみる"，これがこれから説明しようとする方法の核心なのである．

一つのサイコロを取り，それを何回も何回も振って，出た目の数を記録する：

$$5, \ 3, \ 2, \ 1, \ 5, \ 2, \ \cdots, \ 6.$$

そのとき，もし，このサイコロが完全なものならば，どの目も平等に出る機会をもち，特にどの目が他の目にくらべて出やすいということはない．つまり，どの目もだいたい似たような回数だけあらわれると考えるのが自然である．それゆえ，たとえば，1 の目の出た回数を r，くりかえしの総回数を n として，$\frac{r}{n}$ という数を計算すれば，これは $\frac{1}{6}$ に近いことが期待されるであろう．

もちろん，試行の結果は偶然に支配されるから，全く偶然に，1 回目から n 回目までずっと引続いて 1 の目ばかり出ることもないとはいえない．また，反対に，何回くりかえしても 2 以上の目ばかりということも，あるいはあるかも知れない．しかし良識によれば，このようなことはきわめてまれな例外的なことであって，多くの場合，$\frac{r}{n}$ は $\frac{1}{6}$ に近いと考えることができる．

もっと具体的にいえば："何回も何回も試行をくりかえして $\frac{r}{n}$ を求める"という操作を，これまた何回もくりかえし

(*) $$\frac{r_1}{n_1}, \frac{r_2}{n_2}, \cdots, \frac{r_k}{n_k}, \cdots$$

という数の列をつくれば,なかには $\frac{1}{6}$ からかなりへだたった例外的なものもあろうけれども,大勢としては,これらの数は $\frac{1}{6}$ に密集する傾向をもつであろう.

しかしながら,取りあげたサイコロが完全なものでなければ,そうはいかない.このときは,おそらく(*)のような列の各数は, $\frac{1}{6}$ からずれた別の数,たとえば $\frac{1}{5}$ とか $\frac{1}{7}$ とかのような数に密集する傾向が見られるであろう.たとえ,1の目について調べてみて不成功でも,他の目に注目すれば,必ず $\frac{1}{6}$ からのかたよりが見られるはずである.

さて,もし(*)のような列の各数が,たとえば $\frac{1}{5}$ に密集する傾向をもつならば,"1の目が出る"という事柄の確率は, $\frac{1}{6}$ よりはむしろ $\frac{1}{5}$ と定めるのが自然であろう.もっと別の数に密集する傾向をもてば,その数とすべきである.――説明しようとしている確率の定義法は,ほぼこのようなものにほかならない.はっきり述べれば次のごとくである:

一般の試行において,それを何回も何回もくりかえし行い,結果の根元事象の列を

(**) $$a_1, a_2, \cdots, a_n$$

とする.このとき,ある事柄 E にとって都合のよい根元事象が r 回あらわれていれば,

$$\frac{r}{n}$$

なる数を，列(**)における事柄 E の相対頻度という．

いま，相対頻度をいくつもいくつもつくり

$$\frac{r_1}{n_1}, \frac{r_2}{n_2}, \ldots, \frac{r_k}{n_k}, \ldots$$

なる列を観察する．このとき，もしそれらの数が一定値 α の近くに密集する傾向をもつならば，その事柄 E の確率は α であるといい，$p(E)$ と書く．

この定義には，ラプラスの定義におけるような窮屈な制限はない．したがって，いかなる試行にも適用しうるという強味をもっている．しかも，ラプラスの定義の用いうる場合には，良識からいって，両方の仕方で求めた数値は一致するものと考えることができる．それゆえ，相対頻度を利用する定義は，ラプラスの定義をふくみ，更にひろいのである．

例6. 例3の試行では，実際に試行をくりかえすことにより，次の事実が確かめられる："銅貨のかたむきが $\frac{\pi}{4}$ 以下である" という事柄の確率は

$$\frac{\text{区間 } [0, \pi/4] \text{ の長さ}}{\text{区間 } [0, 2\pi[\text{ の長さ}} = \frac{\pi/4}{2\pi} = \frac{1}{8}$$

にひとしい[1]．さらに一般に，"銅貨のかたむきの角度が区間 $[a, b]$ に入る" という事柄の確率は

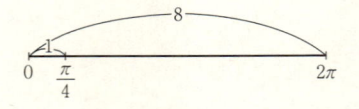

第2図

$$\frac{区間\,[a,\,b]\,の長さ}{区間\,[0,\,2\pi[\,の長さ}$$

にひとしいことが確かめられる. $[a,b[$, $]a,b]$, $]a,b[$ という形の区間についても同様である[1].

例7. 同じく例3の試行において, "銅貨のかたむきが $\frac{\pi}{2}$ である"という事柄の確率は0にひとしいことが知られている. つまり, 試行を何回も何回もくりかえし,

$$a_1,\ a_2,\ \cdots,\ a_n$$

なる根元事象の列をつくるとき, この中に $\frac{\pi}{2}$ が入っていることは, まれにはあっても, 多くの場合それは姿をあらわさない. いいかえれば, 相対頻度 $\frac{r}{n}$ は多くの場合0にひとしく, 結果として, それは0に密集する傾向をもつのである.

さらに一般に, "銅貨のかたむきの角度が a にひとしい"という形の事柄の確率は, すべて0にひとしいことが確かめられる.

注意2. 例7からもわかる通り, 確率が0にひとしいということと, その事柄が起り得ないということとは, はっきりと区別しなくてはならない. ただし, 起り得ない事柄の確率が0となるのはいうまでもないことである.

8. 以上で明らかなように, 事柄 E の起る確率が α であるとは, 試行を何回も何回もおこなうとき, E が1に対して α の割合で起るということ; あるいは別の言葉でいえば, 1回の試行において, E が, 全体を1とするとき α の程度の起る可能性をもつということにほかならない.

---

1) $a \leq x \leq b$ なる実数 x の集まりを, a を左端, b を右端とする閉区間といい, $[a,b]$ で表わす. 同様に, $a \leq x < b$, $a < x \leq b$, $a < x < b$ なる実数 x の集まりを, それぞれ, a を左端, b を右端とする左閉区間, 右閉区間, 開区間といい, $[a,b[$, $]a,b]$, $]a,b[$ とかく. これらの区間の長さとは線分としての長さ, つまり $b-a$ のことを指す.

確率論とは，このような概念についての理論なのである．

それでは，具体的にいって，これはどのように応用されるのであろうか．

確率論の応用分野はいろいろとあるが，その最も大きなものの一つは**統計数学**である．統計数学は，多数の対象の集団の性格を，ごく少数の見本から推測することをその目的の一つとしている．例をあげよう：

ここに 30,000 個の製品の入った箱があるとして，その中に不良品がどの程度あるかを調べたい．不良品が全体の $\frac{1}{3}$ 以下であれば合格であるが，そうでなければ不合格となることになっている．ところが，ためしに箱の中から 1 個の見本をでたらめに取り出し，それをもとへもどすことなくもう 1 個取り出し，以下同様にして総計 50 個の見本を取って調べたところ，その中に 22 個の不良品を発見した．この箱は合格するであろうか．

このようなのが，統計数学における最も典型的な問題なのである．ところが，確率論は次のことを教えるのである：

そのような箱の中から，上のように次々と，総計 50 個の見本を抜き出す，という試行を考える．根元事象は，もちろん，取り出された 50 個の見本の列である．このとき，もし箱の中の不良品の割合が $\frac{1}{3}$ 以下ならば，"根元事象の中の不良品の個数が 22 個以上である" という事柄の確率は 0.08 よりも小さい[2]．

つまり，もしその箱が合格するはずのものならば，今のような22個もの不良品を発見するという事柄は，100回中8回も起らない位まれなことなのである．したがって，この場合，その箱が合格するはずのものであるにもかかわらず，そのような珍しいことが起った，と考えるよりは，むしろその箱は不合格なのだ，と判断する方が常識的であろう．なぜならば，そのような処置をとっても，合格するはずのものを不合格とするような失敗は100回に8回もない道理だからである．

つまり，確率論は，統計数学の目的，すなわち種々の事情からあらゆるものを調べつくすことが不可能なときに，少数の見本から全体を推測する，ということに対し，きわめて強力な基礎を提供するのである．

9. これで確率の概念の漠然とした外貌，ならびにその効用の一部が，ほぼ納得されたことと思われる．そこで，これらを話のいとぐちとして，いよいよ本論に入ることとしたい．

---

2) 187ページを参照．

I. 確率の概念

"いとぐち"において，われわれは，確率がおおよそどのようなものであるかを説明した．この章は，本論の最初として，その概念をもっとはっきりとさせ，以下の章に対する基礎を固めることにささげられる．

ところで，確率は，いろいろの"事柄"に対して定義された．それゆえ，確率の概念を明確にするためには，まずもって"事柄"というものを十分に調べておかなくてはならない．そこでわれわれは，最初に事柄というものを分析して"事象"の概念を設定し，ついで確率にすすむ，という順序をとることにする．

§1. 事　象

1. すでに述べたように，**試行**は一種の実験である．すなわち，一つの実験を同じ条件のもとでくりかえしたとしても，その結果が偶然に支配されていろいろに変わりうる場合，そのような実験を試行というのである．また，試行の結果となりうる個々のものを，その試行の**根元事象**というのであった．

前にあげた例をくりかえせば：よく切られた1組のトランプからでたらめに1枚を抜き取る，という実験は一つの試行である．これには，"ハートのA"，"スペードの3"，"ダイヤのQ"，…など，総計52個の根元事象がある．また，サイコロを振る，という実験も一つの試行である．こ

の場合の根元事象は，"1の目"から"6の目"までの6個である．

ところで，一つの試行を固定すると，実に種々様々の"事柄"が考えられる．たとえばトランプ抜きの試行では，"ハートが出る"，"2が出る"，"黒いカードが出る"，"ハートか2が出る"，"クラブが出ない"，"黒いKが出る"，…等々．サイコロ投げの試行では，"偶数が出る"，"2も3も出ない"，"素数が出る"，"1か4以上かが出る"，…等々．

それではいったい，一つの試行に対してどのくらい多くの"事柄"がありうるであろうか．さらにさかのぼって，そもそも"事柄"とは何なのであろうか．

2. しかし，これは別に難問ではない．

例としてトランプ抜きの試行をとり，"ハートが出る"という事柄を考えてみる．この事柄は，よりまわりくどくいえば，"試行の結果の根元事象がハートである"ということと同じである．したがってそれは，試行の結果の根元事象が

{ハートのA，ハートの2，ハートの3，…，ハートのK}

という"ハートのカード全体のグループ"に所属する，ということにほかならないであろう．

これがわかれば，全く同様にして，どのような事柄も"グループ"という言葉でもっていいかえうることが明らかとなる．たとえば，"2が出る"という事柄は，試行の結果が

　{スペードの2，クラブの2，ダイヤの2，ハートの2}

というグループに所属するということであり，"クラブが出ない"という事柄は，試行の結果がスペード，ダイヤ，ハートのあらゆるカードから成るグループに所属することと解釈することができる.

すなわち，あらゆる事柄は，"試行の結果の根元事象がこれこれのグループに所属する"という形にひきなおすことが可能である.

3. 一般に，一つの試行に対応する根元事象をいくつか集めてできるグループのことを，その試行における**"事象"**という．たとえば，上の例における"ハートの全体"はトランプ抜きの試行における事象である.

同様にして，"2の全体"，"クラブとスペードの全体"，"クラブ以外のカードの全体"…なども，同じ試行における事象である．さらに，サイコロ投げの試行では，2, 4, 6の全体，1, 3, 5の全体，1, 4, 5, 6の全体，…などの事象がある.

さて，この事象の概念を用いれば，上に述べたことから明らかに，あらゆる"事柄"は"試行の結果の根元事象がこれこれの事象に所属する"という形にいい表わすことができる．したがってまた，事柄は，根元事象を集めてできるグループの個数と同じ数だけあることもわかるわけである.

簡単のために，今後，"試行の結果が事象 E に所属する"というかわりに，**"事象 E が起る"**ということがある．たとえば，トランプ抜きの試行において，ハートのAが結果

としてあらわれたならば，"ハートの全体"という事象は"起った"のである．

また，事象 E に所属する根元事象は，その事象にとって**都合がよい**といわれる．そうでないときは，もちろん**都合がわるい**という．ハートのAは"ハートの全体"という事象にとっては都合がよく，"2の全体"という事象にとっては都合がわるいわけである．

4. ただ一つの根元事象は，それ一つで一つの事象を構成する．いわゆる1人1党である．たとえば，サイコロ投げの試行において，"1の目が出る"という事柄に対応する事象は，1の目だけから成るグループである．

また，一つの試行におけるあらゆる根元事象を集めてできるグループは，最も広汎な事象を構成する．これをその試行の**全事象**という．たとえば，トランプ抜きの試行では，52枚のあらゆるカードから成るグループが，その試行の全事象である．全事象は，つねに起る，という特徴をもつ．すなわち，どのような根元事象も，その事象にとって都合がよいのである．

ところで，これまでは混乱を避けるためにわざと無視してきたのであるが，"事柄"の中にはちょっと意地の悪いものもあるのである．たとえば，トランプ抜きの試行における"黒くて赤いカードが出る"というようなものがそうである．なぜ意地がわるいかといえば，これを事象に翻訳しようとすると，

　　試行の結果の根元事象が，"黒くて赤いカードの全体"

に所属する

というふうになって，出てくる事象は中味が空っぽとなってしまう．黒くて赤いカードなどというものはあり得ないからである．この事象は，たとえていえば，資格がむずかしくて会員になりてのない会のようなものであろう．

中味の空っぽのグループといえば，少々妙な気がしないでもない．しかしながら，われわれの趣旨の上からは，いかなる事柄も事象に翻訳できないと困るのである．したがって，多少妙ではあるけれども，今後はこのような中味のないグループをも事象の仲間に入れ，それを**空事象**と呼ぶことに規約する．

これは，いかにしても起らない，という特徴をもっている．つまり，いかなる根元事象も，空事象にとっては都合がわるいのである．

問1. トランプ抜きの試行における次の事柄に対応する事象を考え，それに所属する根元事象を全部あげよ：

(a) 黒いカードが出る；　　(b) ハートか2が出る；
(c) 黒いKが出る；
(d) クラブのJ, Q, Kが出ない．

問2. サイコロ投げの試行における次の事柄について，問1と同様のことを行え：

(a) 偶数が出る；　　　　(b) 2も3も出ない；
(c) 素数が出る；　　　　(d) 1か5以上かが出る．

問3. サイコロ投げの試行では，いったいいくつの事象があるか．個数を調べよ．

問4. 一つの試行において根元事象が N 個あるとき，事象は

いくつあるか．

§2. 確　率

1. われわれは"いとぐち"において，事柄の確率という概念を説明した．しかし前節では，事柄という言葉は"事象"というより明確な概念によっておきかえられてしまった．それゆえ，確率は，もはや"事柄の"確率であるよりは，むしろ"事象の"確率でなくてはならない．

したがってわれわれは，ここで，確率の概念を，事象の概念に関連して整理しなおすことにしよう．

一つの試行を考え，それにおける任意の事象を E とする．いま，その試行を何回も何回もくりかえしおこなって，その結果の根元事象を記録し，それを

(1) $$a_1, a_2, \cdots, a_n$$

とおく．もし，この根元事象の列の中に，E にとって都合のよいものが r 回あらわれているならば，数

$$\frac{r}{n}$$

を，列(1)における事象 E の**相対頻度**という．

さて，試行をくりかえしくりかえしおこなって，結果の根元事象を記録し，それから相対頻度を計算する，という操作をこれまた何回もくりかえす．このとき，もし相対頻度の列

$$\frac{r_1}{n_1}, \frac{r_2}{n_2}, \cdots, \frac{r_k}{n_k}, \cdots$$

が一定の数 α に密集する傾向があると認められるならば，α を**事象 E の確率**，あるいは**事象 E の起る確率**であるといい

$$p(E) = \alpha$$

としるす．

2. 特別の場合として，根元事象の総数が N 個で，そのどれもが平等にあらわれる可能性をもつような，そういう試行を考える．そして，事象 E にとって都合のよい根元事象の数が，全部で R 個あるものとする．

このときは，すでにくわしく述べたことから明らかに，試行のくりかえしの結果の列(1)における E の相対頻度 $\dfrac{r}{n}$ は，多くは $\dfrac{R}{N}$ に近いであろう．そしてしかも，それらは $\dfrac{R}{N}$ の近くに密集する傾向をもつと考えることができる．ゆえに，この場合は

$$p(E) = \frac{R}{N}$$

とおくことがゆるされる．

この特別の場合の定義を**ラプラスの定義**という．

たとえば，トランプ抜きの試行において，ハート全体のつくる事象を E，2のカード全体のつくる事象を F とすれば，52個の根元事象——カード——がどれも平等に出る可能性をもつことから，

$$p(E) = \frac{13}{52} = \frac{1}{4}, \quad p(F) = \frac{4}{52} = \frac{1}{13}$$

であることが認められる．また，サイコロ投げの試行にお

いて，サイコロが完全なものであれば，奇数の目の全体のつくる事象 E の確率は $\frac{1}{2}$ にひとしい：

$$p(E) = \frac{3}{6} = \frac{1}{2}.$$

注意．確率を定めるには，必ずしも実際に試行をくりかえしおこなって，相対頻度を数多く求めなければならぬというわけではない．たとえば，もしサイコロの完全であることが他の方面から何らかの方法でわかっているならば，ただちにラプラスの定義を適用することができる．それ以外の場合にも，他の方面からの知識を援用して，相対頻度がどのような値に密集するはずであるかを，実際の試行にうったえることなく知りうることがある．また，実際に確率を求めなくても，それを p とか q とかいう記号で表わしておくことによって，十分に有益な議論を展開しうることもないではない．

3．全事象にとっては，あらゆる根元事象は都合がよい．よって，試行の結果の列

$$a_1, \ a_2, \ \cdots, \ a_n$$

をつくれば，これにおける全事象の相対頻度は

$$\frac{n}{n} = 1$$

にひとしい．これより，全事象——これを Ω と書く——の確率は1であることが知られる：

$$p(\Omega) = 1.$$

一方，空事象は起ることがない．つまり，いかなる根元事象もそれにとって都合がわるいのである．それゆえ，試行の結果の列をつくれば，その相対頻度はつねに

$$\frac{0}{n} = 0$$

である．ゆえに，空事象——これを $\emptyset$ と書く——の確率は0にひとしい：

$$p(\emptyset) = 0.$$

問1. §1, 問1でえられる事象のおのおのについて，その確率を計算せよ．

問2. §1, 問2でえられる事象のおのおのについて，その確率を計算せよ．

§3. 集合の概念

1. 事象は，いくつかの根元事象のグループであった．そのため，今後確率論を展開していく際，グループというものの特性がいろいろと問題になることがある．それゆえ，この節と次の節とで，そのようなものに関する必要な事項をまとめておくことにしよう．

一般に，もののグループのことを**集合**という．したがって，事象は集合の特別の場合である．また，偶数の全体，自然数の全体，実数の全体なども集合である．

空事象のように，中味の一つもないようなものも，集合の仲間に入れて考えると便利なことがある．これを**空集合**といい $\emptyset$ で表わす．空事象はもちろん空集合である．

集合に所属するメンバーはその集合の**元**（ゲン）といわれる．たとえば，一つの事象にとって都合のよい根元事象はその事象の元である．

§3. 集合の概念

a というものが，M という集合の元であることを
$$a \in M \quad \text{あるいは} \quad M \ni a$$
で表わす．a が M の元でないことは
$$a \notin M \quad \text{あるいは} \quad M \not\ni a$$
としるされる．

例1. 自然数全体の集合を N と書けば
$$1 \in N, \quad 2 \in N; \quad N \ni 100, \quad N \ni 200;$$
$$-1 \notin N, \quad 0 \notin N; \quad N \not\ni \sqrt{2}, \quad N \not\ni \frac{1}{3}.$$

例2. トランプ抜きの試行における"ハートの全体"なる事象を E と書けば
$$(ハートのA) \in E, \quad (スペードの2) \notin E,$$
$$E \ni (ハートの9), \quad E \not\ni (クラブのK).$$

例3. 空集合 $\emptyset$ に対しては，いかなるもの a もその元ではない：$a \notin \emptyset$．

2. 元 $a, b, c, \cdots$ から成る集合を
$$\{a, b, c, \cdots\}$$
なる記号で表わす．たとえば，2と3とから成る集合は $\{2, 3\}$ で，1だけから成る集合は $\{1\}$ で，また自然数全体の集合は $\{1, 2, 3, \cdots, n, \cdots\}$ で表わされる．

例4. トランプ抜きの試行における"ハートの全体"および"2のカードの全体"なる事象は，それぞれ次のように表わされる：
　$\{$ハートのA, ハートの2, $\cdots$, ハートのQ, ハートのK$\}$,
　$\{$スペードの2, クラブの2, ダイヤの2, ハートの2$\}$.

例5. サイコロ投げの試行における"奇数の目の全体"，"偶数の目の全体"，"2の目と3の目の全体"などの事象は，それぞれ次のように表わされる：

{1の目, 3の目, 5の目}, {2の目, 4の目, 6の目},
{2の目, 3の目}.

3. 通常, $(x-3)^2 < 5$ なる実数 x の全体から成る集合は
$$\{x | (x-3)^2 < 5, \ x \text{ は実数}\}$$
と表わされる. また, 方程式 $z^3 + 3z + 1 = 0$ の根であるような複素数 z の全体から成る集合は
$$\{z | z^3 + 3z + 1 = 0, \ z \text{ は複素数}\}$$
としるされる.

つまり, 一般に, もの x についての条件 $C(x)$ ——たとえば "$(x-3)^2 < 5, \ x$ は実数" というようなもの——を満足するような x 全体の集合を
$$\{x | C(x)\}$$
と書くのである. もちろん, x のかわりに $y, z, \ldots$ のような他の文字を用いてもよい.

例6. 区間 $[a, b]$, $[a, b[$, $]a, b]$, $]a, b[$ はそれぞれ次のように表わされる:
$$[a, b] = \{x | a \leqq x \leqq b, \ x \text{ は実数}\}$$
$$[a, b[= \{x | a \leqq x < b, \ x \text{ は実数}\}$$
$$]a, b] = \{x | a < x \leqq b, \ x \text{ は実数}\}$$
$$]a, b[= \{x | a < x < b, \ x \text{ は実数}\}.$$

注意 1. たとえば $\{x | (x-3)^2 < 5, \ x \text{ は実数}\}$ のような書き方において, x が実数であることが明らかなときは, 簡単に $\{x | (x-3)^2 < 5\}$ と書くことがある. これと同様に, 書かなくても自然にわかるような事項ははぶいてもよいのである.

4. 集合 A の元がすべてまた B にも属するとき, A は B の**部分集合**である, B は A をつつむ, A は B につつま

れる，などといい
$$A \subseteq B \quad \text{あるいは} \quad B \supseteq A$$
と書く．

便宜上，空集合はあらゆる集合（自分自身をもふくめて）の部分集合であると規約する．

例7． ハートの全体を A，赤いカードの全体を B とすれば，A の元はまた明らかに B にも属している．よって $A \subseteq B$．

例8． 奇数全体を A，自然数全体を B とすれば，もちろん $A \subseteq B$．

集合 A と B とは，その元が全く重複するときひとしいといわれる．この事情を
$$A = B \quad \text{あるいは} \quad B = A$$
であらわす．

注意2． $A=B$ ということと，
(*) $\qquad\qquad A \subseteq B \text{ かつ } B \subseteq A$

ということとは全く同じことである．何となれば，(*) は，A の元が B の元でもあり，他方また B の元が A の元でもあることを示すからである．この事実は，$A=B$ なる形の等式を証明する場合，極めて有力な手段として用いられる．

問． $A \subseteq B$，$B \subseteq C$ ならば $A \subseteq C$ であることを確かめよ．

§4. 集合の演算

1． いくつかの集合 $A, B, \cdots$ の元を全部よせ集めてできる集合を，$A, B, \cdots$ の**和集合**といい
$$A \cup B \cup \cdots$$
と書く^{次ページ1)}．また，集合 $A, B, \cdots$ のすべてに共通に所

属するような元全体からなる集合を, $A, B, \cdots$ の**共通部分**といい
$$A \cap B \cap \cdots$$
で表わす[2]．

とくに, $A, B, \cdots$ がすべて事象のときは, $A \cup B \cup \cdots$, $A \cap B \cap \cdots$ はそれぞれ $A, B, \cdots$ の**和事象, 積事象**といわれる．

A, B, C がそれぞれ第3図のような円板であれば, $A \cup B \cup C$, $A \cap B \cap C$ はそれぞれ右に示すような図形である．

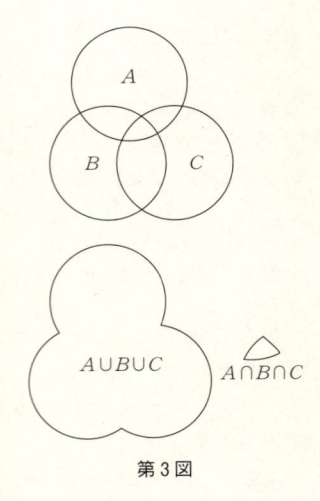

第3図

例1. "ハートの全体" と "2の全体" の和事象は, ハートのカードと2のカードの全体から成る事象である．また, それらの積事象は, ハートの2ただ一つから成る事象:
$$\{ハートの2\}$$
である．

例2. "ハートの全体" と "スペードの全体" には共通に所属する元がない．よってそれらの積事象は空事象である．

 2. 集合 A から, その元のうち集合 B に所属するものを全部引き去った場合, 残りの集合を A と B との**差**とい

---

1) ∪ は join または cup と読む．
2) ∩ は meet または cap と読む．

い

$$A - B$$

と書く．特に A, B がともに事象のときは，これを A と B との**差事象**という．

A, B がそれぞれ第4図の上に示すような円板ならば，$A-B$ は下に示すような図形となる．ただし，それにおける点線の部分は $A-B$ には属さない．

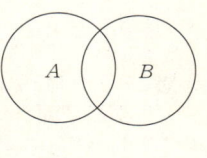

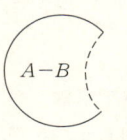

第4図

ある考察をする際，一つの集合を固定し，その部分集合ばかりを考えることがある．たとえば，一つの試行について考えているときはまさしくそれに該当するのであって，あらわれる集合すなわち事象は，すべて全事象の部分集合である．

このように，一つの集合 Ω を固定して，その部分集合だけを考えるとき，$\Omega - A$ なる形の集合のことを A の**余集合**といい

$$A^c$$

で表わす．これは，A に所属していない Ω の元の全体のことにほかならない．とくに，Ω がある試行における全事象のときは，A^c を A の**余事象**という．

例3． ハートの全体の余事象は，スペード，クラブ，ダイヤのカードの全体から成る事象である．

例4． 全事象 Ω の余事象は空事象 $\emptyset$，空事象の余事象は全事

象である：
$$\Omega^c = \emptyset, \quad \emptyset^c = \Omega.$$

問 1. §1, 問1においてえられる事象を二つずつ組み合わせ, その和事象, 積事象をつくってみよ. また, 各事象の余事象はどのようなものになるか.

問 2. §1, 問2について同様のことを考えてみよ.

§5. 確率事象

1. 同じ一つの試行をおこなうにしても, その結果たる根元事象に対する関心の向けられる方向の違うことがある.

たとえば, トランプ抜きの試行をおこなうとき, その結果であるカードの数字[3]は問題ではなく, マークだけが関心事のことがある. また, マークは問題ではなく, 数字だけが関心事のことがある. もちろん, 両方ともにたいせつなこともあるであろう.

一般に, 試行をおこなうとき, 関心の向けられている根元事象の側面のことを, その試行の**指標**という. これは, たくさんあってもかまわない.

さて, トランプ抜きの試行において, その指標がたとえばマークであれば, "2の全体"であるとか "J, Q, K の全

---

3) 周知のごとく, トランプの各カードは, マークの他に
A, 2, 3, 4, …, 10, J, Q, K
という記号をもっている. このうち, A, J, Q, K は数字ではないが, 今後, 通常のように A=1, J=11, Q=12, K=13 と解釈して, 便宜上これらをも数字とよぶことに規約する.

体"であるとかいうような，マーク以外の概念と関連した事象は全く意味がない．重要なのは，"ハートの全体"とか"スペードの全体"とか"赤いカードの全体"とかいうような，もっぱら試行の指標であるマークだけに関連した概念でいい表わしうる事象である．

ふつう，試行の指標だけと関連した概念でいい表わすことができるような事象を，その試行のその指標に対する**確率事象**とよぶ．

上の例では，"ハートの全体"，"スペードの全体"，"赤いカードの全体"などは確率事象であるが，"2の全体"，"J, Q, Kの全体"などはそうではない．また，全事象は"赤いカードと黒いカードの全体"，空事象は"赤くかつ黒いカードの全体"といい表わすことができるから，ともに確率事象である．

全く同様の理由から，いかなる試行のいかなる指標に対しても，全事象，空事象は確率事象であることが確かめられる．

例 1. サイコロを振る試行において，その指標を根元事象の目の偶奇であるとする．

このとき，奇数の目の全体 = {1, 3, 5}，偶数の目の全体 = {2, 4, 6}，全事象，空事象は確率事象であるが，事象 {1} はそうではない．なぜならば，奇数，偶数という概念だけで "1" というものをいい表わすことは不可能だからである．同様にして，{1, 2, 6}, {2, 3, 5} なども確率事象ではない．

2. "指標だけに関連した概念でいい表わしうる事象"と

いう表現は、いささかあいまいである。そこで、これをもう少しはっきりさせることをこころみよう。

まず、事象をいい表わす、ということは、いうまでもなく、それを

$$\{x|C(x)\}$$

という形に表現するということに他ならない。したがって、一つの事象が指標だけに関連した概念でいい表わしうるか否かは、根元事象 x に対する条件 $C(x)$ が、そのようにいい表わしうるか否かにかかっているわけである。よって、われわれは、以下に、この点をはっきりさせればよいことになる。

トランプ抜きの試行において、マークを指標として取った場合、それには、スペード、クラブ、ダイヤ、ハートの四つの種類がある。このとき、根元事象 a のマークがたとえばスペードであれば、a の、この（マークという）指標による値はスペードであるという。全く同様に、一つの試行において、ある指標を固定した場合、各根元事象 a がその指標に関連してもつ個々の性質のことを、a の、その指標による値と称する。

指標は、$I, J, \cdots$ などの文字で表わされる。そして、根元事象 a の、指標 I による値を $I(a)$ と書く。たとえば、トランプ抜きの試行において、I をマークとすれば、I(スペードの A)＝スペード、I(ハートの 10)＝ハート。また、

　　　ハートの全体 ＝ $\{x|I(x)=$ハート$\}$,

　　赤いカードの全体 ＝ $\{x|(I(x)=$ハート$)$ かあるいは

$(I(x)=ダイヤ)\}$.

さて，同じくトランプ抜きの試行において I をマークとするとき，根元事象 x に対する条件 $C(x)$ のうち，次の四つを I に関する**基本的な条件**という：

$I(x)=スペード$, $I(x)=クラブ$,
$I(x)=ダイヤ$, $I(x)=ハート$.

全く同様に，ある試行における指標の一つを I とするとき，根元事象 x に対する条件で，$I(x)=\alpha$ という形をしたものを，I に関する基本的な条件と称する．これを利用して次のように定義する：

定義． 一つの試行において，その指標を $I, J, \cdots$ とする．このとき，根元事象 x に対する条件 $C(x)$ が，$I, J, \cdots$ に関する基本的な条件

$I(x)=\alpha_1, I(x)=\alpha_2, \cdots ; J(x)=\beta_1, J(x)=\beta_2, \cdots ; \cdots$

の有限個を，たとえば

$[\{(I(x)=\alpha_1) でない\} かあるいは (J(x)=\beta_1)]$

でかつ $(I(x)=\alpha_2)$

のように，

…かあるいは…，…でかつ…，…ではない

なる三つの言葉でもって組み合わせたものとしてえられるならば，$C(x)$ は，$I, J, \cdots$ だけに関連した概念でいい表わされるという．

こうして，指標だけに関連した概念でいい表わされる事象，すなわち確率事象は，明確に規定されることになったわけである．

例2. トランプ抜きの試行において，指標としてマーク I を取れば，

　黒いカードの全体
　　　　$= \{x | (I(x)=スペード) かあるいは (I(x)=クラブ)\}$
　スペードでないカードの全体
　　　　$= \{x | (I(x)=スペード) ではない\}$

よって，これらは確率事象である．

3. 一般に，次の公式が成立する：

(1) $\{x | C(x) かあるいは D(x)\} = \{x | C(x)\} \cup \{x | D(x)\}$.

(2) $\{x | C(x) でかつ D(x)\} = \{x | C(x)\} \cap \{x | D(x)\}$.

(3) $\{x | C(x) ではない\} = \{x | C(x)\}^c$.

[証明] (1)だけを証明する．他は読者自らこころみてみられたい．まず，$a \in \{x | C(x) かあるいは D(x)\}$ とすれば，$C(a)$ か $D(a)$ かの少なくとも一方が成立する．よって，$a \in \{x | C(x)\}$ か $a \in \{x | D(x)\}$. したがって，$a \in \{x | C(x)\} \cup \{x | D(x)\}$. ゆえに

(*) $\{x | C(x) かあるいは D(x)\} \subseteq \{x | C(x)\} \cup \{x | D(x)\}$.

一方，$a \in \{x | C(x)\} \cup \{x | D(x)\}$ ならば，$a \in \{x | C(x)\}$ か $a \in \{x | D(x)\}$. よって $C(a), D(a)$ の少なくとも一方が成立する．ゆえに，$a \in \{x | C(x) かあるいは D(x)\}$；すなわち

(**) $\{x | C(x)\} \cup \{x | D(x)\} \subseteq \{x | C(x) かあるいは D(x)\}$.

(*), (**) より (1) をうる．

(1), (2), (3) を用いれば，次のことがわかる：

(1′) A, B が確率事象ならば $A \cup B$ はまた確率事象である．

(2′) A, B が確率事象ならば $A \cap B$ はまた確率事象である.

(3′) A が確率事象ならば A^c はまた確率事象である.

［証明］ (1′) の証明だけをかかげておく. $A = \{x | C(x)\}$, $B = \{x | D(x)\}$ とすれば, (1) より $A \cup B = \{x | C(x)$ かあるいは $D(x)\}$. しかるに, $C(x)$, $D(x)$ は採用された指標だけに関連する概念でいい表わすことができるから, "$C(x)$ かあるいは $D(x)$" もそうである. よって, $A \cup B$ は確率事象でなくてはならない.

事象 $\{x | C(x)\}$ が確率事象ならば, 条件 $C(x)$ は, 定義によって, 指標 $I, J, \cdots$ に関する基本的な条件

$I(x) = \alpha_1$, $I(x) = \alpha_2$, $\cdots$; $J(x) = \beta_1$, $J(x) = \beta_2$, $\cdots$; $\cdots$

のうちの有限個を, "あるいは", "かつ", "でない" を用いて組み合わせたものである. そこで, いま, たとえば $C(x)$ が

$$[\{(I(x) = \alpha_1) \text{ でない}\} \text{ かあるいは } (J(x) = \beta_1)]$$
$$\text{でかつ } (I(x) = \alpha_2)$$

という形であったとすれば, (1), (2), (3) より

$\{x | C(x)\}$
$= \{x | ((I(x) = \alpha_1) \text{ でない}) \text{ かあるいは } (J(x) = \beta_1)\}$
$\qquad \cap \{x | I(x) = \alpha_2\}$
$= [\{x | (I(x) = \alpha_1) \text{ でない}\} \cup \{x | J(x) = \beta_1\}]$
$\qquad \cap \{x | I(x) = \alpha_2\}$
$= [\{x | I(x) = \alpha_1\}^c \cup \{x | J(x) = \beta_1\}] \cap \{x | I(x) = \alpha_2\}.$

全く同様にして, いかなる確率事象も,

$$\{x\,|\,I(x)=\alpha_1\},\ \{x\,|\,I(x)=\alpha_2\},\ \cdots;$$
$$\{x\,|\,J(x)=\beta_1\},\ \{x\,|\,J(x)=\beta_2\},\ \cdots;\cdots$$

なる形の基本的な確率事象の有限個を，演算 $\cup$, $\cap$, ^{c} でもって組み合わせた形に表わすことができる．逆に，そのように表わされるものが確率事象であることは，$(1')$, $(2')$, $(3')$ より明らかである．

以上のことを利用すれば，一つの試行において幾つかの指標を固定した場合，それらに対するあらゆる確率事象を求めることが可能である．

例3. トランプ抜きの試行において，指標を根元事象のマーク I とする．このとき，確率事象のリストは次にあげる通りである：

(1) ハートの全体 $=\{x\,|\,I(x)=\text{ハート}\}$
(2) ダイヤの全体 $=\{x\,|\,I(x)=\text{ダイヤ}\}$
(3) クラブの全体 $=\{x\,|\,I(x)=\text{クラブ}\}$
(4) スペードの全体 $=\{x\,|\,I(x)=\text{スペード}\}$
(5) (1), (2), (3), (4) のいくつかの和事象
(6) 全事象[4]，空事象．

確率事象がこれでつくされることは，次のようにして知られる：まず，(1), (2), (3), (4), (5), (6) の事象の全体を $\mathfrak{A}$，確率事象の全体を $\mathfrak{B}$ とおく．あきらかに，$\mathfrak{A} \subseteq \mathfrak{B}$．一方，$\mathfrak{A}$ の任意の元を A, B とするとき，$A \cup B$, $A \cap B$, A^c がまた $\mathfrak{A}$ の元となることはたやすく確かめられる．よって，とくに，(1), (2), (3), (4) の形の

---

[4] 全事象は，(1), (2), (3), (4) の和事象としてえられるから，(5) の中にすでに入っている．しかし，見やすさをむねとして，重複をいとわずあげておいた．今後も，時々このようにすることがある．

(基本的な）事象を $\cup$, $\cap$, ^{c} の三つの演算で組み合わせたものは，すべてまた $\mathfrak{A}$ の元となる．ゆえに，確率事象はすべて $\mathfrak{A}$ の元である．これより，$\mathfrak{A} \supseteq \mathfrak{B}$, すなわち $\mathfrak{A} = \mathfrak{B}$. したがって，確率事象の全体は $\mathfrak{A}$ と一致する．

例 4. トランプ抜きの試行において，指標を根元事象の数字 I' とすれば，確率事象は次のごとくである：

(1) A の全体，2 の全体，…，Q の全体，K の全体
(2) (1)にあげられたもののいくつかの和事象
(3) 全事象，空事象．

例 5. トランプ抜きの試行において，指標をマーク I と数字 I' の両方とすれば，あらゆる事象が確率事象となる．

例 6. サイコロ投げの試行において，指標を根元事象の目の偶奇であるとする．このときの確率事象は次の通り：$\{1, 3, 5\}$, $\{2, 4, 6\}$, 全事象，空事象．

注意． 一つの試行において，根元事象のあらゆる側面に注目するものとすれば，その試行をおこなうとき，結果として表われる各根元事象に対しては，——そのマークとか数字とかいうような一側面だけではなく——根元事象そのものが問題とされる．それゆえ，そのような場合，指標 I としては，いかなる根元事象 a に対しても，$I(a) = a$ となるようなものを取ることができるであろう．今後，そのような指標を "**根元事象それ自身**" という．

この場合，一つの根元事象 a だけから成る事象 $\{a\}$ は $\{x \mid I(x) = a\}$ にひとしいから，これは確率事象である．また，有限集合 $\{a_1, a_2, \cdots, a_r\}$ も $\{a_1\} \cup \{a_2\} \cup \cdots \cup \{a_r\}$ にひとしいから確率事象である．したがって，もし全事象 Ω が，元が有限個の集合——有限集合であれば，あらゆる事象が確率事象となるであろう．

問 1. 3.の(2), (3), (2'), (3') を証明せよ．

問 2. 例 4，例 5，例 6 の確率事象のリストは完全なものであることを示せ．

§6. 確率の基本的性質

1. 上にも述べた通り，試行の指標が定まれば，確率事象ならざる事象は必要がない．よって，今後，確率は確率事象に対してだけ考えれば十分である．

さて，確率事象 E の確率 $p(E)$ とは，試行を何回も何回もくりかえしおこなった結果：

$$a_1, a_2, \cdots, a_n$$

における，E の相対頻度

$$\frac{r}{n}$$

が，そこへ密集してゆくような数のことであった．しかるに

$$0 \leq \frac{r}{n} \leq 1.$$

よって当然

(a) $\qquad 0 \leq p(E) \leq 1$

でなくてはならない．また，すでにのべたように

(b) $\qquad p(\Omega) = 1, \ p(\emptyset) = 0$

である．

2. 二つの確率事象 E, F の積事象 $E \cap F$ が空事象ならば，E と F とは互いに**排反**であるという．これは，E と F とに共通な根元事象がないということなのであるから，E と F とが同時に起り得ないこと，といっても同じである．

E, F を互いに排反な二つの確率事象とする．いま，試行を何度も何度もくりかえし，結果の根元事象の列を

$$a_1,\ a_2,\ \cdots,\ a_n$$

とおく．このとき，E にとって都合のよい項と，F にとって都合のよい項の個数をそれぞれ r_1, r_2 とすれば，和事象 $E \cup F$ にとって都合のよい項の個数はちょうど r_1+r_2 にひとしい．よって，$E \cup F$ の相対頻度は

(1) $$\frac{r_1+r_2}{n} = \frac{r_1}{n} + \frac{r_2}{n}$$

となる．しかるに，$\dfrac{r_1}{n}$ は E の相対頻度，$\dfrac{r_2}{n}$ は F の相対頻度である．よって，$\dfrac{r_1}{n}$ は $p(E)$ に，$\dfrac{r_2}{n}$ は $p(F)$ に密集する傾向をもつ．したがって，$E \cup F$ の相対頻度 (1) は，$p(E)+p(F)$ という数に向かって密集して行く傾向をもつであろう．ゆえに，$E \cup F$ の確率は $p(E)+p(F)$ にひとしいことが確かめられた：

(c) $E \cap F = \emptyset$ ならば $p(E \cup F) = p(E) + p(F)$.

例 1. トランプ抜きの試行において，根元事象のマークを指標とする．ダイヤの全体を E とし，ハートの全体を F とすれば，$E \cap F$ は空事象である．よって

$$p(E \cup F) = p(E) + p(F) = \frac{1}{4} + \frac{1}{4} = \frac{1}{2}.$$

$E \cup F$ が，"赤いカードの全体"なる確率事象を表わすことは明らかであろう．

問． $E \cap F \neq \emptyset$ ならば必ずしも $p(E \cup F) = p(E) + p(F)$ となるとは限らない．その理由を例をあげて説明せよ．

§7. 確率空間

1. これまでに述べたことを要約すれば，次のごとくである．

（ⅰ） 一つの試行の結果となりうる個々のものをその試行の根元事象という．この全体の集合を Ω と書くことにすれば

（ⅱ） Ω の部分集合は事象といわれる．

（ⅲ） 事象のうちのあるものは確率事象と名づけられ，それらは次の性質を満足する：

> (1) Ω（全事象）および $\emptyset$（空事象）は確率事象である．
>
> (2) E, F が確率事象ならば，$E \cup F$，$E \cap F$ なる事象はまた確率事象である．
>
> (3) E が確率事象ならば E^c も確率事象である．

（ⅳ） 各確率事象 E には確率 $p(E)$ が対応し，次の条件を満足する：

> (a) $0 \leq p(E) \leq 1$.
>
> (b) $p(\Omega) = 1$, $p(\emptyset) = 0$.
>
> (c) $E \cap F = \emptyset$ ならば $p(E \cup F) = p(E) + p(F)$.

2. われわれは，本章冒頭において，確率の概念をはっきりさせることを約束した．実をいえば，以上でその仕事は終ったのである．

それで，これからは，これまでの成果を基礎として，確率事象や確率の一般的性質をいろいろと導き出す仕事にうつりたいと思う．つまり，いよいよ確率論といわれるもの

の本当の部分に入りうる段階に到達したわけなのである．

しかしながら，その前にぜひとも注意しておくべき重要な事項がある．

それは，われわれの調べたい確率事象や確率の性質は"一般的"な性質であって，個々特別な試行や指標に関連する特殊な事柄には，あまり深入りしないということである．もっとはっきりといえば：

"われわれの建設する理論は，現在までに発見されている試行や指標だけにとどまらず，将来あらわれる可能性のあるいかなる試行，いかなる指標に対応する確率事象や確率にも，平等にあてはまるような，もっとも一般的な性格のものでなくてはならない．"

これは銘記すべき事項である．本書の，次章から以後の部分は，徹頭徹尾この思想でもって貫かれるであろう．

ところで，この思想を堅持するには，理論を応用する場合は別として，個々の試行，個々の指標の性格からの類推で，安易な結論をひき出すようなことは絶対にさけなくてはならぬ．なぜならば，そのような仕方では，個々特別な試行や指標，あるいはせいぜい現在発見されている試行や指標にしかあてはまらないような，きわめて狭い理論しか構成されないであろうからである．

しかし，上にあげた(1), (2), (3), (a), (b), (c)の6個は，いかなる試行のいかなる指標に対応する確率事象や確率にも，平等に通用するもっとも一般的な原則であった．つまり，それは，試行や指標の定義そのものから導かれた

ものであるがゆえに，現在考えられている試行や指標だけにとどまらず，将来可能なあらゆる試行や指標にもあまねく通用するはずのものなのである．

よって，われわれがこの6個の原則のみをよりどころに議論をすすめる限り，その理論は，まさにわれわれの望む一般的な性格のものとなるであろう．

そこで，われわれは，今後この方針をとることにする．よりくわしくいえば，われわれの議論の基礎は次の4条におかれるのである．

（Ⅰ）　一つの集合 Ω が与えられ，その元は根元事象とよばれる．

（Ⅱ）　Ω の部分集合は事象といわれる．

（Ⅲ）　事象のあるものは確率事象と指定される．これは (1), (2), (3) を満足する．

（Ⅳ）　各確率事象 E には，その確率とよばれる数 $p(E)$ が対応せしめられ，それは (a), (b), (c) を満足する．

この際，"根元事象は具体的にどういうものであるか"，"確率事象は一般の事象の中からどのようにして選ばれたか"，"確率事象とその確率との関連はどうなっているか"，…などの疑問に一々こだわってはいけない．それらは，個々の試行，個々の指標に関連依存して，いろいろに変わりうる事柄だからである．われわれは，根元事象とか確率事象とか確率とかいう言葉をうのみにし，それらはただ (1), (2), (3), (a), (b), (c) の六つの原則をみたすものとだけ考えて進むようにしなければならない．それらの言葉

§7. 確率空間

を特殊な意味に制限すればするほど,それだけ理論はせばめられる結果となるのである.

3. 一般に,(Ⅰ),(Ⅱ),(Ⅲ),(Ⅳ)の四つの要求をみたしているような集合Ωのことを,**確率空間**という.これがわれわれのこれからの対象である.(1),(2),(3),(a),(b),(c)の六つは**確率空間の公理**といわれる.

もちろん,一つの具体的な試行とその指標が定まれば,当然根元事象の集合Ωが定まり,確率事象が定まり,さらにその確率が決定する.そして,確率空間の公理がみたされることはいうまでもない.つまり,このようにして,一つの具体的な確率空間が構成されるわけである.これを,その試行のその指標に対応する確率空間という.

しかし,確率空間はそのようなものだけではない.いま,

(ⅰ) 任意に一つの集合Ωが与えられたとき,その元を根元事象,その部分集合を事象とよぶ.

(ⅱ) 事象のいくつかを確率事象と命名し,(1),(2),(3)がみたされるようにする.これさえみたされれば,選び方は勝手でよい.

(ⅲ) 各確率事象Eに対し,(a),(b),(c)がみたされるように実数$p(E)$を対応せしめ,Eの確率とよぶ.(a),(b),(c)さえみたされれば,$p(E)$の選び方は任意でよい.

そうすれば,この背景にはなんらの試行も指標もないこともあるが,Ωは(Ⅰ),(Ⅱ),(Ⅲ),(Ⅳ)のあらゆる要求を満足しているがゆえに,一つの確率空間となる.つまり,

定義によって，そうよばざるを得ないのである．

例． $\Omega=\{0, 1\}$ とし，その元を根元事象とよぶ．また，そのあらゆる部分集合 $\{0, 1\}$, $\{0\}$, $\{1\}$, $\emptyset$ を事象，かつ確率事象と命名する．そうすれば，明らかに(1), (2), (3)が成立する．さらに
$$p(\{0, 1\})=1, \quad p(\emptyset)=0$$
$$p(\{0\})=0.7, \quad p(\{1\})=0.3$$
とおけば，(a), (b), (c)も成り立つことがわかる．こうして，Ω は一つの確率空間となる．

ところで，このような現実感のうすいものも考察の対象になるとすれば，随分能率が悪いではないかと思われるかも知れない．しかしながら，たとえ現在，背景に具体的な試行や指標がないからといって，将来もそうとは限らないであろう．むしろ，(Ⅰ), (Ⅱ), (Ⅲ), (Ⅳ)の自然な性格から考えて，将来具体的な背景が発見される可能性は十分にあるといわなくてはならないであろう．われわれの目標は，くどいようではあるが，可能な"いかなる"試行や指標に対応する確率事象や確率にも，つねにあてはまるような一般的性質を調べることである．この見地からすれば，現実ばなれのしたものをも包含しうるわれわれの確率空間の概念は，むしろこの上もなく好都合なものというべきであろう．

最後に注意すべきことは，議論を一般的にすすめなければならぬとはいっても，個々の試行や指標を無視すべきだとは，少しもいっていないということである．かえって，現在発見されている試行や指標を分析することは，一般的

な理論の背景を理解し，問題に対する方針を立てるのに，なくてはならぬくらい重要なことなのである．具体的なものを一般的な理論をすすめるための補助とすることと，それらからの類推で軽率な結論を出すこととは，きびしく区別しなくてはならない．

§8. 確率空間の例

理解に資するため，確率空間のいくつかの例を追加しておこう．簡単のために，（Ⅰ），（Ⅱ）の段階を省略し，（Ⅲ），（Ⅳ）の段階のみを述べることにする．

例 1. トランプのカード 1 組 52 枚の集合を Ω とし，確率事象のリストを次の通りとする：

(1) スペードの全体 E_1
(2) クラブの全体 E_2
(3) ダイヤの全体 E_3
(4) ハートの全体 E_4
(5) E_1, E_2, E_3, E_4 のいくつかの和事象
(6) 全事象，空事象．

また，確率事象 E にふくまれる根元事象の総数が n のとき，

$$p(E) = \frac{n}{52}$$

とおく．たとえば

$$p(E_1) = p(E_2) = p(E_3) = p(E_4) = \frac{13}{52} = \frac{1}{4},$$

$$p(E_1 \cup E_2) = p(E_1 \cup E_3) = \cdots$$
$$= p(E_2 \cup E_4) = p(E_3 \cup E_4) = \frac{26}{52} = \frac{1}{2},$$

$$p(E_1 \cup E_2 \cup E_3) = p(E_1 \cup E_2 \cup E_4) = \cdots$$

$$= p(E_2 \cup E_3 \cup E_4) = \frac{39}{52} = \frac{3}{4},$$

$$p(\Omega) = \frac{52}{52} = 1, \quad p(\emptyset) = \frac{0}{52} = 0.$$

そうすれば，明らかに Ω は一つの確率空間となる．これは，トランプ抜きの試行において，指標を根元事象のマークとした場合に対応するものである．

例2. Ω を例1の場合と同じに取り，確率事象のリストを次の通りとする：

(1) Aの全体 E_1, 2の全体 E_2, 3の全体 E_3, …, Kの全体 E_{13}

(2) $E_1, E_2, …, E_{13}$ のいくつかの和事象

(3) 全事象，空事象．

また，前と同様に，根元事象をちょうど n 個ふくむような確率事象 E の確率は $\frac{n}{52}$ にひとしいとおく： $p(E) = \frac{n}{52}$．そうすれば，Ω は一つの確率空間となる．これは，トランプ抜きの試行において，指標を根元事象の数字とした場合に対応する．

例3. Ω を例1の場合と同じとし，確率事象を Ω のあらゆる部分集合とする．また，確率の定め方は例1，例2の場合を踏襲する．そうすれば，Ω は確率空間となるが，これはトランプ抜きの試行において，指標をマークと数字の両方，あるいは根元事象それ自身（§5の注意参照）とした場合に対応するものである．

例4. 区間 $[0, 2\pi[$ を Ω とし，その確率事象のリストを次の通りとする：

(1) 任意の区間 $[a, b]$, $[a, b[$, $]a, b]$, $]a, b[$

(2) 1点だけから成る任意の集合 $\{c\}$（一般に，このような集合を**点区間**といい，区間の一種と考えることがある．その長さは0である）．

(3) (1), (2)の事象の有限個の和事象，すなわち，第5図のような，有限個の区間（点区間でもよい）をよせあつめたもの．

§8. 確率空間の例

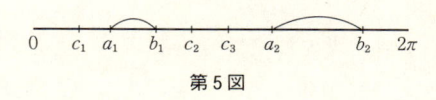

第5図

(4) 全事象, 空事象.

あきらかに, 空でないいかなる確率事象 E も, 互いに共通点のない有限個の区間（点区間もふくむ）の和事象としてあらわされるが, その区間の長さの総和が l であれば

$$p(E) = \frac{l}{2\pi}$$

とおく. たとえば, $E = \left[\frac{\pi}{4}, \frac{\pi}{2}\right[\cup \{\pi\} \cup \left]\frac{3}{2}\pi, 2\pi\right[$ であれば, $\left[\frac{\pi}{4}, \frac{\pi}{2}\right[$, $\{\pi\}$, $\left]\frac{3}{2}\pi, 2\pi\right[$ は互いに共通点がなく, その長さはそれぞれ $\frac{\pi}{4}$, 0, $\frac{\pi}{2}$ であるから

$$p(E) = \frac{\frac{\pi}{4} + 0 + \frac{\pi}{2}}{2\pi} = \frac{3}{8}.$$

また, $p(\emptyset) = 0$ とする.

このとき, Ω が確率空間であることはたやすく確かめられる. いま, "いとぐち" における例3の試行において, 任意の区間 $[a, b]$ をとり, 各根元事象 x に対して, それが $[a, b]$ に属するか否か, という側面に注目し, かくして得られる指標を $I_{[a, b]}$ とおく. $[a, b[$, $]a, b]$, $]a, b[$ なる形の区間についても, 全く同様にして指標 $I_{[a, b[}$, $I_{]a, b]}$, $I_{]a, b[}$ を定義する. また, 点区間 $\{c\}$ については, 各根元事象 x に対して, それが c にひとしいか否か, という側面に注目し, $I_{\{c\}}$ とする. この試行において, 以上のような無限に多くの指標 $I_{[a, b]}$, $I_{[a, b[}$, $I_{]a, b]}$, $I_{]a, b[}$, $I_{\{c\}}$ を全部採用した場合, これに対応する確率空間は, ちょうど上に述べたものと一

致するのである．

例 5. Ω を例 4 と同じとし，確率事象のリストを次の通りとする：

(1) $[0, \pi[,\ [\pi, 2\pi[$
(2) 全事象，空事象．

また
$$p([0, \pi[) = p([\pi, 2\pi[) = \frac{1}{2},$$
$$p(\Omega) = 1, \quad p(\emptyset) = 0$$

とおく．そうすれば Ω は一つの確率空間となるが，これは"いとぐち"例 3 の試行において，銅貨の上が東よりであるか西よりであるか，という点を指標にとった場合に対応するものである．ただし，簡単のために，角度 0 は東より，角度 π は西よりと規約される．

例 6. 壺の中に，赤い玉が $a_1, a_2, \cdots, a_m$ の m 個，黒い玉が $b_1, b_2, \cdots, b_n$ の n 個入っている．いま，この壺の中をよくかきまわして 1 球を取り出し，どの玉が出たかを調べる，という試行を考える．根元事象は $a_1, a_2, \cdots, a_m, b_1, b_2, \cdots, b_n$ の $m+n$ 個である．指標を根元事象の色としよう．このとき，確率事象は，
$$\{a_1, a_2, \cdots, a_m\},\ \{b_1, b_2, \cdots, b_n\},\ \emptyset,\ \Omega.$$
これらの確率は，相対頻度から考えて，次のようにおくのが常識的である：

$$p(\{a_1, a_2, \cdots, a_m\}) = \frac{m}{m+n}, \quad p(\{b_1, b_2, \cdots, b_n\}) = \frac{n}{m+n},$$
$$p(\emptyset) = 0,\ p(\Omega) = 1.$$

例 7. 例 6 と同じ壺に対して同じ実験を行うのに，どの玉が出たかには注目せず，その色だけを実験の結果として記録するものとすれば，このときの根元事象は，赤，黒の二つである．指標を根元事象それ自身としよう．そのとき，確率事象はあらゆる事象

であって，その確率は

$$p(\{赤\}) = \frac{m}{m+n}, \quad p(\{黒\}) = \frac{n}{m+n}, \quad p(\emptyset) = 0, \quad P(\Omega) = 1$$

とおくのが自然である．

注意． 例6，例7では，同じ実験を取り扱っている．しかし，"実験の結果" が何であるか，つまり，何を根元事象と考えるか，という点でことなるから，それらは違う試行とみなされるのである．したがって，一般に，試行というものを記述するときは，何が根元事象であるかが，はっきりとわかるようにしておかなくてはならない．（なお，"いとぐち" 3.の注意1を参照．）

例8． 例6，例7と同じような壺の中に，k 通りの色の玉を，それぞれ

$$m_1 個, \quad m_2 個, \quad \cdots, \quad m_k 個$$

入れ，例7と同じ試行を考える．すなわち，壺の中をよくかきまぜて玉を一つ取り出し，その色のみを記録するのである．根元事象は，明らかに k 個の色 $c_1, c_2, \cdots, c_k$ となる．指標を例7と同じく根元事象それ自身としよう．このとき，確率事象は，$\Omega = \{c_1, c_2, \cdots, c_k\}$ のあらゆる部分集合である．確率の定め方は，相対頻度から考えて

$$p(\{c_1\}) = \frac{m_1}{m_1+m_2+\cdots+m_k}, \quad p(\{c_2\}) = \frac{m_2}{m_1+m_2+\cdots+m_k},$$
$$\cdots\cdots\cdots\cdots\cdots\cdots, \quad p(\{c_k\}) = \frac{m_k}{m_1+m_2+\cdots+m_k},$$
$$p(\{c_i, c_j, \cdots, c_k\}) = p(\{c_i\}) + p(\{c_j\}) + \cdots + p(\{c_k\}).$$

こうして一つの確率空間が設定される．

同じ壺に対し，例6のような試行を考えることもできる．読者は，それに対応する確率空間を自ら構成してみられたい．

例9． 三つの元から成る任意の集合 $\{a, b, c\}$ を Ω とし，そのあらゆる部分集合を確率事象とおく．また，p, q, r を

$$p+q+r=1$$
$$0 \leq p \leq 1, \ 0 \leq q \leq 1, \ 0 \leq r \leq 1$$

なる任意の数（たとえば $p=0.2$, $q=0.3$, $r=0.5$）とし

$$p(\{a\})=p, \ p(\{b\})=q, \ p(\{c\})=r$$

とする．さらに，Ω の任意の部分集合に対して，たとえば

$$p(\{a, b\}) = p(\{a\})+p(\{b\})$$
$$p(\{a, b, c\}) = p(\{a\})+p(\{b\})+p(\{c\})$$

のようにおく，すなわち，例 8 におけると全く同様に，その部分集合にふくまれる根元事象のおのおのについて，それだけから成る確率事象の確率を求め，それらを加え合わせるのである．

かくして得られる確率空間には，具体的な試行や指標が対応しているかどうかわからない．

例 10. 例 9 における三つの元から成る集合のかわりに，一般に k 個（$k \geq 1$）の元をふくむような集合を考えてもよい．すなわち，$\Omega = \{c_1, c_2, \cdots, c_k\}$ なる任意の集合をとり，そのあらゆる部分集合を確率事象とする．また，

$$p_1+p_2+\cdots+p_k = 1,$$
$$0 \leq p_1 \leq 1, \ 0 \leq p_2 \leq 1, \ \cdots, \ 0 \leq p_k \leq 1$$

なる数 $p_1, p_2, \cdots, p_k$ を任意にとり

$$p(\{c_1\})=p_1, \ p(\{c_2\})=p_2, \ \cdots, \ p(\{c_k\})=p_k$$

とおく．一般の確率事象の確率の定義の仕方は例 8, 例 9 の通りである．例 8 の確率空間は，このような確率空間のうちで

$$p_1 = \frac{m_1}{m_1+m_2+\cdots+m_k}, \quad p_2 = \frac{m_2}{m_1+m_2+\cdots+m_k},$$
$$\cdots\cdots\cdots\cdots\cdots\cdots, \quad p_k = \frac{m_k}{m_1+m_2+\cdots+m_k}$$

とおいた特別の場合になっている．

全く同様にして，元の無限列

$$c_1, \ c_2, \ \cdots, \ c_n, \ \cdots$$

から成る集合 Ω を確率空間にすることもできる．それには，もちろん，あらゆる事象を確率事象に指定し，他方
$$p_1+p_2+\cdots+p_n+\cdots=1$$
$$0 \leq p_1 \leq 1, \ 0 \leq p_2 \leq 1, \ \cdots, \ 0 \leq p_n \leq 1, \ \cdots$$
なる数の無限列 $p_1, p_2, \cdots, p_n, \cdots$ を用意するのである．

この例における確率空間を**離散型**の確率空間という．また，$\Omega=\{c_1, c_2, \cdots, c_k\}$ の場合を**有限離散型**，$\Omega=\{c_1, c_2, \cdots, c_n, \cdots\}$ の場合を**無限離散型**ということもある．

例11． 実数全体の集合を Ω とし，確率事象のリストを次の通りとする：

(1) 任意の点区間 $\{c\}$

(2) 任意の区間 $[a, b]$, $[a, b[$, $]a, b]$, $]a, b[$

(3) 任意の無限区間[5] $[a, \infty[$, $]a, \infty[$, $]-\infty, a]$, $]-\infty, a[$, $]-\infty, \infty[$

(4) (1), (2), (3) の事象の有限個の和事象

(5) 全事象, 空事象.

このとき，これらの確率事象に適当な確率を与えて得られる確率空間のことを，一般に**実確率空間**とよぶ．また，その確率の与え方を**実確率分布**という．

実確率分布には，二つの重要な型がある：

(a) 有限個または無限個の実数の列

(*) $\qquad \alpha_1, \alpha_2, \cdots, \alpha_n, \cdots$

をとり，それらに一つずつ次のような実数 p_n を対応させる．
$$p_1+p_2+\cdots+p_n+\cdots=1$$
$$0 \leq p_1 \leq 1, \ 0 \leq p_2 \leq 1, \ \cdots, \ 0 \leq p_n \leq 1, \ \cdots$$

---

[5] $a \leq x$ なる実数 x の全体，$a < x$ なる実数 x の全体をそれぞれ $[a, \infty[$, $]a, \infty[$ と書く．$]-\infty, a]$, $]-\infty, a[$ の定義も同様である．さらに，実数全体を $]-\infty, \infty[$ で表わす．これらを合わせて**無限区間**という．

そして，任意の確率事象 E に対し，それに所属する(*)の数を探して，それが α_i, α_j, $\cdots$, α_k, $\cdots$ であれば
$$p(E) = p_i + p_j + \cdots + p_k + \cdots$$
とおくのである．このような実確率分布を**離散型**といい
$$\alpha_1 \to p_1,\ \alpha_2 \to p_2,\ \cdots,\ \alpha_n \to p_n,\ \cdots$$
あるいは
$$\alpha_i \to p_i\ (i=1, 2, \cdots, n, \cdots)$$
で表わす．たとえば，
$$0 \to e^{-\alpha},\ 1 \to \alpha e^{-\alpha},\ \cdots,\ n \to \frac{\alpha^n}{n!}e^{-\alpha},\ \cdots$$
なる分布を **α-ポアソン（Poisson）分布**という．明らかに
$$e^{-\alpha} + \alpha e^{-\alpha} + \cdots + \frac{\alpha^n}{n!}e^{-\alpha} + \cdots = e^{-\alpha}\left(1 + \alpha + \cdots + \frac{\alpha^n}{n!} + \cdots\right)$$
$$= e^{-\alpha} e^{\alpha} = 1.$$

(b)

(1) $$\int_{-\infty}^{\infty} f(x) dx = 1,\ f(x) \geqq 0$$

なる積分可能な連続関数[6] $f(x)$ をとり，

$$p([a, b[) = \int_a^b f(x)dx,\quad p(\{c\}) = \int_c^c f(x)dx\ (=0)$$
$$p(]a, \infty[) = \int_a^{\infty} f(x)dx,\quad p(]-\infty, \infty[) = \int_{-\infty}^{\infty} f(x)dx\ (=1)$$

などとおく．他の形の区間についても同様である．一般の確率事象 E に対しては，それを互いに交わらない有限個の区間（点区間，無限区間をふくむ）の和事象として表わし，そのおのおのの区間の確率の総和をもって $p(E)$ とする．このようなものを，**確率密度**が $f(x)$ であるような**連続型**の実確率分布という．

たとえば

---

6) ここに，連続関数 $f(x)$ が積分可能とは，極限値
$$\lim_{a \to -\infty, b \to \infty} \int_a^b f(x)dx\ \text{が存在して有限という意味である．}$$

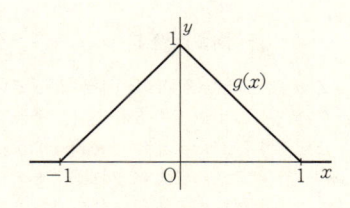

第 6 図

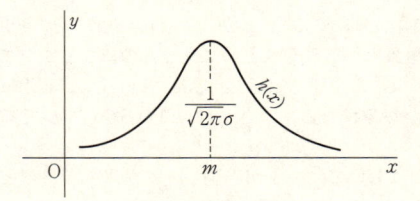

第 7 図

$$g(x) = \begin{cases} 0 & x \leq -1,\ 1 \leq x \\ x+1 & -1 \leq x \leq 0 \\ -x+1 & 0 \leq x \leq 1 \end{cases}$$

が(1)をみたすことは明らかであろう（第6図）．

また

$$h(x) = \frac{1}{\sqrt{2\pi}\sigma} e^{-\frac{(x-m)^2}{2\sigma^2}} \quad (\sigma > 0)$$

も(1)をみたすことが確かめられる（第7図．付録I参照）．$h(x)$ を確率密度とする実確率分布を，**(m, σ)-ガウス**（Gauss）**分布**という．

演習問題 I

1. 壺の中に a, b, c, d という四つの玉が入っている．この中から次々とでたらめに一つずつ玉を取り出し，それらがどのような順序で出たかを記録する．たとえば，$acdb$，$dabc$，…．いま，この実験を一つの試行と考えることにすれば，その根元事象は上のような配列である．指標を根元事象それ自身（§5，注意参照）としよう．このとき，"a が 1 番最初にくる"，"b が 2 番目にくる"，"c が 3 番目にくる"，"d が 4 番目にくる"という事柄に対応する確率事象は，それぞれどのようなものになるか．また，それらを A, B, C, D とするとき，$A \cup B$，$A \cap B$，$A \cap B^c$ はそれぞれどのような事象になるか．さらに，$A \cap B \cap C \subseteq D$ であることを証明せよ．

2. 前問において，a, b が赤玉，c, d が黒玉であるとすれば，"赤玉がひきつづいている"，"黒玉がひきつづいている"という事柄に対応する確率事象 R, S は，それぞれどのようなものになるか．また，$R \cup S$，$R \cap S$，$R \cap S^c$ はどのような事象か．

3. 二つのサイコロを投げ，その目の数の組 (a, b) を記録する．指標は根元事象それ自身としよう．このとき，A を $a+b$ が奇数であるような (a, b) の全体，B を a と b とのうち少なくとも一つが 1 であるような (a, b) の全体とすれば，$A \cup B$，$A \cap B$，$A \cap B^c$ はそれぞれどのような事象となるか．また，各 (a, b) が同程度に起る可能性をもつとして，それらの事象の確率を求めよ．

4. 52 枚のトランプのカードから 13 枚のカードをでたらめに抜くとする．根元事象は抜かれた 13 枚のカードの集まりである．指標を根元事象それ自身とし，各根元事象は同程度に起る可能性をもつとしよう．このとき，次の問に答えよ：(1) A から K までがそろっている確率はいくらか； (2) $1 \leq k \leq 13$ なる自然数

k をとるとき, k 枚赤いカードが入っている確率はいくらか;
(3) 根元事象の中のカードがスペード5枚, クラブ1枚, ダイヤ3枚, ハート4枚である確率はいくらか; (4) $0 \leq k \leq 4$ なる整数 k をとるとき, k 枚 A の入っている確率はいくらか.

5. トランプ遊びの一つであるブリッジでは, 52枚のカードが, 東西南北の4人に13枚ずつ配られる. いま, このようにカードを配ることを一つの試行と考えれば, その根元事象は4人の手の総体である. 指標を根元事象それ自身とし, どの根元事象も同程度に起る可能性をもつとしよう. このとき, 次の問に答えよ: (1) 根元事象は全部で幾つあるか; (2) 4人とも A をもっている確率はいくらか; (3) a, b, c, d を $a+b+c+d=4$ でかつ負ならざる整数とするとき, 東西南北が A をそれぞれ a 枚, b 枚, c 枚, d 枚もっている確率はいくらか; (4) 東がハートを全部もち, 西がダイヤ全部をもつ確率はいくらか.

6. トランプ遊びの一つであるポーカーでは, 52枚のカードから5枚がでたらめに抜かれる. 抜かれた5枚のカードの集まりを手と称する. いま, どの手も同等に起る可能性をもつとし, 指標を根元事象それ自身としよう. このとき, 次の問に答えよ: (1) 5枚のカードの数字が全部違っている確率はいくらか; (2) 5枚が, 同じマークの 10, J, Q, K, A である確率はいくらか (このような手を royal flush という); (3) 5枚のカードのうちに, 同じ数字のものが4枚そろっている確率はいくらか (このような手を four of a kind という); (4) 3枚が同じ数字, 他の2枚がまた同じ数字である確率はいくらか (このような手を full house という).

II. 確率の性質

本章では，確率事象とその確率の基本的な性質について述べる．ここで説明される事柄は，それ自身きわめて重要なものであるのみならず，III章以降の議論に対する必須の武器ともなるものである．

§1. 事象の関係

1. 本節では，準備として，（必ずしも確率事象とはかぎらない）一般の事象の間に成立する，種々の関係について説明する．そのため，任意の確率空間 Ω を一つ固定して話をすすめよう．

まず，最初は，和事象に関する事項である．

定理1． E, F, G を任意の事象とすれば，次の公式が成立する：

(1) $E \cup F = F \cup E$,
(2) $(E \cup F) \cup G = E \cup (F \cup G)$,
(3) $E \subseteq E \cup F$, $F \subseteq E \cup F$,
(4) $E \subseteq F$ ならば $E \cup F = F$,
(5) $E \cup F = F$ ならば $E \subseteq F$,
(6) $E \cup \emptyset = E$,
(7) $E \cup \Omega = \Omega$.

［証明］ (1)：$E \cup F$ も $F \cup E$ も，E の元と F の元とをよせあつめたものである．よって，それらは相ひとしい．

(2)：$(E \cup F) \cup G$ は，まず E の元と F の元とをよせあつめて $E \cup F$ をつくり，その元と G の元とをよせあつめたものである．ゆえに，それは，E, F, G の元をよせあつめたもの，すなわち $E \cup F \cup G$ にひとしい．$E \cup (F \cup G)$ も同様である．(3)：$E \cup F$ は，E の元と F の元とをよせあつめたものである．ゆえに，E や F の元はまた $E \cup F$ にも属している．したがって，$E, F \subseteq E \cup F$. (4)：$E \subseteq F$ ならば，E の元はまた F の元でもある．よって，$E \cup F$ は F にひとしい．(5)：(3) によって $E \subseteq E \cup F$. しかるに $F = E \cup F$. ゆえに $E \subseteq F$. (6)：$\emptyset$ は元を一つもふくまない．よって E と $\emptyset$ とをよせあつめてできる $E \cup \emptyset$ は，E と同じものである．(7)：$E \subseteq \Omega$ は明らかである．ゆえに，(4) より $E \cup \Omega = \Omega$.

2. 次は，積事象に関する事項である．その証明は定理1の場合と全く同様であるから，読者は自らこころみてみられたい．

定理 2. E, F, G を任意の事象とすれば，次の公式が成立する：

(1) $E \cap F = F \cap E$,

(2) $(E \cap F) \cap G = E \cap (F \cap G)$,

(3) $E \cap F \subseteq E$, $E \cap F \subseteq F$,

(4) $E \subseteq F$ ならば $E \cap F = E$,

(5) $E \cap F = E$ ならば $E \subseteq F$,

(6) $E \cap \emptyset = \emptyset$,

(7) $E \cap \Omega = E$.

注意 1. 定理 1 および定理 2 の (2) によって，∪ や ∩ という操作に対しては，括弧をどこへつけても答に変わりのないことが知られる．これは，E, F, G というような三つの事象に対してだけではなく，すぐわかるように，何個の事象についても同様に成立するのである．たとえば

$$E \cup F \cup G \cup H = ((E \cup F) \cup G) \cup H = (E \cup (F \cup G)) \cup H$$
$$= E \cup ((F \cup G) \cup H) = E \cup (F \cup (G \cup H))$$
$$= \cdots.$$

3. 今度は，∪ と ∩ との関係にうつる．

定理 3. 次の公式が成立する：

(1) $(E_1 \cup E_2 \cup \cdots) \cap G = (E_1 \cap G) \cup (E_2 \cap G) \cup \cdots$,

(2) $(E_1 \cap E_2 \cap \cdots) \cup G = (E_1 \cup G) \cap (E_2 \cup G) \cap \cdots$.

[証明] (1)：根元事象 a が左辺に属するとする．そのとき，$a \in E_1 \cup E_2 \cup \cdots$，かつ $a \in G$．よって，a はある E_i ($i = 1, 2, \cdots$) にふくまれ，かつ G にもふくまれる．ゆえに $a \in E_i \cap G$．これより，a は右辺にふくまれることがわかる．すなわち

(*) 左辺 ⊆ 右辺．

次に，a が右辺に属するとする．そのとき，a はある $E_i \cap G$ ($i = 1, 2, \cdots$) にふくまれ，

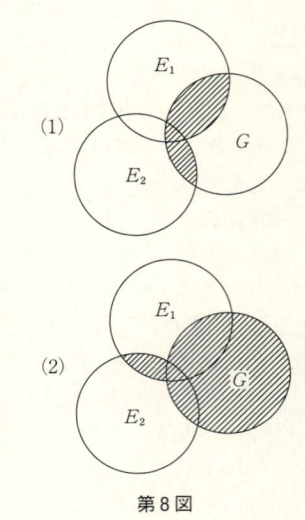

第 8 図

したがって，$a \in E_i$ かつ $a \in G$. ゆえに $a \in E_1 \cup E_2 \cup \cdots$, かつ $a \in G$. これより，a は左辺に属することがわかる. よって

(**) 　　　　　　　　左辺 $\supseteq$ 右辺.

(*), (**)を合わせて(1)が得られる.

(2)の証明は(1)と全く同様にできるから，読者は自らこころみてみられたい.

注意 2. 定理 3 と，定理 1 および定理 2 の(1)とを合わせれば
$$G \cap (E_1 \cup E_2 \cup \cdots) = (G \cap E_1) \cup (G \cap E_2) \cup \cdots,$$
$$G \cup (E_1 \cap E_2 \cap \cdots) = (G \cup E_1) \cap (G \cup E_2) \cap \cdots$$
が得られる．すなわち，G は，右にあっても左にあってもよいのである．

注意 3. 定理 3 の関係は，普通の代数学における公式：
$$(a_1 + a_2 + \cdots)b = a_1 b + a_2 b + \cdots$$
に類似のものである．

注意 4. 普通，代数学や微分積分学で，$a_1 + a_2 + \cdots + a_n$ のことを $\sum_{i=1}^{n} a_i$, $a_1 + a_2 + \cdots + a_n + \cdots$ のことを $\sum_{i=1}^{\infty} a_i$ と書くことは周知であろう．これと全く同様にして，われわれは，$E_1 \cup E_2 \cup \cdots \cup E_n$, $E_1 \cap E_2 \cap \cdots \cap E_n$ のことを，それぞれ

$$\bigcup_{i=1}^{n} E_i, \quad \bigcap_{i=1}^{n} E_i$$

と書く．また，$E_1 \cup E_2 \cup \cdots \cup E_n \cup \cdots$, $E_1 \cap E_2 \cap \cdots \cap E_n \cap \cdots$ のことを，それぞれ

$$\bigcup_{i=1}^{\infty} E_i, \quad \bigcap_{i=1}^{\infty} E_i$$

で表わす．これを用いれば，定理 3 より次のことがわかる：

$$\left(\bigcup_{i=1}^{n} E_i \right) \cap G = \bigcup_{i=1}^{n} (E_i \cap G), \quad \left(\bigcap_{i=1}^{n} E_i \right) \cup G = \bigcap_{i=1}^{n} (E_i \cup G),$$

$$\left(\bigcup_{i=1}^{\infty} E_i\right) \cap G = \bigcup_{i=1}^{\infty}(E_i \cap G), \quad \left(\bigcap_{i=1}^{\infty} E_i\right) \cup G = \bigcap_{i=1}^{\infty}(E_i \cup G).$$

4. 余事象については,次のような公式がある.

定理4. (1) $E \subseteq F$ ならば $E^c \supseteq F^c$,

(2) $E^{cc} = E$,

(3) $\Omega^c = \emptyset$,

(4) $\emptyset^c = \Omega$,

(5) $E \cup E^c = \Omega$,

(6) $E \cap E^c = \emptyset$.

［証明］(1): $E \subseteq F$ ならば, E の元はすべて F の元. ゆえに対偶をとれば, F の元でないものは E の元ではない. これは, F^c の元がすべて E^c の元でもあることを示している. つまり $F^c \subseteq E^c$. (2): E^{cc} は E^c に属さない根元事象の全体である. しかるに, E^c に属さないということは, とりもなおさず E に属するということと同じである. ゆえに, E^{cc} は E と一致する. (3): Ω は根元事象の全体である. よって, Ω に属さない根元事象はない. これすなわち, Ω^c が $\emptyset$ にひとしいということにほかならない. (4): $\emptyset$ はいかなる元をもふくまない. したがって, どの根元事象も $\emptyset$ に属さない. ゆえに $\Omega = \emptyset^c$. (5): あらゆる根元事象は, E に属するか属さないかいずれかである. よって, Ω の元は, E か E^c かどちらかにふくまれる. したがって $\Omega = E \cup E^c$. (6): E^c は, E に属さないものの全体である. よって, E と E^c とは共通の元をもちえない. すなわち, $E \cap E^c = \emptyset$.

§1. 事象の関係

次の定理は, $\cup$ と ^{c}, および $\cap$ と ^{c} の関係を示すところの, きわめて重要なものである：

定理 5. (1) $(E_1 \cup E_2 \cup \cdots)^c = E_1^c \cap E_2^c \cap \cdots,$
(2) $(E_1 \cap E_2 \cap \cdots)^c = E_1^c \cup E_2^c \cup \cdots.$

これを, **ド・モルガン**（de Morgan）の法則という.

［証明］　どちらでも同様であるから，(1)を証明しよう.

根元事象 a が左辺の元ならば, それは事象 $E_1 \cup E_2 \cup \cdots$ に属さない. つまり, $E_1, E_2, \cdots$ のすべてをよせあつめたものの元ではない. よって, a は, $E_1, E_2, \cdots$ のどれにも属し得ないことがわかる. したがって, それは $E_1^c, E_2^c, \cdots$ のすべての元である. ゆえに, a は右辺にふくまれる. したがって

(*) 　　　　　　　　左辺 $\subseteq$ 右辺.

次に, a が右辺の元ならば, それは $E_1^c, E_2^c, \cdots$ のすべての元である. しかるに, a が E_1^c の元ならば, E_1 には属さない. 同様にして, それは $E_2, E_3, \cdots$ のどれにも属さない. よって a は, $E_1 \cup E_2 \cup \cdots$ の元ではあり得ないことになる. ゆえに, a は左辺にふくまれる. したがって

(**) 　　　　　　　　左辺 $\supseteq$ 右辺.

(*), (**)を合わせれば(1)が得られる.

(2)の証明は, 読者自らこころみてみられたい.

注意 5.　注意 4 の記法を用いれば, ド・モルガンの法則は次のように表わされる：

$$\left(\bigcup_{i=1}^{n} E_i\right)^c = \bigcap_{i=1}^{n} E_i^c, \quad \left(\bigcap_{i=1}^{n} E_i\right)^c = \bigcup_{i=1}^{n} E_i^c,$$

$$\left(\bigcup_{i=1}^{\infty} E_i\right)^c = \bigcap_{i=1}^{\infty} E_i^c, \quad \left(\bigcap_{i=1}^{\infty} E_i\right)^c = \bigcup_{i=1}^{\infty} E_i^c.$$

問 1. 定理 2 を証明せよ．

問 2. 定理 3 の (2) を証明せよ．

問 3. 定理 5 の (2) を証明せよ．

問 4. $E-F=E\cap F^c$ であることを示せ．

問 5. $(E-F)\cap F = \varnothing$ であることを示せ．

問 6. $(E-F)\cup F = E\cup F$ であることを示せ．

注意 6. 本節で述べた関係は，事象，すなわち確率空間の部分集合に対してのみならず，全く一般に，いかなる集合についても成立するものであることに注意する．それは，これらの関係の証明から明らかであろう．

§2. 確率の基本的性質

1. 本節では，確率に関する基本的な性質を二，三述べる．

定義 1. 有限個の確率事象の集まり $\{E_1, E_2, \cdots, E_n\}$ のことを，一般に確率事象の**族**，あるいは単に**族**という．

定義 2. 確率事象の族 $\{E_1, E_2, \cdots, E_n\}$ において，それに属する確率事象のどの二つをとっても互いに排反 (48 ページを参照) であるとき，族自身が**排反**であるといわれる．式で書けば，族 $\{E_1, E_2, \cdots, E_n\}$ が排反であるとは

$$i \neq j \text{ ならば } E_i \cap E_j = \varnothing \quad (i, j=1, 2, \cdots, n)$$

ということにほかならない．

例 1. トランプ抜きの試行において，根元事象の数字を指標として採用する．このとき，A のカードの全体，2 のカードの全体，$\cdots$，Q のカードの全体，K のカードの全体をそれぞれ $E_1, E_2, \cdots$,

E_{12}, E_{13} とおけば, 番号の違う E_i と E_j とは共通のカードをふくまない. すなわち $i \neq j$ ならば $E_i \cap E_j = \emptyset$ ($i, j = 1, 2, \cdots, 13$). よって, 族 $\{E_1, E_2, \cdots, E_{13}\}$ は排反である.

例 2. I 章, §8, 例 4 の確率空間において,

$$E_1 = \left[\frac{\pi}{4}, \frac{\pi}{2}\right[, \quad E_2 = \left[\frac{\pi}{2}, \pi\right[,$$

$$E_3 = \left[\pi, \frac{3}{2}\pi\right[, \quad E_4 = \left[\frac{3}{2}\pi, \frac{7}{4}\pi\right[$$

とおけば, 族 $\{E_1, E_2, E_3, E_4\}$ は排反である.

注意 1. 族 $\{E_1, E_2, \cdots, E_n\}$ が排反ならば, その一部分 $\{E_i, E_j, \cdots, E_k\}$ ももちろん排反である.

注意 2. ただ一つの確率事象 E だけから成る族 $\{E\}$ は, 便宜上排反であるということに規約する.

2. 定理 1. 確率事象の族 $\{E_1, E_2, \cdots, E_n\}$ が排反ならば

$$p(E_1 \cup E_2 \cup \cdots \cup E_n) = p(E_1) + p(E_2) + \cdots + p(E_n),$$

すなわち

$$p\left(\bigcup_{i=1}^{n} E_i\right) = \sum_{i=1}^{n} p(E_i).$$

[証明] n に関する数学的帰納法による. $n=1$ ならば, 両辺はともに $p(E_1)$ となり, たしかに一致する. $n=k$ のとき成立するとして, $k+1$ のときを証明しよう. まず

$$E = E_1 \cup E_2 \cup \cdots \cup E_k, \quad F = E_{k+1}$$

とおけば,

$$E \cap F = (E_1 \cup E_2 \cup \cdots \cup E_k) \cap E_{k+1}$$
$$= (E_1 \cap E_{k+1}) \cup (E_2 \cap E_{k+1}) \cup \cdots \cup (E_k \cap E_{k+1})$$

$$= \emptyset \cup \emptyset \cup \cdots \cup \emptyset$$
$$= \emptyset.$$

よって,族 $\{E, F\}$ は排反である.ここで,確率空間の公理(c) (50 ページ) を用いれば
$$p(E \cup F) = p(E) + p(F).$$
ゆえに
$$p(E_1 \cup E_2 \cup \cdots \cup E_k \cup E_{k+1})$$
$$= p(E_1 \cup E_2 \cup \cdots \cup E_k) + p(E_{k+1}).$$
しかるに,$n = k$ のとき定理は成立すると仮定しているのであるから,この右辺は
$$p(E_1) + p(E_2) + \cdots + p(E_k) + p(E_{k+1})$$
にひとしい.これで定理は示された.

例 3. 例 1 の族 $\{E_1, E_2, \cdots, E_{13}\}$ は排反であった.一方,その和事象 $E_1 \cup E_2 \cup \cdots \cup E_{13}$ は全事象 Ω にひとしい.ゆえに
$$p(E_1 \cup E_2 \cup \cdots \cup E_{13}) = p(\Omega) = 1.$$
また
$$p(E_1) + p(E_2) + \cdots + p(E_{13}) = \frac{1}{13} + \frac{1}{13} + \cdots + \frac{1}{13} = 1.$$
すなわち,この場合,たしかに定理は成り立っている.

例 4. 例 2 の族 $\{E_1, E_2, E_3, E_4\}$ も排反であった.また,$E_1 \cup E_2 \cup E_3 \cup E_4 = \left[\frac{\pi}{4}, \frac{7}{4}\pi\right[$.一方,$E_1, E_2, E_3, E_4$ の長さはそれぞれ $\frac{\pi}{4}, \frac{\pi}{2}, \frac{\pi}{2}, \frac{\pi}{4}$ であるから
$$p(E_1) = p(E_4) = \left(\frac{1}{4}\pi\right) \Big/ (2\pi) = \frac{1}{8},$$
$$p(E_2) = p(E_3) = \left(\frac{1}{2}\pi\right) \Big/ (2\pi) = \frac{1}{4}.$$

同様にして
$$p\left(\left[\frac{\pi}{4}, \frac{7}{4}\pi\right]\right) = \left(\frac{6}{4}\pi\right)\big/(2\pi) = \frac{3}{4}.$$
よって，$p(E_1)+p(E_2)+p(E_3)+p(E_4)=p\left(\left[\frac{\pi}{4}, \frac{7}{4}\pi\right]\right)$. すなわち，この場合にも，たしかに定理は成り立っている．

注意 3. 族 $\{E_1, E_2, \cdots, E_n\}$ が排反でなければ，定理の式は必ずしも成立しない．たとえば，極端な例として $E_1=E_2=\cdots=E_n=\Omega$ とおけば，$E_1\cup E_2\cup\cdots\cup E_n=\Omega$ であるから，$p(E_1\cup E_2\cup\cdots\cup E_n)=p(\Omega)=1$. しかるに，一方では $p(E_1)+p(E_2)+\cdots+p(E_n)=p(\Omega)+p(\Omega)+\cdots+p(\Omega)=n$ である．

注意 4. $E\subseteq F$ ならば，$E\cup(F-E)=E\cup F=F$. 一方，$E\cap(F-E)=\emptyset$ より，族 $\{E, F-E\}$ は排反である．したがって，$p(F)=p(E\cup(F-E))=p(E)+p(F-E)\geqq p(E)$. つまり，$E\subseteq F$ ならば，$p(E)\leqq p(F)$ となるのである．

注意 5. E がいかなる確率事象であっても，族 $\{E, E^c\}$ はつねに排反である．一方，$E\cup E^c=\Omega$. ゆえに
$$p(E)+p(E^c) = p(E\cup E^c) = p(\Omega) = 1.$$
これより
$$p(E^c) = 1-p(E)$$
であることが知られる．

3. 定義 3. E を確率事象，族 $\{E_1, E_2, \cdots, E_n\}$ を排反とするとき，もし
$$E = E_1\cup E_2\cup\cdots\cup E_n = \bigcup_{i=1}^{n} E_i$$
が成立するならば，族 $\{E_1, E_2, \cdots, E_n\}$ は E の**分割**であるといわれる．また，この場合，E は $E_1, E_2, \cdots, E_n$ に**分割された**，というような言葉をつかうこともある．

この概念を用いれば,定理1は次のようにも述べられる:

確率事象 E を,有限個の確率事象 E_1, E_2, $\cdots$, E_n に分割すれば,E の確率は,E_1, E_2, $\cdots$, E_n の確率の和にひとしい.

定義 4. 一つの事象 E に対して,二つの分割
$$\{E_1, E_2, \cdots, E_n\}, \{F_1, F_2, \cdots, F_m\}$$
があるとき,どの E_i もある F_j の部分集合となっているならば,前の分割は後の分割の細分であるという.

例 5. 例1では,族 $\{E_1, E_2, \cdots, E_{13}\}$ は Ω の一つの分割となっていた.いま,F_1, F_2 をそれぞれ,6以下のカードの全体,7以上のカードの全体とすれば,$\{F_1, F_2\}$ も Ω の分割である.そしてしかも
$$E_1, E_2, \cdots, E_6 \subseteq F_1; \quad E_7, E_8, \cdots, E_{13} \subseteq F_2.$$
よって,$\{E_1, E_2, \cdots, E_{13}\}$ は $\{F_1, F_2\}$ の細分となっている.

注意 6. 分割 $\{E_1, E_2, \cdots, E_n\}$ が分割 $\{F_1, F_2, \cdots, F_m\}$ の細分であるとする.このとき,F_1 の部分集合となっているような E_i を集めて
$$E_i, E_j, \cdots, E_k$$
とすれば,その和事象 $E_i \cup E_j \cup \cdots \cup E_k$ は明らかに F_1 と一致する(第9図を参照).つまり,族 $\{E_i, E_j, \cdots, E_k\}$ は F_1 の分割である.全く同様のことが,F_2, F_3, $\cdots$, F_m についても確かめられる.つまり,分割 $\{F_1, F_2, \cdots, F_m\}$ の細分は,各 F_i の分割をよせあつめたものになっていることがわかる.

例 6. 例5においては,$\{E_1, \cdots, E_6\}$ は F_1 の分割,$\{E_7, \cdots, E_{13}\}$ は F_2 の分割となっている.

4. 定理 2. (加法定理) $p(E \cup F) + p(E \cap F) = p(E) +$

$p(F)$.

[証明] $E_1=E-E\cap F$, $E_2=F-E\cap F$, $E_3=E\cap F$ とおけば, 明らかに, $E_1\cap E_3=E_2\cap E_3=\emptyset$. また, 次のようにして, $E_1\cap E_2=\emptyset$ であることもわかる:

$E_1\cap E_2$
$=(E-E\cap F)\cap(F-E\cap F)$
$=\{E\cap(E\cap F)^c\}\cap\{F\cap(E\cap F)^c\}$
$=(E\cap F)\cap(E\cap F)^c=\emptyset$.

すなわち, 族 $\{E_1, E_2, E_3\}$ は排反である. 一方

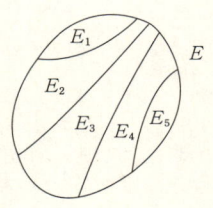

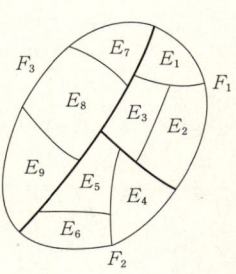

第9図

$$E_1\cup E_2\cup E_3 = (E-E\cap F)\cup(F-E\cap F)\cup(E\cap F)$$
$$= \{(E-E\cap F)\cup(E\cap F)\}$$
$$\cup\{(F-E\cap F)\cup(E\cap F)\}$$
$$= E\cup(E\cap F)\cup F\cup(E\cap F)$$
$$= E\cup F.$$

また,
$$E_1\cup E_3 = (E-E\cap F)\cup(E\cap F) = E,$$
$$E_2\cup E_3 = (F-E\cap F)\cup(E\cap F) = F.$$

よって, 定理1により
$$p(E\cup F)+p(E\cap F) = (p(E_1)+p(E_2)+p(E_3))+p(E_3)$$

$$= (p(E_1)+p(E_3))+(p(E_2)+p(E_3))$$
$$= p(E)+p(F).$$

例 7. トランプ抜きの試行において,指標を根元事象それ自身とする.いま,E を A のカードの全体,F を赤いカードの全体とすれば,E, F, $E \cup F$, $E \cap F$ は,それぞれ 4 枚,26 枚,28 枚,2 枚のカードをもっている.ゆえに

$$p(E \cup F)+p(E \cap F) = \frac{28}{52}+\frac{2}{52} = \frac{30}{52},$$

$$p(E)+p(F) = \frac{4}{52}+\frac{26}{52} = \frac{30}{52}.$$

すなわち,この場合,たしかに定理は成立する.

問 1. 族 $\{E_1, E_2, \cdots, E_n\}$ と族 $\{F_1, F_2, \cdots, F_m\}$ とがともに一つの確率事象 E の分割であれば,事象 $E_i \cap F_j$ の集まり:

$$\{E_i \cap F_j | i=1, 2, \cdots, n, j=1, 2, \cdots, m\},$$

すなわち
$$E_1 \cap F_1, E_1 \cap F_2, \cdots, E_1 \cap F_m$$
$$E_2 \cap F_1, E_2 \cap F_2, \cdots, E_2 \cap F_m$$
$$\cdots \quad \cdots \quad \cdots \quad \cdots$$
$$E_n \cap F_1, E_n \cap F_2, \cdots, E_n \cap F_m$$

の集まりは,また E の分割であることを示せ.さらに,これは,$\{E_1, E_2, \cdots, E_n\}$, $\{F_1, F_2, \cdots, F_m\}$ の共通の細分となっていることを確かめよ.

問 2. $p(E_1 \cup E_2 \cup E_3)$
$$= p(E_1)+p(E_2)+p(E_3)-p(E_1 \cap E_2)-p(E_2 \cap E_3)$$
$$-p(E_1 \cap E_3)+p(E_1 \cap E_2 \cap E_3)$$
であることを確かめよ.

問 3. 一般に,$p(\bigcup_{n=1}^{r} E_n) \leq \sum_{n=1}^{r} p(E_n)$ が成立することを証明せよ.

§3. 二つの事象の独立性

1. 本節では，二つの事象の独立性の概念について説明する．まず，例から始めよう．

トランプの1組から，次のカードを除外する：
（ⅰ） あらゆるK
（ⅱ） スペードのAから6まで
（ⅲ） ハートの7からQまで．

そして，次のような試行を考えるのである：

上の操作で残った36枚を基本のカードとし，それらをよく切って，その中からでたらめに1枚を抜く．ただし，指標はマークと数字の両方とする．

このとき，赤いカードの全体から成る事象 F の確率は，基本のカードの総枚数が36枚，F に属するカードの枚数が18枚であるから

$$(*) \qquad p(F) = \frac{18}{36} = \frac{1}{2}$$

と考えられる．いま，この試行を何回も何回もくりかえし，結果の根元事象の列を

$$a_1, \ a_2, \ \cdots, \ a_n$$

とする．そして，この中にあらわれる，たとえばAのカードを全部抜き出して

$$b_1, \ b_2, \ \cdots, \ b_r$$

とおく．そうすれば，これらの b_i は，いずれもAのカードであることはいうまでもないが，そのマークはハート，ダイヤ，クラブと3種類の可能性がある．しかも，それら

のあらわれる程度には何らの優劣もない．したがって，赤いカードはだいたい3回に2回の割合で，また黒いカードは3回に1回の割合で出ていると考えられるであろう．

このことは，次のような事実を示している：

誰か他の人がこの試行をおこなったとき，その結果を自分が知らないものとすれば，それが赤いカードであったかそうでなかったかは，(*)によって全く同程度の確からしさをもっている．ところが，もし結果のカードがAであったことが知らされれば，それが赤いカードであった可能性は，そうでなかった可能性の2倍もつよくなることになる．全く同様にして，たとえばそれがQのカードであったことが知らされれば，それはスペード，クラブ，ダイヤのいずれかであるから，赤いカードであった可能性は，そうでなかった可能性にくらべて，反対に半分にへってしまうであろう．

つまり，このような試行の場合，結果の数字がAであるとかQであるとかいう通知は，マークが赤い可能性に対し，何らかの影響をもっているのである．

これに反し，(i)，(ii)，(iii)を除外しない普通のトランプ抜きの試行では，そのようなことがない．つまり，たやすく知られるように，試行の結果のカードの数字が知らされても，マークが赤であった可能性に対し，何の影響も及ぼされないのである．

2. 以上と同様の考察は，いかなる試行のいかなる確率事象についても，行うことができる．

§3. 二つの事象の独立性

すなわち，一つの試行とその指標が与えられたとし，二つの確率事象 E, F に注目する（E, F はそれぞれ，上の例における A のカードの全体，赤いカードの全体に対応するものである）．そして，$p(E)$ は 0 でないものとしよう．

いま，試行を何回も何回もくりかえし，結果の根元事象の列を

(a) $\qquad a_1, a_2, \cdots, a_n$

とする．そして，(a) の中にあらわれる E の元を抜き出して

(b) $\qquad b_1, b_2, \cdots, b_r$

とおく．明らかに，$\dfrac{r}{n}$ は，(a) における E の相対頻度であって，E の確率 $p(E)$ の近くに密集する傾向がある．次に，(b) から F に属する元を抜き出し

(c) $\qquad c_1, c_2, \cdots, c_s$

とする．このとき，$\dfrac{s}{r}$ を，(a) における，**E に関する，F の相対頻度**という．

ところで，一方からいえば，(c) は，(a) から $E \cap F$ に属する根元事象を抜き出してつくった列にほかならない．よって，$\dfrac{s}{n}$ は，(a) における $E \cap F$ の相対頻度に一致する．それゆえ，これは $p(E \cap F)$ の近くに密集する傾向をもつであろう．これより，E に関する F の相対頻度

$$\frac{s}{r} = \frac{\dfrac{s}{n}}{\dfrac{r}{n}}$$

は，

(**) $$\frac{p(E \cap F)}{p(E)}$$

なる値の近くに密集する傾向をもつことが確かめられる．

以上の準備の下に，次のようなことがわかる：

誰か他の人がこの試行をおこなったとき，その結果が全然知らされていないとすれば，それが F に属する可能性は，もちろん $p(F)$ の程度である．ところが，もし，結果が E に属するものであることが知らされれば，それが F に属する可能性は(**)の程度となる．したがって，もし

(1) $$p(F) \neq \frac{p(E \cap F)}{p(E)}$$

ならば，結果について何も知らされていないときと，E に属することが知らされたときとで，結果が F に属することの可能性に変化がある．しかし

(2) $$p(F) = \frac{p(E \cap F)}{p(E)}$$

ならば，そのような変化がない．つまり，この場合，F は E と無関係——独立なわけである．

例1. （i），（ii），（iii）のカードを除外したトランプ抜きの試行において，E を A のカードの全体，E' を Q のカードの全体，F を赤いカードの全体とすれば，

$$p(F) = \frac{18}{36} = \frac{1}{2}, \quad \frac{p(E \cap F)}{p(E)} = \left(\frac{2}{36}\right) \Big/ \left(\frac{3}{36}\right) = \frac{2}{3},$$

$$\frac{p(E' \cap F)}{p(E')} = \left(\frac{1}{36}\right) \Big/ \left(\frac{3}{36}\right) = \frac{1}{3}.$$

よって，$E, F ; E', F$ に対して(1)が成立する．これに反し，52枚

のカード全部を用いれば，E, E', F に対応する事象を E_1, E_1', F_1 とかくとき，
$$p(F_1) = \frac{p(E_1 \cap F_1)}{p(E_1)} = \frac{p(E_1' \cap F_1)}{p(E_1')} = \frac{1}{2}$$
である．

3. 以上を参考として，一般の確率空間における確率事象に対し，次の定義をおく：

定義 1. E, F が確率事象で $p(E)>0$ のとき，数
$$\frac{p(E \cap F)}{p(E)}$$
のことを，E に関する F の**相対確率**，あるいは E が起ったときの F の**条件付確率**といい
$$p_E(F) \quad \text{あるいは} \quad p(F|E)$$
と書く．

定義 2・1. E, F が確率事象で $p(E)>0$ のとき，
$$p(F) = p_E(F)$$
が成立すれば，F は E と**独立**であるという．

定義 2・1 の関係式が (2) と同じものであることはいうまでもない．

例 2. 例 1 より次のことがわかる：トランプ抜きの試行において，(ⅰ), (ⅱ), (ⅲ) のカードを除外すれば，赤いカードの全体 F は，A のカードの全体 E や，Q のカードの全体 E' と独立ではない．しかし，(ⅰ), (ⅱ), (ⅲ) を除外しなければ，F に対応する事象 F_1 は，E, E' に対応する事象 E_1, E_1' と独立になる．

例 3. サイコロ投げの試行において，2 以上の目の全体を E，偶数の目の全体を F とすれば，$p(F) = \frac{3}{6} = \frac{1}{2}$, $p_E(F) = \frac{p(E \cap F)}{p(E)} = \left(\frac{3}{6}\right) \Big/ \left(\frac{5}{6}\right) = \frac{3}{5}$. よって，$F$ は E と独立ではない．

4. 上の定義には，$p(E)>0$ という制限がついていることに注意する．それでは，$p(E)=0$ のときはいったいどうなるのであろうか．

——実は，このときは，E の起ることは期待できないくらいまれである．それがつまり，確率 0 ということの意味なのであった．よって，それの起ったことが知らされて，そのために F の起った可能性の程度に変化を生じるようなことも，また期待できないくらいまれにしかないであろう．ゆえに，このような場合，F が E に独立であるとかないとかいうのは，あまり意味がないとも考えられるのである．しかし，例外をつくるのは不便でもあるので，便宜上，次のように規約する．

定義 2・2. $p(E)=0$ ならば，いかなる F も E と**独立**であるという．

ただ，相対確率 $p_E(F)$ の方は，定義を補足しないのが普通である．

5. 独立性に関しては，次のような定理が成立する：

定理 1. 事象 F が E と独立であるための必要かつ十分な条件は

$$(***) \qquad p(E \cap F) = p(E)p(F)$$

が成立することである．

［証明］　必要なこと：$p(E)>0$ ならば，

$$p(F) = p_E(F) = \frac{p(E \cap F)}{p(E)}$$

より，分母をはらって (***) が出る．また，$p(E)=0$ なら

ば、当然 $p(E \cap F)$ も 0 となる[1]から、(***)の両辺はともに 0 となって一致する。十分なこと：$p(E)=0$ ならば、当然 F は E と独立である。$p(E)>0$ ならば、(***)の両辺を $p(E)$ で割って、$p(F)=p_E(F)$. すなわち、F は E と独立である。

この定理により、F が E と独立であれば、また E が F と独立になることがわかる。それゆえ、"F が E と独立"、あるいは "E が F と独立" などという代りに、"**族 $\{E, F\}$ が独立**" ということがある。

例 4. （ⅰ）、（ⅱ）、（ⅲ）のカードを除外したトランプ抜きの試行において、F を赤いカードの全体、E を A のカードの全体とおけば、$p(F)=\frac{1}{2}$, $p(E)=\frac{1}{12}$, $p(E \cap F)=\frac{1}{18}$. よって $p(E)p(F) \neq p(E \cap F)$. しかし、（ⅰ）、（ⅱ）、（ⅲ）のカードを除外しなければ、E, F に対応する確率事象を E_1, F_1 とおくとき、$p(F_1)=\frac{1}{2}$, $p(E_1)=\frac{1}{13}$, $p(E_1 \cap F_1)=\frac{1}{26}$. よって $p(E_1)p(F_1)=p(E_1 \cap F_1)$. すなわち、この場合、たしかに定理は成立する。

問 1. $0 \leq p_E(F) \leq 1$ であることを確かめよ。

問 2. $F_1 \cap F_2 = \emptyset$ ならば、$p_E(F_1 \cup F_2) = p_E(F_1) + p_E(F_2)$ となることを示せ。

問 3. $E \subseteq F$ ならば、$p_E(F)=1$ であることを証明せよ。

§4. 多くの事象の独立性

1. 前節では、二つの確率事象から成る族 $\{E, F\}$ の独立性について述べた。この概念は、実は、有限個の確率事象から成る一般の族 $\{E_1, E_2, \cdots, E_n\}$ に対しても拡張する

---

[1] $E \supseteq E \cap F$ より $p(E) \geq p(E \cap F)$. よって $p(E \cap F)=0$.

ことができるのである.

定義 1. 族 $\{E_1, E_2, \cdots, E_n\}$ において,その確率事象のいずれもが,他の残りの確率事象の任意個の積事象と独立であるとき,族自身が**独立**であるといわれる.くわしくいえば,E_1 が,$E_2, E_3, \cdots, E_n$ のうちの任意個の積事象と独立,E_2 が,$E_1, E_3, \cdots, E_n$ のうちの任意個の積事象と独立,$\cdots$,一般に E_i が,$E_1, \cdots, E_{i-1}, E_{i+1}, \cdots, E_n$ のうちの任意個の積事象と独立であるとき,族 $\{E_1, E_2, \cdots, E_n\}$ を独立であるというのである.

例 1. サイコロを振る操作を n 回くりかえす,という試行を考える.これに対する根元事象は,各操作の結果がどの目であったかを示す n 個の数の列 $(a_1, a_2, \cdots, a_n)$ にほかならない.このようなものの総数は,各 a_i としてとることのできるものが6通りずつあることから,6^n である.いま,指標として,根元事象それ自身をとることにしよう.明らかに,いかなる事象も確率事象である.さて,サイコロが完全なものであるとすれば,どの目も全く平等に出る可能性をもっている.それゆえ,何か特定の列,たとえば $(1, 1, \cdots, 1)$ というようなものが,他の列にくらべてとくにあらわれやすいということはない.したがって,一つの根元事象 $(a_1, a_2, \cdots, a_n)$ だけから成る確率事象 $\{(a_1, a_2, \cdots, a_n)\}$ の確率は $\dfrac{1}{6^n}$,また,r 個の元をふくむような確率事象の確率は $\dfrac{r}{6^n}$ にひとしいことがわかる.

いま,E_1 を第1項が1であるような根元事象,すなわち $(1, a_2, \cdots, a_n)$ なる形の根元事象の全体とする:$E_1 = \{(a_1, a_2, \cdots, a_n) | a_1 = 1\}$.同様にして,$E_2$ を第2項が1であるものの全体,$\cdots$,一般に E_i を第 i 項が1であるものの全体とおく:

$$E_i = \{(a_1, a_2, \cdots, a_n) | a_i = 1\} \quad (i = 1, 2, \cdots, n).$$

これらが、すべて 6^{n-1} 個の元をふくみ、したがってその確率が $\frac{6^{n-1}}{6^n} = \frac{1}{6}$ であることは明らかであろう。さて、このとき、族 $\{E_1, E_2, \cdots, E_n\}$ は独立であることが示されるのである。すなわち：

$E_{i(1)}, E_{i(2)}, \cdots, E_{i(k)}$ を E_1 とひとしくないものの幾つかとすれば、$E_{i(1)} \cap E_{i(2)} \cap \cdots \cap E_{i(k)}$ は、第 $i(1)$ 項、第 $i(2)$ 項、$\cdots$、第 $i(k)$ 項が 1 であるような根元事象の全体である。それゆえ、それは 6^{n-k} 個の元をふくみ、その確率は $\frac{6^{n-k}}{6^n} = \frac{1}{6^k}$. 一方、$E_1 \cap E_{i(1)} \cap \cdots \cap E_{i(k)}$ は、第 1 項、第 $i(1)$ 項、$\cdots$、第 $i(k)$ 項が 1 であるものの全体であるから、全部で 6^{n-k-1} 個の元から成り立っている。ゆえに、その確率は $\frac{6^{n-k-1}}{6^n} = \frac{1}{6^{k+1}}$. したがって

$$p(E_1)p(E_{i(1)} \cap \cdots \cap E_{i(k)}) = \frac{1}{6} \cdot \frac{1}{6^k} = \frac{1}{6^{k+1}}$$
$$= p(E_1 \cap E_{i(1)} \cap \cdots \cap E_{i(k)}).$$

これより、E_1 は $E_{i(1)} \cap \cdots \cap E_{i(k)}$ と独立であることがわかる。E_1 以外の E_i が、残りの事象の任意個の積事象と独立であることも同様にして知られる。ゆえに、$\{E_1, E_2, \cdots, E_n\}$ は独立である。

注意 1. 族 $\{E_1, E_2, \cdots, E_n\}$ が独立であれば、明らかに、その部分集合 $\{E_i, E_j, \cdots, E_k\}$ も独立である。

2. 独立性に関しては、次の定理がある：

定理 1. 族 $\{E_1, E_2, \cdots, E_n\}$ が独立であるための必要十分な条件は、このなかからかってに選んだ事象 $E_{i(1)}, E_{i(2)}, \cdots, E_{i(r)}$ に対して

$$(*) \quad p(E_{i(1)} \cap E_{i(2)} \cap \cdots \cap E_{i(r)})$$
$$= p(E_{i(1)})p(E_{i(2)}) \cdots p(E_{i(r)})$$

が成立することである。

[証明]　必要なこと：族 $\{E_1, E_2, \cdots, E_n\}$ が独立であると仮定して(*)を示す．r に関する帰納法で証明しよう．$r=1$ ならば，(*)の両辺は $p(E_{i(1)})=p(E_{i(1)})$ となって証明するまでもない．次に，$r=k$ のとき成立するとして，$k+1$ のときの式：

$$p(E_{i(1)} \cap \cdots \cap E_{i(k+1)}) = p(E_{i(1)}) \cdots p(E_{i(k+1)})$$

を示す．まず，$E_{i(k+1)}$ が $E_{i(1)} \cap \cdots \cap E_{i(k)}$ と独立であることから

$$p(E_{i(1)} \cap \cdots \cap E_{i(k)} \cap E_{i(k+1)}) \\ = p(E_{i(1)} \cap \cdots \cap E_{i(k)}) p(E_{i(k+1)}).$$

しかるに，帰納法の仮定によって，$r=k$ のときは(*)が成立するから，この右辺は $p(E_{i(1)}) \cdots p(E_{i(k)}) p(E_{i(k+1)})$ にひとしい．これで証明は終りである．

十分なこと：$E_{i(1)}, \cdots, E_{i(r)}$ の選び方にかかわらず(*)が成立すると仮定して，族 $\{E_1, E_2, \cdots, E_n\}$ の独立であることを示す．それには，どの E_i も，残りの事象の任意個の積事象 $E_{i(1)} \cap \cdots \cap E_{i(k)}$ $(i(1) \neq i, \cdots, i(k) \neq i)$ と独立であることをいえばよい．しかるに，それは

$$p(E_i) p(E_{i(1)} \cap \cdots \cap E_{i(k)}) = p(E_i) p(E_{i(1)}) \cdots p(E_{i(k)}) \\ = p(E_i \cap E_{i(1)} \cap \cdots \cap E_{i(k)})$$

より明らかであろう．

例 2.　例1の試行において，$E_{i(1)} \cap \cdots \cap E_{i(k)}$ は，まえにも述べたように，確率 $\dfrac{1}{6^k}$ をもつ．一方，各 E_i の確率は $\dfrac{1}{6}$．よって

$$p(E_{i(1)}) \cdots p(E_{i(k)}) = \frac{1}{6} \times \cdots \times \frac{1}{6} = \frac{1}{6^k} = p(E_{i(1)} \cap \cdots \cap E_{i(k)}).$$

すなわち，この場合，たしかに定理は成立する．

3. 一般に，確率事象の族 $\{E_1, E_2, \cdots, E_n\}$ に対し，次のような族 $\{F_1, F_2, \cdots, F_n\}$ はそれと**同系統**であるといわれる：

どのような F_i $(i=1, 2, \cdots, n)$ も，E_i にひとしいか，さもなければ E_i^c にひとしい．

たとえば，$\{E_1^c, E_2, E_3^c\}$ や $\{E_1, E_2^c, E_3^c\}$ は，$\{E_1, E_2, E_3\}$ と同系統である．もちろん，$\{E_1, E_2, E_3\}$ も，それ自身と同系統である．

この概念に関しては，次の定理が成立する：

定理 2. 族 $\{E_1, E_2, \cdots, E_n\}$ が独立であるための必要かつ十分な条件は，それと同系統のいかなる族 $\{F_1, F_2, \cdots, F_n\}$ に対しても

(∗∗)　$p(F_1 \cap F_2 \cap \cdots \cap F_n) = p(F_1) p(F_2) \cdots p(F_n)$

が成立することである．

［証明］　必要なこと：$\{E_1, E_2, \cdots, E_n\}$ が独立であるとする．$\{F_1, F_2, \cdots, F_n\}$ がそれと同系統であるとすれば，F_i $(i=1, 2, \cdots, n)$ は E_i か E_i^c かのいずれかにひとしい．いま，E_i^c にひとしいような F_i の個数を，族 $\{F_1, F_2, \cdots, F_n\}$ の "高さ" ということにしよう．高さは，明らかに 0 から n までのどんな値をもとることができる．そこで，高さに関する帰納法で (∗∗) を示そう：高さが 0 ならば，$\{F_1, F_2, \cdots, F_n\}$ は $\{E_1, E_2, \cdots, E_n\}$ と一致する．よって，(∗∗) は定理 1 より明らかである．次に，高さが k のとき (∗∗) が成立するとして $k+1$ のときを証明する．どんな場

合でも同様であるから，見やすいために，族 $\{F_1, F_2, \cdots, F_n\}$ が $\{E_1{}^c, \cdots, E_{k+1}{}^c, E_{k+2}, \cdots, E_n\}$ とひとしい場合について考えよう（一般には，$k+1$ 個の記号 ^{c} が，ばらばらにちらばっているわけである）．いま
$$G_1 = E_1{}^c \cap \cdots \cap E_k{}^c \cap E_{k+1} \cap E_{k+2} \cap \cdots \cap E_n$$
$$G_2 = E_1{}^c \cap \cdots \cap E_k{}^c \cap E_{k+1}{}^c \cap E_{k+2} \cap \cdots \cap E_n$$
とおけば，明らかに
$$G_1 \cap G_2 = (E_1{}^c \cap \cdots \cap E_k{}^c \cap E_{k+2} \cap \cdots \cap E_n) \cap (E_{k+1} \cap E_{k+1}{}^c)$$
$$= (E_1{}^c \cap \cdots \cap E_k{}^c \cap E_{k+2} \cap \cdots \cap E_n) \cap \emptyset$$
$$= \emptyset,$$
$$G_1 \cup G_2 = (E_1{}^c \cap \cdots \cap E_k{}^c \cap E_{k+2} \cap \cdots \cap E_n) \cap (E_{k+1} \cup E_{k+1}{}^c)$$
$$= (E_1{}^c \cap \cdots \cap E_k{}^c \cap E_{k+2} \cap \cdots \cap E_n) \cap \Omega$$
$$= E_1{}^c \cap \cdots \cap E_k{}^c \cap E_{k+2} \cap \cdots \cap E_n.$$
よって，$p(G_1 \cup G_2) = p(G_1) + p(G_2)$ から
$$p(E_1{}^c \cap \cdots \cap E_k{}^c \cap E_{k+2} \cap \cdots \cap E_n)$$
$$= p(E_1{}^c \cap \cdots \cap E_k{}^c \cap E_{k+2} \cap \cdots \cap E_n)$$
$$- p(E_1{}^c \cap \cdots \cap E_k{}^c \cap E_{k+1} \cap \cdots \cap E_n)$$

しかるに，右辺の各項は，それぞれ独立な族 $\{E_1, \cdots, E_k, E_{k+2}, \cdots, E_n\}$，$\{E_1, \cdots, E_n\}$ と同系統であって，その高さは k．ゆえに，帰納法の仮定から
$$= p(E_1{}^c) \cdots p(E_k{}^c) p(E_{k+2}) \cdots p(E_n)$$
$$- p(E_1{}^c) \cdots p(E_k{}^c) p(E_{k+1}) \cdots p(E_n)$$
$$= p(E_1{}^c) \cdots p(E_k{}^c)(1 - p(E_{k+1})) p(E_{k+2}) \cdots p(E_n)$$
$$= p(E_1{}^c) \cdots p(E_k{}^c) p(E_{k+1}{}^c) p(E_{k+2}) \cdots p(E_n).$$
すなわち，(**) が成立する．

§4. 多くの事象の独立性

十分なこと：(**)の成立することを仮定して，次のことを示す．すなわち，$\{E_1, \cdots, E_n\}$ の任意の部分集合を $\{E_{i(1)}, \cdots, E_{i(r)}\}$ とすれば，それと同系統のいかなる族 $\{F_{i(1)}, \cdots, F_{i(r)}\}$ に対しても

(***) $p(F_{i(1)} \cap \cdots \cap F_{i(r)}) = p(F_{i(1)}) \cdots p(F_{i(r)})$

が成立する．これがいえれば，$\{E_1, \cdots, E_n\}$ の独立性は，定理1より明らかであろう[2]．このことを，$n-r$ についての帰納法で証明する．まず，$n-r=0$，すなわち $r=n$ のときは，$\{E_{i(1)}, \cdots, E_{i(r)}\} = \{E_1, \cdots, E_n\}$ となって，(***) は (**) にほかならず，証明するまでもない．そこで，$n-r=k$ のとき成立すると仮定して，$n-r=k+1$ のときを示す．明らかに $r=n-k-1$ である．どんな場合でも同様であるから，$\{E_{i(1)}, \cdots, E_{i(n-k-1)}\}$ が $\{E_1, \cdots, E_{n-k-1}\}$ にひとしい場合を考えよう．いま，$\{F_1, \cdots, F_{n-k-1}\}$ をそれと同系統とすれば

$F_1 \cap \cdots \cap F_{n-k-1}$
  $= (F_1 \cap \cdots \cap F_{n-k-1} \cap E_{n-k}) \cup (F_1 \cap \cdots \cap F_{n-k-1} \cap E_{n-k}{}^c)$,
$(F_1 \cap \cdots \cap F_{n-k-1} \cap E_{n-k}) \cap (F_1 \cap \cdots \cap F_{n-k-1} \cap E_{n-k}{}^c) = \emptyset$

であるから，
$p(F_1 \cap \cdots \cap F_{n-k-1})$
  $= p(F_1 \cap \cdots \cap F_{n-k-1} \cap E_{n-k}) + p(F_1 \cap \cdots \cap F_{n-k-1} \cap E_{n-k}{}^c)$

---

[2] すなわち，$\{E_1, E_2, \cdots, E_n\}$ のいかなる部分集合 $\{E_{i(1)}, E_{i(2)}, \cdots, E_{i(r)}\}$ をとっても，(***) の特別の場合として，
  $p(E_{i(1)} \cap E_{i(2)} \cap \cdots \cap E_{i(r)}) = p(E_{i(1)}) p(E_{i(2)}) \cdots p(E_{i(r)})$
が成立するからである．

しかるに，右辺の各項は，いずれも $\{E_1, \cdots, E_{n-k-1}, E_{n-k}\}$ と同系統な族の積事象の確率である．一方，$r=n-k$，すなわち $n-r=k$ のときは (***) が成立すると仮定しているから

$$= p(F_1)\cdots p(F_{n-k-1})p(E_{n-k}) + p(F_1)\cdots p(F_{n-k-1})p(E_{n-k}{}^c)$$
$$= p(F_1)\cdots p(F_{n-k-1})(p(E_{n-k}) + p(E_{n-k}{}^c))$$
$$= p(F_1)\cdots p(F_{n-k-1}).$$

これで定理は証明された．

注意2. この定理により，族 $\{E_1, E_2, \cdots, E_n\}$ が独立であれば，これと同系統のいかなる族 $\{F_1, F_2, \cdots, F_n\}$ も独立となることがわかる．

例3. 例1の試行において，$\{F_1, \cdots, F_n\}$ を $\{E_1, \cdots, E_n\}$ と同系統な任意の族とする．いま，簡単のために，それが $\{E_1{}^c, \cdots, E_k{}^c, E_{k+1}, \cdots, E_n\}$ にひとしいとしよう．このとき，$p(E_1{}^c) = 1 - p(E_1) = 1 - \frac{1}{6} = \frac{5}{6}$．同様にして，$p(E_2{}^c) = \cdots = p(E_k{}^c) = \frac{5}{6}$．一方，$E_1{}^c \cap \cdots \cap E_k{}^c \cap E_{k+1} \cap \cdots \cap E_n$ は，第1項から第 k 項までが2から6までの五つの目のいずれかで，第 $k+1$ 項以後が1の目であるような根元事象の全体である．よって，その元の個数は 5^k．ゆえに

$$p(E_1{}^c \cap \cdots \cap E_k{}^c \cap E_{k+1} \cap \cdots \cap E_n) = \frac{5^k}{6^n},$$
$$p(E_1{}^c)\cdots p(E_k{}^c)p(E_{k+1})\cdots p(E_n) = \frac{5}{6}\cdots\frac{5}{6}\cdot\frac{1}{6}\cdots\frac{1}{6} = \frac{5^k}{6^n}.$$

すなわち，この場合，たしかに定理は成り立っている．

問． 銅貨を投げる操作を n 回くりかえす，という試行において，指標を根元事象それ自身とし，例1，例2，例3と同じ考察をおこなってみよ．

§5. 相対確率の性質

1. §3において，われわれは相対確率 $p_E(F)$ なるものを定義した．F が E と独立であるときは，これは $p(F)$ とひとしく，したがって特別の意味をもたないことはいうまでもない．本節では，F が E と必ずしも独立でない場合について，その効用を論じよう．

はじめに，この概念と具体的な試行との関連を復習する (81ページを参照)：

一つの試行とその指標とがあたえられたとき，その試行を何回も何回もくりかえし，結果の根元事象の列を

(a) $\qquad a_1, a_2, \cdots, a_n$

とする．いま，この中から事象 E に属するものを抜き出して

$$b_1, b_2, \cdots, b_r$$

とし，さらにこれから，F に属するものを抜き出して

$$c_1, c_2, \cdots, c_s$$

とおく．このとき，数 $\dfrac{s}{r}$ を，(a)における，E に関する，F の相対頻度という．相対確率 $p_E(F)$ とは，この相対頻度がそこへ密集して行くような値のことにほかならない．そしてそれは，ちょうど

(*) $\qquad \dfrac{p(E \cap F)}{p(E)}$

に一致することが確かめられる．ただし，$p(E)>0$ とする．

2. 上の考察は，具体的な試行と指標とが与えられたと

き，それにおける確率事象の確率の決定に，実際応用することができる．次に，その例を示そう．

例1. A, B, C という三つの壺があるとし，それらの中には，赤い玉と白い玉とが，それぞれ $m_1 : n_1$, $m_2 : n_2$, $m_3 : n_3$ の割合で入っていると仮定する．このとき，まずでたらめに壺を一つ選び，次にその選ばれた壺の中からでたらめに玉を一つ抜いて，その色を調べる，という試行を考えよう．根元事象は，もちろん，選ばれた壺 X と，その中から抜かれた玉の色 x との組 (X, x) であって，次のような6個がある：

$(A, 赤)$, $(B, 赤)$, $(C, 赤)$,
$(A, 白)$, $(B, 白)$, $(C, 白)$.

また，指標としては，根元事象それ自身を採用することに規約する．このとき，各事象の確率はどうなるであろうか．

これを定めるには，ただ一つの根元事象から成る事象 $\{(X, x)\}$ の確率が知られればよい．なぜならば，他の事象の確率は，すべてそのようなものの和として計算することができるからである．

ところで，たとえば事象 $\{(B, 赤)\}$ は，選ばれた壺 X が B であるような根元事象の全体 E，すなわち $\{(B, 赤), (B, 白)\}$ と，選ばれた玉の色 x が赤であるような根元事象の全体 F，すなわち $\{(A, 赤), (B, 赤), (C, 赤)\}$ との積事象 $E \cap F$ である．ゆえに

$$p(\{(B, 赤)\}) = p(E \cap F) = p(E) p_E(F).$$

ところで，どの壺の選ばれる可能性も全く平等と考えられるから，$p(E) = \dfrac{1}{3}$．また，試行をくりかえした結果の列から，E に属するものを抜き出してつくった列を

(B, x_1), (B, x_2), $\cdots$, (B, x_r)

とするとき，このうちの x_i が赤であるものの個数を s として $\dfrac{s}{r}$ をつくれば，それは

$$\frac{m_2}{m_2 + n_2}$$

のまわりに密集する傾向をもつであろう．よって

$$p_E(F) = \frac{m_2}{m_2 + n_2}$$

とおくのが合理的である．これより

$$p(\{(B, 赤)\}) = \frac{m_2}{3(m_2 + n_2)}$$

がえられる．他の $\{(X, x)\}$ についても全く同様である．

3. 相対確率の最も基本的な性質

(*) $\quad p(E \cap F) = p(E) p_E(F) \quad (p(E) > 0)$

は，もっと多くの事象にも拡張することができる：

定理1．（乗法定理） $p(E_1 \cap E_2 \cap \cdots \cap E_{n-1}) > 0$ ならば，次の公式が成立する．

$p(E_1 \cap E_2 \cap \cdots \cap E_n)$
$\quad = p(E_1) p_{E_1}(E_2) p_{E_1 \cap E_2}(E_3) \cdots p_{E_1 \cap E_2 \cap \cdots \cap E_{n-1}}(E_n).$

［証明］ n に関する帰納法による．$n=1$ ならば，両辺はともに $p(E_1)$ となって，証明するまでもない．$n=k$ のとき公式が成立するとして，$k+1$ のときを示そう．$E_1 \cap E_2 = F$ とおけば，帰納法の仮定によって

$p(E_1 \cap E_2 \cap \cdots \cap E_{k+1})$
$\quad = p(F \cap E_3 \cap \cdots \cap E_{k+1})$
$\quad = p(F) p_F(E_3) \cdots p_{F \cap E_3 \cap \cdots \cap E_k}(E_{k+1})$
$\quad = p(E_1 \cap E_2) p_{E_1 \cap E_2}(E_3) \cdots p_{E_1 \cap E_2 \cap \cdots \cap E_k}(E_{k+1}).$

ここで，この右辺の第1因数に $p(E_1) p_{E_1}(E_2)$ を代入すれば，ただちに $k+1$ のときの公式が得られる．

注意1． 族 $\{E_1, E_2, \cdots, E_n\}$ が独立であれば，
$p_{E_1}(E_2) = p(E_2), \; p_{E_1 \cap E_2}(E_3) = p(E_3), \; \cdots, \; p_{E_1 \cap \cdots \cap E_{n-1}}(E_n) = p(E_n).$

よって，定理の公式は，すでに知られた式
$$p(E_1 \cap E_2 \cap \cdots \cap E_n) = p(E_1)p(E_2)\cdots p(E_n)$$
に帰着する．

例2. ある一定の集団から，でたらめに1人の人間を抜き出して，性別，出身都道府県，生年を聞く，という試行を考える．その根元事象は，三つの項目の組 (a, b, c) である．たとえば (男, 東京, 昭10)．指標を根元事象それ自身とする．いま，(男, 東京, 昭10) のような根元事象ただ一つから成る確率事象の確率を考えてみよう．まず，(男, b, c) なる形の根元事象の全体を E_1，(a, 東京, c) なる形の根元事象の全体を E_2，$(a, b, 昭10)$ なる形の根元事象の全体を E_3 とすれば，
$$p(\{(男, 東京, 昭10)\}) = p(E_1 \cap E_2 \cap E_3) = p(E_1)p_{E_1}(E_2)p_{E_1 \cap E_2}(E_3).$$
よって，左辺の確率を定めるには，右辺の三つの因数を，頻度ないしは相対頻度から決定すればよい，ということになる．そして，左辺のような，ただ一つの根元事象から成る確率事象の確率がきまりさえすれば，あらゆる事象の確率が，その和として決定されることになるであろう．

4. 相対確率のもう一つの大事な性質は，次の定理である：

定理2.（完全確率の定理） 族 $\{E_1, E_2, \cdots, E_n\}$ が

(1) Ω の分割である．すなわち，$i \neq j$ ならば，$E_i \cap E_j = \emptyset$ で，かつ
$$\bigcup_{i=1}^{n} E_i = \Omega.$$

(2) $p(E_i) > 0$ $(i=1, 2, \cdots, n)$．

なる条件を満足すれば，いかなる確率事象 E に対しても
$$p(E) = p(E_1)p_{E_1}(E) + p(E_2)p_{E_2}(E) + \cdots + p(E_n)p_{E_n}(E)$$

$$= \sum_{i=1}^{n} p(E_i) p_{E_i}(E)$$

が成立する.

[証明] まず
$$E = \Omega \cap E = \left(\bigcup_{i=1}^{n} E_i\right) \cap E = \bigcup_{i=1}^{n} (E_i \cap E).$$
一方, $i \neq j$ ならば
$$(E_i \cap E) \cap (E_j \cap E) = (E_i \cap E_j) \cap E = \emptyset \cap E = \emptyset.$$
よって, 族 $\{E_1 \cap E, E_2 \cap E, \cdots, E_n \cap E\}$ は E の分割である. したがって
$$p(E) = \sum_{i=1}^{n} p(E_i \cap E) = \sum_{i=1}^{n} p(E_i) p_{E_i}(E).$$

例3. 例1において, F を選ばれた玉の色 x が赤であるような根元事象 (X, x) の全体とする. また, E_1, E_2, E_3 を, それぞれ選ばれた壺 X が A, B, C であるような根元事象 (X, x) の全体としよう. そうすれば, 例1で述べたように

$$p(E_1) = p(E_2) = p(E_3) = \frac{1}{3},$$
$$p_{E_1}(F) = \frac{m_1}{m_1+n_1}, \quad p_{E_2}(F) = \frac{m_2}{m_2+n_2}, \quad p_{E_3}(F) = \frac{m_3}{m_3+n_3}.$$

また, $\{E_1, E_2, E_3\}$ は Ω の分割である. これより, 完全確率の定理によって

$$p(F) = \frac{1}{3}\left(\frac{m_1}{m_1+n_1} + \frac{m_2}{m_2+n_2} + \frac{m_3}{m_3+n_3}\right)$$

をうる.

5. 完全確率の定理から, 次の定理がみちびかれる:

定理3. (**ベイズ (Bayes) の定理**) 族 $\{E_1, E_2, \cdots, E_n\}$ が定理2と同じ条件をみたすならば, $p(E) > 0$ なる任意の確率事象 E に対して

$$p_E(E_i) = \frac{p(E_i)p_{E_i}(E)}{p(E_1)p_{E_1}(E)+\cdots+p(E_n)p_{E_n}(E)}$$

$$= \frac{p(E_i)p_{E_i}(E)}{\sum_{i=1}^{n} p(E_i)p_{E_i}(E)}$$

が成立する.

[証明] 右辺の分母は, 完全確率の定理により, $p(E)$ にひとしい. また, 分子は $p(E_i \cap E)$ である. ゆえに, 右辺は左辺と一致する.

例4. 例3にベイズの定理を用いれば

$$p_F(E_i) = \frac{p(E_i)p_{E_i}(F)}{\sum_{i=1}^{n} p(E_i)p_{E_i}(F)}$$
$$= \frac{\frac{1}{3} \cdot \frac{m_i}{m_i+n_i}}{\frac{1}{3}\left(\frac{m_1}{m_1+n_1} + \frac{m_2}{m_2+n_2} + \frac{m_3}{m_3+n_3}\right)}.$$

ここで, たとえば, $m_1 : n_1 = 2 : 1$, $m_2 : n_2 = 1 : 1$, $m_3 : n_3 = 1 : 2$ とおけば

$$p_F(E_1) = \frac{4}{9}, \quad p_F(E_2) = \frac{3}{9}\left(=\frac{1}{3}\right), \quad p_F(E_3) = \frac{2}{9}.$$

注意2. 例4においては, 誰か他の人がその試行をおこなったとき, その結果の壺はわからないが, 玉の色が知らされた場合, 壺がどれであったか, という可能性の程度が計算されている. このようにベイズの定理は, 実際に知られたものを利用して, 未知のものを推測するための手段として用いられる. たとえば, 例4の具体的な数値例においては, 結果の玉の色が赤であったことが知らされた場合, 壺が A であったことの可能性が, 他のものであ

った可能性にくらべて一番多いことがわかる．これはしかし，Aでは，他のものにくらべて，赤い玉の比率が一番高いのであるから，考えてみれば当然のことである．

問 1． 例1の壺を A, B, C, D の4個にふやし，さらに玉の色を赤，白，黒の三つにふやして，例1と同様の考察をおこなってみよ．

問 2． 問1の試行において，例4と同じことを考えてみよ．

演習問題 II

1. $A_1, A_2, \cdots, A_n$ を確率事象とし，
$$p_i = p(A_i),\ p_{ij} = p(A_i \cap A_j),\ p_{ijk} = p(A_i \cap A_j \cap A_k), \cdots$$
$$(i, j, k \cdots = 1, 2, \cdots, n)$$
$$S_1 = \sum_i p_i,\ S_2 = \sum_{i<j} p_{ij},\ S_3 = \sum_{i<j<k} p_{ijk}, \cdots$$
とおく．このとき，
$$p(A_1 \cup A_2 \cup \cdots \cup A_n) = S_1 - S_2 + S_3 - + \cdots + (-1)^{n+1} S_n$$
が成立することを示せ．

2. ブリッジ（演習問題 I, 5.を参照）において，東西南北のうちの少なくとも1人が，同じマークだけから成る手をもつ確率を求めよ．

3. $1, 2, \cdots, N$ なる N 個の数字をでたらめに並べるという実験を考える．根元事象はこれらの数字の順列である．指標を根元事象それ自身とし，どの根元事象も同程度のたしからしさをもつとしよう．このとき，数字 i が根元事象 $a_1 a_2 \cdots a_N$ のちょうど第 i 番目にきているならば，i は $a_1 a_2 \cdots a_N$ における "当り" であるという．少なくとも一つ当りが生ずる確率はいくらか．

4. 1.において，$A_1, A_2, \cdots, A_n$ のうちのちょうど m 個が起る確率を P_m とおけば，

$$P_m = S_m - \binom{m+1}{m}S_{m+1} + \binom{m+2}{m}S_{m+2} - \cdots + (-1)^{n-m}\binom{n}{m}S_n$$

が成立することを示せ.

5. 3. において，ちょうど m 個の当りが生ずる確率はいくらか.

6. 壺の中に，赤い玉が $a_1, a_2, \cdots, a_m$ の m 個，黒い玉が $b_1, b_2, \cdots, b_n$ の n 個入っている．いま，この壺の中からでたらめに1球取り出し，次に，それをもとへもどすことなくもう1球取り出すという実験を考える．根元事象は，取り出された玉の組 (x, y) ($x, y = a_1, a_2, \cdots, a_m, b_1, b_2, \cdots, b_n, x \neq y$) である．指標を根元事象それ自身とし，どの根元事象も同程度のたしからしさをもつとしよう．このとき，1回目の玉が赤である確率，2回目が赤である確率はそれぞれいくらになるか．

7. 上の問題において，玉を二つ取り出す代りに r 個 ($r \leq m+n$) 取り出すものとすれば，第 i 回目 ($1 \leq i \leq r$) の玉が赤い確率はいくらか．

III. 多重試行

　一つの試行を何回かおこなうことを，ひとまとめにして一つの実験と考えた場合，これを，もとの試行の多重試行という．本章では，この多重試行が，もとの試行とどのような関係にあるかを追究する．また，この概念を，一般の確率空間の言葉で表現しようという場合，どのようにすればよいか，という問題をも考える．

§1. 二重試行

　1. 一つの試行を 2 回くりかえし，その二つの結果を記録する，——こういう実験は，これまた一つの試行と考えることができる．その場合の根元事象は，もちろん，1 回目の結果 a と 2 回目の結果 b との組 (a, b) である．ただし，(a, b) と (b, a) とは，その二つの結果をあわせればひとしいが，結果のあらわれた順序が異なるから，違う根元事象と考えるのが自然である．

　たとえば，トランプ抜きの試行を 2 回くりかえすという実験[1]は，あらゆるカードの組：

　　　　（スペードの A，スペードの A），
　　　　（スペードの A，スペードの 2），……，
　　　　（ダイヤの 9，クラブの J），……，

---

1) もちろん，2 回目の試行は，1 回目の試行によって抜き出されたカードをもとへもどし，よく切りなおしてからおこなうのである．

（ハートのK，ハートのK）
を根元事象とする新しい試行とみなされる．同様に，サイコロ投げを2回おこなうことも，一つの試行である．その根元事象としては，あらゆる目の組

$$(1, 1), (1, 2), \cdots\cdots, (1, 6)$$
$$(2, 1), (2, 2), \cdots\cdots, (2, 6)$$
$$\cdots \quad \cdots \quad \cdots\cdots \quad \cdots$$
$$(6, 1), (6, 2), \cdots\cdots, (6, 6)$$

の36個が考えられる．

　一般に，一つの試行を2回くりかえすことをまとめて一つの試行と考える場合，これをもとの試行の**二重試行**という．その根元事象は，上にも述べたように，もとの試行の根元事象のあらゆる組 (a, b) であって，その全体は $\Omega^{(2)}$ としるされる．肩の(2)は，二重試行ということを表現するものにほかならない．また，(a, b) における a を (a, b) の**第1成分**，b を**第2成分**という．

　上にあげた二つの例は，それぞれトランプ抜きの試行，サイコロ投げの試行の二重試行である．

　例1．"いとぐち"の例3で述べた試行，すなわち，銅貨を投げ，それが北からどのくらい傾いているかをはかる，という試

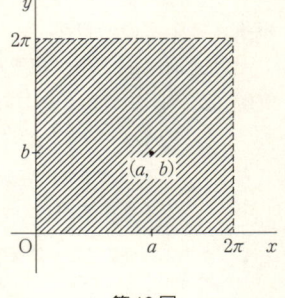

第10図

行を考える．これの二重試行の根元事象は，二つの角度の測定値 a, b の組 (a, b) である．それらは第10図のような正方形上の，(a, b) なる座標の点でもって表現することができる．すなわち，この正方形そのものを，$\Omega^{(2)}$ とみなしうるのである．ただし，点線の部分は $\Omega^{(2)}$ には属さない．

2. 試行の指標が定められたならば，その二重試行の根元事象 (a, b) についても，a や b のその指標に関した側面だけが注目され，それ以外の側面は無視されるのが自然であろう．すなわち，二重試行においても，もとと同じ指標を採用するのが常識的である．

たとえば，トランプ抜きの試行において，指標が根元事象のマークと定められたならば，二重試行の根元事象 (a, b) についても，a や b の数字は問題とされず，もっぱらそれらのマークのみが注目されるはずである．いいかえれば，二重試行においては，根元事象 (a, b) の"第1成分のマーク"，"第2成分のマーク"のみが指標としてとられるであろう．

ここで，もとの試行の根元事象のマークを I，二重試行の根元事象の第1成分のマーク，第2成分のマークをそれぞれ I_1, I_2 とすれば

$$I_1((a, b)) = I((a, b) \text{の第1成分}) = I(a)$$
$$I_2((a, b)) = I((a, b) \text{の第2成分}) = I(b)$$

が成立することに注意する．たとえば

$I_1((\text{ハートのA}, \text{スペードの}10)) = I(\text{ハートのA})$
$\qquad\qquad\qquad\qquad = \text{ハート},$

$I_2((ハートのA, スペードの10)) = I(スペードの10)$
$= スペード.$

以上のことを一般的にいえば，次のようになる：一つの試行の指標を $I, J, \cdots$ とするとき，その二重試行においては，次のような指標 $I_1, I_2, J_1, J_2, \cdots$ がとられるのが普通である：

$I_1((a, b)) = I((a, b)の第1成分) = I(a),$
$I_2((a, b)) = I((a, b)の第2成分) = I(b),$
$J_1((a, b)) = J((a, b)の第1成分) = J(a),$
$J_2((a, b)) = J((a, b)の第2成分) = J(b),$
$\cdots\cdots\cdots\cdots\cdots\cdots\cdots\cdots\cdots\cdots\cdots\cdots\cdots\cdots\cdots\cdots\cdots\cdots\cdots\cdots.$

それでは，一般に二重試行では，いったいどのような事象が確率事象となるのであろうか．いいかえれば，$\Omega^{(2)}$ のどのような部分集合が確率事象となるのであろうか．——しばらくの間，この問題を考えてみることにする．

3. そもそも，二重試行におけるもっとも簡単な事象は，"1回目にはこれこれのことが起り，2回目にはこれこれのことが起る"というタイプの事柄に対応するものであろう．そこで，まずこのような事象を厳密に定義する：

一つの試行における二つの事象を考え，それぞれ E, F とおく．これらは，必ずしも確率事象でなくてもよい．このとき，二重試行における根元事象 (a, b) のうち，第1成分 a が E に属し，第2成分 b が F に属するようなものの全体を，E, F を辺とする**方事象**といい，(E, F) で表わす．すなわち，

$$(E, F) = \{(a, b) | a \in E, b \in F\}.$$

　この事象が，"1 回目に E が起り，2 回目に F が起る"という事柄に対応するものであることはいうまでもない．そこで，(E, F) が起る，という代りに，"1 回目に E が起り，2 回目に F が起る" といってもかまわないことにしよう．

　たとえば，トランプ抜きの試行において，ハートの全体を E, 2 の全体を F とすれば，(E, F) は，ハートのカードと 2 のカードとの組：

(ハートの A, スペードの 2), (ハートの A, クラブの 2),
(ハートの A, 　ダイヤの 2), (ハートの A, ハートの 2);
(ハートの 2, スペードの 2), (ハートの 2, クラブの 2),
(ハートの 2, 　ダイヤの 2), (ハートの 2, ハートの 2);

....

(ハートの K, スペードの 2), (ハートの K, クラブの 2),
(ハートの K, 　ダイヤの 2), (ハートの K, ハートの 2)

の全体である．そしてそれは，"1 回目にハートが出，2 回目に 2 が出る" という事柄に対応するものである．また，クラブの全体を E', ダイヤの全体を F' とすれば，(E', F') は，クラブのカード a とダイヤのカード b とから成る組 (a, b) の全体であって，"1 回目にクラブが出，2 回目にダイヤが出る" という事柄に対応する．

　ところで，もし，このトランプ抜きの試行における指標がマークならば，最初の方事象 (E, F) は確率事象ではない．なぜならば，それは，"第 1 成分のマークがハートで，第 2 成分の数字が 2 であるようなものの全体" であって，

指標以外の概念である"第2成分の数字"を援用しなければ、いい表わすことができないからである。その原因が、F が確率事象でない点にあることは明らかであろう。これに反し、第2の方事象 (E', F') には、そのような心配がない。

このことは、全く一般にも成立する。すなわち

(1) E, F が一つの試行の指標 $I, J, \cdots$ に対する確率事象ならば、それらを辺とする方事象 (E, F) は、その二重試行における確率事象である。

このとき、(E, F) を**方確率事象**という。

[証明] E, F は確率事象であるから、$E = \{x | C(x)\}$, $F = \{y | D(y)\}$ とするとき、$C(x), D(y)$ は、指標 $I, J, \cdots$ に関する基本的な条件を、"あるいは"、"かつ"、"でない" の三つを用いて組み合わせたものである[2]。そこで、たとえば

$$C(x) : \{I(x) = \alpha_1\} \text{ かあるいは } \{J(x) = \beta_1\}$$
$$D(y) : \{I(y) = \alpha_2\} \text{ でかつ } \{J(y) = \beta_2\}$$

としよう。一方、$(E, F) = \{(x, y) | C(x) \text{ でかつ } D(y)\}$.

しかるに、(x, y) に対する条件 "$C(x)$ でかつ $D(y)$" は

$$[\{I(x) = \alpha_1\} \text{ かあるいは } \{J(x) = \beta_1\}]$$
$$\text{でかつ } [\{I(y) = \alpha_2\} \text{ でかつ } \{J(y) = \beta_2\}],$$

すなわち

(*) $[\{I_1((x, y)) = \alpha_1\} \text{ かあるいは } \{J_1((x, y)) = \beta_1\}]$

---

2) 43ページを参照.

でかつ $[\{I_2((x, y))=\alpha_2\}$ でかつ $\{J_2((x, y))=\beta_2\}]$
と書くことができる．ここに，
$$I_1((x, y)) = \alpha_1, \ J_1((x, y)) = \beta_1,$$
$$I_2((x, y)) = \alpha_2, \ J_2((x, y)) = \beta_2$$
は，それぞれ，I_1, J_1, I_2, J_2 に関する基本的な条件である．よって，(*)は，二重試行の指標 I_1, I_2, J_1, J_2, …だけに関連した概念でいい表わされている[3]．ゆえに，(E, F) は確率事象でなくてはならない．$C(x)$, $D(y)$ が他の形のときも全く同様である．

例2. 例1の試行において，I章，§8，例4におけるような指標を採用しよう．

このとき明らかに区間 $E=\left[\dfrac{\pi}{2}, \dfrac{3}{2}\pi\right[$, $F=\left]\dfrac{\pi}{3}, \pi\right]$ はともに確率事象である．したがって，それらを辺とする方事象 (E, F) は，その二重試行における確率事象となるが，これは，右図のような長方形でもって表現することができる．ただし，その周のうちの点線の部分は (E, F) には属さない．

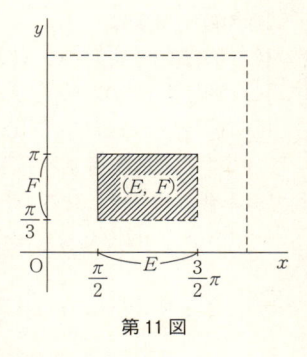

第11図

例3. 一般の試行において，E を確率事象とすれば，方事象 (E, Ω) はつねに確率事象である．これは，第1回目に E が起り，第2回目に Ω が起る，という事柄に対応する．しかし，Ω はつねに起るから，これは単に，第1回目に E が起る，ということと同

---

3) 43ページを参照．

じである．同様にして，(Ω, E) は，第 2 回目に E が起る，という事柄に対応する確率事象である．

4. 次の事柄が成立する：

(2) 二重試行における確率事象は，有限個の方確率事象を $\cup$，$\cap$，^{c} の三つの演算で組み合わせて得られる．

［証明］ 有限個の方確率事象を $\cup$，$\cap$，^{c} の三つの演算で組み合わせてつくられた確率事象の全体を $\mathfrak{A}$，あらゆる確率事象の全体を $\mathfrak{B}$ とする．明らかに，$\mathfrak{A} \subseteq \mathfrak{B}$．一方，もとの試行の指標を $I, J, \cdots$ とすれば，$\mathfrak{B}$ の元，つまり，二重試行の確率事象は，

$\{(x, y) | I_1((x, y)) = \alpha_1\}, \{(x, y) | I_1((x, y)) = \alpha_2\}, \cdots ;$
$\{(x, y) | I_2((x, y)) = \alpha_1\}, \{(x, y) | I_2((x, y)) = \alpha_2\}, \cdots ;$
$\{(x, y) | J_1((x, y)) = \beta_1\}, \{(x, y) | J_1((x, y)) = \beta_2\}, \cdots ; \cdots$

なる基本的な確率事象の有限個を，$\cup$，$\cap$，^{c} の三つの演算で組み合わせて得られる（45-46 ページを参照）．しかるに

$$\{(x, y) | I_1((x, y)) = \alpha_1\} = \{(x, y) | I(x) = \alpha_1\}$$
$$= (\{x | I(x) = \alpha_1\}, \Omega),$$
$$\{(x, y) | I_2((x, y)) = \alpha_1\} = \{(x, y) | I(y) = \alpha_1\}$$
$$= (\Omega, \{y | I(y) = \alpha_1\}),$$

$\cdots\cdots\cdots\cdots\cdots$.

よって，これらはすべて方確率事象である．ゆえに，$\mathfrak{B}$ の元は，有限個の方確率事象を $\cup$，$\cap$，^{c} で組み合わせたもの，すなわち $\mathfrak{A}$ の元にもなっている．それゆえ $\mathfrak{B} \subseteq \mathfrak{A}$；したがって $\mathfrak{A} = \mathfrak{B}$．

こうして，二重試行にはどのような確率事象があるか，

という問題に対し，いちおうの解答をあたえることができたわけである．

例4. トランプ抜きの試行において，マークを指標として採用する．このとき，ハートの全体，黒いカードの全体をそれぞれ E, F とすれば，確率事象 $(E, F) \cup (F, E)$ は，"1 回目にハートが出て，2 回目に黒が出るか，さもなければ1回目に黒が出て，2 回目にハートが出る"という事柄を表現する．同様にして，$(E, F) \cap (F, E)$, $(E, F)^c$ は，それぞれ次のような事柄に対応するものである：

1回目にハートが出て2回目に黒が出，かつ，1回目に黒が出て2回目にハートが出る．（＝空事象）

1回目がハートで，2回目が黒である，ということはない．（＝1回目にハートが出ないか，2回目に黒が出ない．）

問 1. $(E, \emptyset) = (\emptyset, E) = \emptyset$ であることを示せ．

問 2. $E = E_1 \cup E_2$ ならば
$(E, F) = (E_1, F) \cup (E_2, F), \ (F, E) = (F, E_1) \cup (F, E_2)$
が成立することを証明せよ．

§2. 確率事象の標準形

1. 前節で，われわれは，二重試行における確率事象がどのようなものになるかを説明した．しかしながら，その結果はかなり漠然としたものであって，それらと，もとの試行における確率事象との関係について，明確な議論をしようとすると，いろいろの不便がある．

そこで，二重試行における確率事象をもっと見やすく表わすことができるような，より便利な方法が要求されることになる．実は，その解答が，本節で述べる"標準形"の

概念なのである.

2. 二重試行において,方確率事象の族
$$\{(E_1, F_1), (E_2, F_2), \cdots, (E_n, F_n)\}$$
の和事象
$$\bigcup_{i=1}^{n}(E_i, F_i) = (E_1, F_1)\cup(E_2, F_2)\cup\cdots\cup(E_n, F_n)$$
となるような確率事象を,一般に **∪ 型の確率事象** という.

とくに,$n=1$ の場合を考えれば,方確率事象 (E, F) は ∪ 型である.さらに,全事象 $\Omega^{(2)}$,空事象 $\emptyset$ は,それぞれ
$$\Omega^{(2)} = (\Omega, \Omega), \quad \emptyset = (\emptyset, \emptyset)$$
と表わすことができるから,ともに ∪ 型である.

さて,この概念に関連して,次の定理が成立する.

定理 1[(2)]. $\Omega^{(2)}$ におけるいかなる確率事象も ∪ 型である[4].(証明は次項で述べる.)

すでに説明したように,$\Omega^{(2)}$ の確率事象は,いくつかの方確率事象を "∪","∩","c" の三つの操作で組み合わせた形に表わすことができる.ところが,この定理は,そのような表現から ∩,c をすべて消去して

(1) $(E_1, F_1)\cup(E_2, F_2)\cup\cdots\cup(E_n, F_n)$

なる形に整頓しなおしうることを保証するのである.そこで,次のように定義することにする:

定義 1[(2)]. $\Omega^{(2)}$ の確率事象を方確率事象の和事象として (1) のように表わした場合,(1) をその確率事象の **標準形** と

---

4) 定理の番号の右肩の記号 (2) は,"二" 重試行に関する命題であることを表現するものである.以下,同じ記法を採用する.

いう．

この標準形は，確率事象を表わす仕方として，たしかに簡単である．そして実際，これを用いれば，いろいろの議論をたいへん見通しよくすすめることができて，きわめて便利なのである．

注意 1. 標準形はただ一通りとは限らない．たとえば，前節例 4 において，F_1 をスペードの全体，F_2 をクラブの全体とすれば，$F = F_1 \cup F_2$ であるから
$$(E, F) = (E, F_1) \cup (E, F_2).$$
よって，この確率事象は，左辺のようにも右辺のようにも表わすことができ，しかも，両方とも標準形である．

3. 定理 $1^{(2)}$ の証明のためには，次のような二つの補助定理を準備しておくと便利である．

補助定理 1$^{(2)}$．E_1, E_2, F_1, F_2 を Ω の任意の事象（確率事象でなくともよい）とすれば
$$(E_1, F_1) \cap (E_2, F_2) = (E_1 \cap E_2, F_1 \cap F_2)$$
が成立する．

［証明］ $\Omega^{(2)}$ の元 (a, b) が左辺に属するとすれば，$(a, b) \in (E_1, F_1)$，$(a, b) \in (E_2, F_2)$．よって，$a \in E_1$，$b \in F_1$；$a \in E_2$，$b \in F_2$．これより，$a \in E_1 \cap E_2$，$b \in F_1 \cap F_2$ であることがわかる．ゆえに，$(a, b) \in (E_1 \cap E_2, F_1 \cap F_2)$．すなわち，$(a, b)$ は右辺に属している．つまり

(*) 　　　　　　　　左辺 $\subseteq$ 右辺．

次に，(a, b) が右辺に属するとすれば，$a \in E_1 \cap E_2$，$b \in F_1 \cap F_2$．よって，$a \in E_1$，$a \in E_2$；$b \in F_1$，$b \in F_2$．したがっ

て, $(a, b) \in (E_1, F_1)$, $(a, b) \in (E_2, F_2)$. それゆえ $(a, b) \in (E_1, F_1) \cap (E_2, F_2)$. すなわち, (a, b) は左辺に属している. つまり

(**) $\qquad$ 左辺 $\supseteq$ 右辺.

(*), (**) を合わせて

$$\text{左辺} = \text{右辺}$$

をうる.

補助定理 2[(2)]. E, F を Ω の任意の事象とすれば
$$(E, F)^c = (E^c, \Omega) \cup (\Omega, F^c).$$

[証明] (a, b) が左辺に属すれば, $(a, b) \notin (E, F)$. よって, $a \in E$, $b \in F$ の両方が成立することはない. ゆえに, $a \notin E$ または $b \notin F$. もし $a \notin E$ ならば, $a \in E^c$. 一方, $b \in \Omega$ であることはいうまでもないから $(a, b) \in (E^c, \Omega)$. したがって, $(a, b) \in (E^c, \Omega) \cup (\Omega, F^c)$. また $b \notin F$ ならば, $b \in F^c$. 一方, $a \in \Omega$ は当然であるから $(a, b) \in (\Omega, F^c)$. これより $(a, b) \in (E^c, \Omega) \cup (\Omega, F^c)$ をうる. つまり, $a \notin E$ としても, $b \notin F$ としても, (a, b) は右辺に属さなければならない. すなわち

(*) $\qquad$ 左辺 $\subseteq$ 右辺.

次に, (a, b) が右辺に属すれば, $(a, b) \in (E^c, \Omega)$ かあるいは $(a, b) \in (\Omega, F^c)$. もし前者ならば, $a \in E^c$, $b \in \Omega$. よって, $a \in E$ ではない. したがって, $(a, b) \in (E, F)$ ではない. つまり $(a, b) \in (E, F)^c$. $(a, b) \in (\Omega, F^c)$ の場合も同様である. ゆえに

(**) $\qquad$ 左辺 $\supseteq$ 右辺.

(*), (**) より

$$左辺 = 右辺$$

であることが知られる.

これらを用いれば, 定理 $1^{(2)}$ の証明は簡単である：

［定理 $1^{(2)}$ の証明］　方確率事象を $\cup$, $\cap$, ^{c} の三つの操作で組み合わせたものが, すべて $\cup$ 型になることをいえばよい. しかるに, 方確率事象は $\cup$ 型である. よって, $\cup$ 型の確率事象を $\cup$, $\cap$, ^{c} で組み合わせたものが, また $\cup$ 型であることをいえば十分である. それにはまた, $\cup$ 型の確率事象の和事象, 積事象, 余事象が, すべてまた $\cup$ 型となることをいえばよい.

まず, 二つの $\cup$ 型の確率事象

$$A = (E_1, F_1) \cup \cdots \cup (E_n, F_n),$$
$$B = (E_1', F_1') \cup \cdots \cup (E_m', F_m')$$

の和事象

$(E_1, F_1) \cup \cdots \cup (E_n, F_n) \cup (E_1', F_1') \cup \cdots \cup (E_m', F_m')$

が $\cup$ 型であることは, その形から当然である. 次に, 積事象の場合を考える：

$A \cap B$ を計算すれば

$$\begin{aligned}
A \cap B &= \left(\bigcup_{i=1}^{n}(E_i, F_i)\right) \cap \left(\bigcup_{j=1}^{m}(E_j', F_j')\right) \\
&= \bigcup_{i=1}^{n}\left\{(E_i, F_i) \cap \bigcup_{j=1}^{m}(E_j', F_j')\right\} \\
&= \bigcup_{i=1}^{n}\bigcup_{j=1}^{m}\{(E_i, F_i) \cap (E_j', F_j')\}
\end{aligned}$$

ここで, 補助定理 $1^{(2)}$ を用いれば

$$= \bigcup_{i=1}^{n}\bigcup_{j=1}^{m}(E_i \cap E_j', F_i \cap F_j').$$

しかるに, E_i, E_i', F_i, F_j' ($i=1, 2, \cdots, n$; $j=1, 2, \cdots, m$) はすべて確率事象であるから, $E_i \cap E_j'$, $F_i \cap F_j'$ もすべて確率事象である. ゆえに, $(E_i \cap E_j', F_i \cap F_j')$ は方確率事象でなくてはならない. よって, $A \cap B$ は, このような $m \times n$ 個の方確率事象の和事象として, $\cup$ 型であることがわかる. 最後は余事象である:

A を $\cup$ 型とし,
$$A = (E_1, F_1) \cup \cdots \cup (E_n, F_n)$$
とおく. n に関する帰納法で証明しよう. $n=1$ ならば, 補助定理 $2^{(2)}$ によって, $A^c = (E_1, F_1)^c = (E_1^c, \Omega) \cup (\Omega, F_1^c)$. すなわち, A^c は $\cup$ 型である. $n=k$ のとき A^c が $\cup$ 型であるとして, $k+1$ のときもそうであることを示そう. $B = (E_1, F_1) \cup \cdots \cup (E_k, F_k)$ とおけば, $A = B \cup (E_{k+1}, F_{k+1})$ であるから
$$A^c = B^c \cap (E_{k+1}, F_{k+1})^c.$$
しかるに, 帰納法の仮定によって, B^c は $\cup$ 型であり, また $(E_{k+1}, F_{k+1})^c$ も補助定理 $2^{(2)}$ から $\cup$ 型である. ゆえに, A^c は $\cup$ 型の確率事象の積事象となる. しかるに, この証明の前半で示されたように, このようなものはまた $\cup$ 型でなくてはならない. これで定理は完全に証明された.

例. $A = ((E_1, F_1) \cup (E_2, F_2))^c \cap (E_3, F_3)$ の標準形を求める:
$$\begin{aligned}
A &= ((E_1, F_1) \cup (E_2^c, \Omega) \cup (\Omega, F_2^c))^c \cap (E_3, F_3) \\
&= (E_1, F_1)^c \cap (E_2^c, \Omega)^c \cap (\Omega, F_2^c)^c \cap (E_3, F_3) \\
&= ((E_1^c, \Omega) \cup (\Omega, F_1^c)) \cap ((E_2, \Omega) \cup (\Omega, \Omega^c)) \\
&\quad \cap ((\Omega^c, \Omega) \cup (\Omega, F_2)) \cap (E_3, F_3)
\end{aligned}$$

$$= ((E_1{}^c, \Omega) \cup (\Omega, F_1{}^c)) \cap ((E_2, \Omega) \cup (\Omega, \emptyset))$$
$$\cap ((\emptyset, \Omega) \cup (\Omega, F_2)) \cap (E_3, F_3)$$
$$= ((E_1{}^c, \Omega) \cup (\Omega, F_1{}^c)) \cap (E_2, \Omega) \cap (\Omega, F_2) \cap (E_3, F_3)$$
$$= ((E_1{}^c, \Omega) \cup (\Omega, F_1{}^c)) \cap (E_2 \cap E_3, F_2 \cap F_3)$$
$$= ((E_1{}^c, \Omega) \cap (E_2 \cap E_3, F_2 \cap F_3))$$
$$\cup ((\Omega, F_1{}^c) \cap (E_2 \cap E_3, F_2 \cap F_3))$$
$$= (E_1{}^c \cap E_2 \cap E_3, F_2 \cap F_3) \cup (E_2 \cap E_3, F_1{}^c \cap F_2 \cap F_3).$$

問 1. $((E_1, F_1)^c \cap (E_2, F_2))^c$ の標準形を求めよ.

問 2. §1, 例1の試行において, 投げられた銅貨が東よりであるか西よりであるかを指標としてとった場合, その二重試行における確率事象を全部求めてみよ.

§3. 多重試行

1. 前々節および前節の考察は, "二"重試行に関するものであった. しかし, これは, "三"重試行, "四"重試行, …, 一般に "n"重試行についても, 全く同様に遂行することができるのである.

一般に, 一つの試行を n 回続けておこない, その n 個の結果の組

(*) $\qquad\qquad (a_1, a_2, \cdots, a_n)$

を記録する, という実験を, もとの試行の **n 重試行**という. そして, その根元事象 (*) の全体を $\Omega^{(n)}$ なる記号で表わす. a_i を (*) の**第 i 成分**という $(1 \leq i \leq n)$.

この場合にも, 指標は, もとの試行におけると同じにとるのが普通である. すなわち, $I, J, \cdots$ をもとの試行の指標とするとき, n 重試行においては, 普通, 次のような I_1,

$I_2, \cdots, I_n; J_1, J_2, \cdots, J_n; \cdots$ が指標としてとられるのである：

$$I_i((a_1, a_2, \cdots, a_n)) = I(a_i) \quad (i=1, 2, \cdots, n),$$
$$J_i((a_1, a_2, \cdots, a_n)) = J(a_i) \quad (i=1, 2, \cdots, n), \cdots.$$

確率事象をつくるには，二重試行のときの方法を，全くそのままに模倣すればよい．概略を述べよう：

まず，$E_1, E_2, \cdots, E_n$ を，もとの試行における n 個の任意の事象とするとき，$a_1 \in E_1, a_2 \in E_2, \cdots, a_n \in E_n$ となるような根元事象 $(a_1, a_2, \cdots, a_n)$ の全体のことを，$E_1, E_2, \cdots, E_n$ を辺とする**方事象**といい，

$$(E_1, E_2, \cdots, E_n)$$

と書く．すなわち

$(E_1, E_2, \cdots, E_n)$
$= \{(a_1, a_2, \cdots, a_n) | a_1 \in E_1, a_2 \in E_2, \cdots, a_n \in E_n\}.$

このとき，もし，$E_1, E_2, \cdots, E_n$ がすべて確率事象ならば，$(E_1, E_2, \cdots, E_n)$ は n 重試行における確率事象となることが知られる．このようなものを，**方確率事象**という．また，有限個の方確率事象の和事象となるようなものを，**∪型の確率事象**と称する．そのとき，二重試行の場合と全く同様にして，次の事柄が証明される．証明は各自こころみてみられたい：

補助定理 1$^{(n)}$． $E_1, E_2, \cdots, E_n; F_1, F_2, \cdots, F_n$ を Ω の任意の事象とすれば

$(E_1, E_2, \cdots, E_n) \cap (F_1, F_2, \cdots, F_n)$
$= (E_1 \cap F_1, E_2 \cap F_2, \cdots, E_n \cap F_n)$

が成立する.

補助定理 2$^{(n)}$. $E_1, E_2, \cdots, E_n$ を Ω の任意の事象とすれば

$$(E_1, E_2, \cdots, E_n)^c$$
$$= (E_1^c, \Omega, \cdots, \Omega) \cup (\Omega, E_2^c, \Omega, \cdots, \Omega) \cup$$
$$\cdots \cup (\Omega, \cdots, \Omega, E_n^c).$$

定理 1$^{(n)}$. $\Omega^{(n)}$ のいかなる確率事象も $\cup$ 型である.

そこで, これを根拠として次の定義をおく.

定義 1$^{(n)}$. $\Omega^{(n)}$ の確率事象を方確率事象の和事象として

$$(E_1, E_2, \cdots, E_n) \cup (F_1, F_2, \cdots, F_n) \cup$$
$$\cdots \cup (G_1, G_2, \cdots, G_n)$$

と表わした場合, これをその確率事象の**標準形**という.

 注意. 方確率事象 $(E_1, E_2, \cdots, E_n)$ は, いうまでもなく, "1回目に E_1 が起り, 2回目に E_2 が起り, $\cdots$, n 回目に E_n が起る" という事柄に対応するものである. よって, $(E_1, E_2, \cdots, E_n)$ が起る, という代りに, そのようにいってもよいことにしよう.

 例 1. $(E, \Omega, \cdots, \Omega)$ なる方確率事象は, 1回目に E が起り, 2回目以降は Ω が起るという事柄を表わしている. しかるに, Ω はつねに起るから, これは単に, 1回目に E が起る, という事柄を表わすものといっても同じである. 同様に, $(\Omega, E, \Omega, \cdots, \Omega)$, $(\Omega, \Omega, E, \Omega, \cdots, \Omega)$, ……は, それぞれ 2回目に E が起る, 3回目に E が起る, ……という事柄に対応するものである.

 例 2. マークが指標であるトランプ抜きの試行において, E をハートの全体とすれば, ($\cup$ 型の) 確率事象

$$(E, \Omega, \cdots, \Omega) \cup (\Omega, E, \Omega, \cdots, \Omega) \cup \cdots \cup (\Omega, \cdots, \Omega, E)$$

は, 1回から n 回までのうちに, 少なくとも 1回はハートが出る,

という事柄に対応する．

問 1． 前節問 2 の試行の n 重試行を考えるとき，その確率事象にはどんなものがあるか．

問 2． $E_1, E_2, \cdots, E_n$ が確率事象ならば，$(E_1, E_2, \cdots, E_n)$ は確率事象となることを示せ．

問 3． 補助定理 $1^{(n)}$，$2^{(n)}$，および定理 $1^{(n)}$ を証明せよ．

§4. 確率の計算

1． これまでに，われわれは，二重試行ないしは n 重試行における確率事象について，いろいろと分析をおこなった．本節では，今度は，その確率がどのようなものになるかを考えてみる．はじめに，二重試行をとりあげよう．

この試行の確率事象のうちで最も簡単なものは，いうまでもなく，方確率事象 (E, F) である．したがって，何よりもまず，この確率を求めなくてはならない．段階を四つに分けて考察を進めることにする：

（i） 補助定理 $1^{(2)}$ によって，$(E, F)=(E, \Omega)\cap(\Omega, F)$．ここに，$(E, \Omega)$ は，§1，例 3 で述べたように，第 1 回目の結果 a が E に属するような (a, b) の全体である．同様に，(Ω, F) は，第 2 回目の結果 b が F に属するような (a, b) の全体である．

（ii） 二重試行を m 回くりかえして，その結果を

(1) $\qquad (a_1, b_1), (a_2, b_2), \cdots, (a_m, b_m)$

とすれば，

(2) $\qquad\qquad a_1, a_2, \cdots, a_m$

は，もとの試行を m 回くりかえした結果の列とみなされる．いま，(1)における (E, Ω) に属するものの数を r とすれば，(2)における E に属するものの数も r である．よって，(1)における (E, Ω) の相対頻度 $\dfrac{r}{m}$ は，(2)における E の相対頻度に一致する．しかるに，E の相対頻度は $p(E)$ に密集する傾向をもつ．よって，(E, Ω) の相対頻度も同じ傾向をもたなければならない．ゆえに，$p((E, \Omega))=p(E)$．

(iii) (ii)と同様に，$p((\Omega, F))=p(F)$．

(iv) (E, Ω) が起ったとは，第1回目に E が起ったということと同じである．同様にして，(Ω, F) が起ったとは，第2回目に F が起ったということにひとしい．しかるに，第1回目の試行と第2回目の試行とは，互いに何の関連もなくおこなわれる．それゆえ，誰か他の人がこの二重試行をおこなったとき，その人から (E, Ω) が起ったという通知を受けても，(Ω, F) の起った可能性の程度というものは，何の変化もこうむらない．よって，これらは独立，すなわち

$$p((E, \Omega) \cap (\Omega, F)) = p((E, \Omega))p((\Omega, F))$$

と考えることができる．

以上の考察から，次の原則をうる：

原則[2]． $p((E, F)) = p((E, \Omega) \cap (\Omega, F))$
$= p((E, \Omega))p((\Omega, F))$
$= p(E)p(F)$．

すなわち，(E, F) の確率は，E の確率と F の確率との積

にひとしい．

 2. それでは，一般の確率事象の確率は，どうやって計算すればよいか．

いま，任意の確率事象 A をとり，その標準形を

(*) $(E_1, F_1) \cup (E_2, F_2) \cup \cdots \cup (E_n, F_n)$

とする．このとき，もしかりに，族 $\{(E_1, F_1), (E_2, F_2), \cdots, (E_n, F_n)\}$ が排反であるならば，当然

$$p(A) = \sum_{i=1}^{n} p((E_i, F_i)) = \sum_{i=1}^{n} p(E_i) p(F_i)$$

となり，したがって $p(A)$ が求められるであろう．

しかるに，実は次の定理が成立するのである：

定理 2[2]．$\Omega^{(2)}$ のいかなる確率事象も，有限個の方確率事象に分割することができる．よりくわしくいえば，その標準形(*)のうちで，族

$$\{(E_1, F_1), (E_2, F_2), \cdots, (E_n, F_n)\}$$

が排反であるようなものが存在する．

［証明］　一般に

$$\cdots \cup (E, F) \cup \cdots \cup (E', F') \cup \cdots$$

という標準形があって，(E, F)，(E', F') は互いに排反でないものとする．そのとき，この表現は

$$\cdots \cup (E, F) \cup \cdots \cup \{(E', F') - (E, F)\} \cup \cdots$$

とかえてもかわらない．しかるに，

$(E', F') - (E, F)$
$= (E^c \cap E', F \cap F') \cup (E \cap E', F^c \cap F')$
$\quad \cup (E^c \cap E', F^c \cap F')$

であって（右図参照），右辺の三つの項

$(E^c \cap E', F \cap F')$,
$(E \cap E', F^c \cap F')$,
$(E^c \cap E', F^c \cap F')$

は互いに排反である．また，たやすく知られるように，それらは (E, F) とも排反になっている．よって，上の表現は

$\cdots \cup (E, F) \cup \cdots$
$\cup (E^c \cap E', F \cap F')$
$\cup (E \cap E', F^c \cap F')$
$\cup (E^c \cap E', F^c \cap F')$
$\cup \cdots$

となり，項の数はふえるが，もと互いに排反でなかった部分が，排反なものでおきかえられたことになる．むろん，もと排反であった部分が，この操作で排反でなくなるようなことはありえない．そこで，同じ操作を何度も何度もくりかえしていけば，項の数はふえても，結局はすべて排反なものでおきかえられてしまうであろう．これで証明はおわりである．

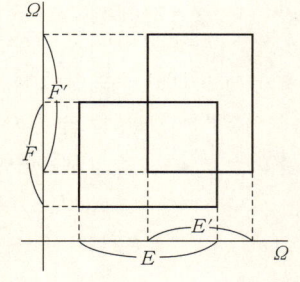

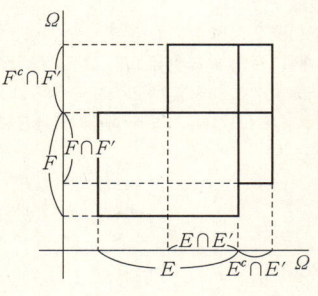

第12図

この定理により，あらゆる確率事象に対して，その確率を計算することが可能となる．

例1. マークが指標であるトランプ抜きの試行において，E をハートの全体とすれば，$p(E)=\frac{1}{4}$，$p(E^c)=\frac{3}{4}$．よって $p((E, E))=p(E)p(E)=\frac{1}{16}$．ゆえに，1回目も2回目もハートであるような事象の確率は $\frac{1}{16}$ にひとしい．また $p((E, \Omega))=p(E)p(\Omega)=\frac{1}{4}$．よって，1回目がハートであるような事象の確率は $\frac{1}{4}$ である．さらに $p((E^c, E))=p(E^c)p(E)=\frac{3}{16}$．ゆえに，1回目がハートでなく2回目がハートであるような事象の確率は $\frac{3}{16}$ にひとしい．

例2. 例1において，少なくとも1回ハートが出る，という事柄に対応する事象 $(E, \Omega)\cup(\Omega, E)$ を考え，その確率を求める：まず，これを定理 $2^{(2)}$ に述べられたような形に変形すれば，

$$(E, \Omega)\cup(\Omega, E) = (E, \Omega)\cup(E^c\cap\Omega, \Omega\cap E)\cup(E\cap\Omega, \Omega^c\cap E)$$
$$\cup(E^c\cap\Omega, \Omega^c\cap E)$$
$$= (E, \Omega)\cup(E^c, E)\cup(E, \varnothing)\cup(E^c, \varnothing)$$
$$= (E, \Omega)\cup(E^c, E).$$

よって，

$$p((E, \Omega)\cup(\Omega, E)) = p((E, \Omega))+p((E^c, E))$$
$$= \frac{1}{4}+\frac{3}{16} = \frac{7}{16}.$$

3. 以上の考察は，一般の $\Omega^{(n)}$ にも適用することができる．

すなわち，まず，$\Omega^{(2)}$ におけると同様に，

原則$^{(n)}$． $p((E_1, E_2, \cdots, E_n))=p(E_1)p(E_2)\cdots p(E_n)$

が確かめられ，さらに次の定理が証明されるのである．

定理 $2^{(n)}$． $\Omega^{(n)}$ のあらゆる確率事象は，方確率事象に分割することができる．よりくわしくいえば，その標準形

$(E_1, E_2, \cdots, E_n) \cup (F_1, F_2, \cdots, F_n) \cup \cdots \cup (G_1, G_2, \cdots, G_n)$
のうちで，族
$\{(E_1, E_2, \cdots, E_n), (F_1, F_2, \cdots, F_n), \cdots, (G_1, G_2, \cdots, G_n)\}$
が排反であるようなものが存在する．

したがって，一般の確率事象 A の確率を求めるには，まず A を定理 $2^{(n)}$ にあるような形に表わし，次に原則$^{(n)}$ を利用して
$$\begin{aligned}p(A) &= p((E_1, E_2, \cdots, E_n)) + p((F_1, F_2, \cdots, F_n)) + \cdots \\ &\quad + p((G_1, G_2, \cdots, G_n)) \\ &= p(E_1)p(E_2)\cdots p(E_n) + p(F_1)p(F_2)\cdots p(F_n) + \cdots \\ &\quad + p(G_1)p(G_2)\cdots p(G_n)\end{aligned}$$
とすればよいのである．原則$^{(n)}$，定理 $2^{(n)}$ の証明は，読者自らこころみてみられたい．

こうして，$\Omega^{(n)}$ は一つの確率空間となる．これを Ω の **n 重確率空間**という．

例 3. サイコロ投げの試行において，指標を目の数，すなわち根元事象それ自身としよう．この n 重試行を考えれば，その根元事象は，n 個の結果の組 $(a_1, a_2, \cdots, a_n)$ であって，a_i はすべて 1 から 6 までのいずれかである．ところで，$\{(a_1, a_2, \cdots, a_n)\}$ なる事象は，明らかに方確率事象 $(\{a_1\}, \{a_2\}, \cdots, \{a_n\})$ にひとしく，その確率は $p(\{a_1\})p(\{a_2\})\cdots p(\{a_n\}) = \dfrac{1}{6^n}$ である．また，$\Omega^{(n)}$ のいかなる部分集合も，$\{(a_1, a_2, \cdots, a_n)\}$ なる事象の有限個の和事象であるから，確率事象となる．そして，その確率は

$$\frac{\text{元の個数}}{6^n}$$

にひとしい．よって，前章 §4 の例 1，例 2，例 3 で考えた確率空

間は，サイコロ投げの試行に対応する確率空間の n 重確率空間であったわけである．

問 1. 原則$^{(n)}$ を確かめよ．

問 2. 定理 $2^{(n)}$ を証明せよ．(ヒント：標準形 $\cdots\cup(E_1, E_2, \cdots, E_n)\cup\cdots\cup(F_1, F_2, \cdots, F_n)\cup\cdots$ において，$(E_1, E_2, \cdots, E_n)$ と $(F_1, F_2, \cdots, F_n)$ とが排反でないとき，$(F_1, F_2, \cdots, F_n)$ を幾つかの項でおきかえて，結果が排反であるようにする．たとえば $n=3$ のときは，(F_1, F_2, F_3) を

$(E_1{}^c\cap F_1, E_2\cap F_2, E_3\cap F_3)\cup(E_1\cap F_1, E_2{}^c\cap F_2, E_3\cap F_3)$
$\cup(E_1\cap F_1, E_2\cap F_2, E_3{}^c\cap F_3)\cup(E_1{}^c\cap F_1, E_2{}^c\cap F_2, E_3\cap F_3)$
$\cup(E_1\cap F_1, E_2{}^c\cap F_2, E_3{}^c\cap F_3)\cup(E_1{}^c\cap F_1, E_2\cap F_2, E_3{}^c\cap F_3)$
$\cup(E_1{}^c\cap F_1, E_2{}^c\cap F_2, E_3{}^c\cap F_3)$

でおきかえる．一般の場合は，これから推察せられるであろう．)

§5. 多重確率空間

1. これまでに述べたことは，具体的な試行，指標に関連した研究である．以下に，これを基礎として，必ずしも具体的な背景をもたない一般の確率空間に対しても，その n 重確率空間というものを定義することにしよう：

任意の確率空間 Ω に対して，その n 個の元の組 $(a_1, a_2, \cdots, a_n)$ の全体を $\Omega^{(n)}$ と書く．そして，その元を根元事象，その部分集合を事象とよぶ．また，$E_1, E_2, \cdots, E_n$ を Ω の事象とするとき，$\Omega^{(n)}$ の事象

$$\{(a_1, a_2, \cdots, a_n) | a_1\in E_1, a_2\in E_2, \cdots, a_n\in E_n\}$$

のことを，$E_1, E_2, \cdots, E_n$ を辺とする方事象といい

$$(E_1, E_2, \cdots, E_n)$$

で表わす. とくに, E_i ($i=1, 2, \cdots, n$) がすべて確率事象ならば, これを方確率事象という. ここで, 次の定義をおく.

定義 1. $\Omega^{(n)}$ の事象のうち, 有限個の方確率事象の和事象となるようなものを, $\Omega^{(n)}$ の確率事象と称する.

そのとき, 定理 $1^{(n)}$, 定理 $2^{(n)}$ と全く同様にして, 次の定理を証明することができる:

定理 1. 確率事象は, 公理 (1), (2), (3) を満足する[5].

定理 2. 確率事象は, 有限個の方確率事象に分割することができる. すなわち, それは

$$(E_1^{(1)}, E_2^{(1)}, \cdots, E_n^{(1)}) \cup (E_1^{(2)}, E_2^{(2)}, \cdots, E_n^{(2)}) \cup \cdots$$
$$\cup (E_1^{(r)}, E_2^{(r)}, \cdots, E_n^{(r)})$$

なる形に, しかも族

$$\{(E_1^{(1)}, E_2^{(1)}, \cdots, E_n^{(1)}), (E_1^{(2)}, E_2^{(2)}, \cdots, E_n^{(2)}), \cdots,$$
$$(E_1^{(r)}, E_2^{(r)}, \cdots, E_n^{(r)})\}$$

が排反であるように表わすことができる.

そこで次の定義をおく.

定義 2. 確率事象 A を定理 2 におけるような形に表わしたとき,

$$(*) \quad p(A) = p(E_1^{(1)}) p(E_2^{(1)}) \cdots p(E_n^{(1)}) + \cdots$$
$$+ p(E_1^{(r)}) p(E_2^{(r)}) \cdots p(E_n^{(r)})$$
$$= \sum_{i=1}^{r} p(E_1^{(i)}) p(E_2^{(i)}) \cdots p(E_n^{(i)})$$

を A の確率という.

---

[5] 50 ページを参照.

2. しかしながら，ここに一つの不安がある．というのは：一つの事象 A を定理2におけるような形に表わした場合，その仕方は必ずしも一通りとは限らないであろう．もし2通りあるならば，それらを

$$A = (E_1^{(1)}, E_2^{(1)}, \cdots, E_n^{(1)}) \cup (E_1^{(2)}, E_2^{(2)}, \cdots, E_n^{(2)}) \cup \cdots$$
$$\cup (E_1^{(r)}, E_2^{(r)}, \cdots, E_n^{(r)})$$

$$A = (F_1^{(1)}, F_2^{(1)}, \cdots, F_n^{(1)}) \cup (F_1^{(2)}, F_2^{(2)}, \cdots, F_n^{(2)}) \cup \cdots$$
$$\cup (F_1^{(s)}, F_2^{(s)}, \cdots, F_n^{(s)})$$

とするとき，はたして

$$\sum_{i=1}^{r} p(E_1^{(i)}) p(E_2^{(i)}) \cdots p(E_n^{(i)})$$
$$= \sum_{j=1}^{s} p(F_1^{(j)}) p(F_2^{(j)}) \cdots p(F_n^{(j)})$$

となるであろうか．すなわち，どちらから計算しても，$p(A)$ として同じ値が得られるであろうか．

ただし，もし背景に具体的な試行があるならば，そのときは，$p(A)$ というものは A の相対頻度の密集していくべき究極の値として，現実にただ一つしかあり得ない．われわれは，その値を公式(*)から計算することになるのである．したがって，答が二つ出てくるなどということはないであろう．

しかし，具体的な試行を背景としない一般の確率空間では，そうはいかない．この場合には，$p(A)$ というものは，われわれ自身が定義しないかぎり，まだどこにも存在しないのである．

それゆえ，上のような心配のないことを，何らかの形で

保証しておく必要があるであろう．

ところが，幸いなことに，付録IIで証明するように次の定理が成立する．

定理 3. $\bigcup_{i=1}^{r}(E_1^{(i)}, E_2^{(i)}, \cdots, E_n^{(i)})$
$$= \bigcup_{j=1}^{s}(F_1^{(j)}, F_2^{(j)}, \cdots, F_n^{(j)})$$

で，かつ，族

$\{(E_1^{(1)}, E_2^{(1)}, \cdots, E_n^{(1)}), \cdots, (E_1^{(r)}, E_2^{(r)}, \cdots, E_n^{(r)})\}$
$\{(F_1^{(1)}, F_2^{(1)}, \cdots, F_n^{(1)}), \cdots, (F_1^{(s)}, F_2^{(s)}, \cdots, F_n^{(s)})\}$

が排反であれば

$$\sum_{i=1}^{r} p(E_1^{(i)})p(E_2^{(i)})\cdots p(E_n^{(i)}) = \sum_{j=1}^{s} p(F_1^{(j)})p(F_2^{(j)})\cdots p(F_n^{(j)})$$

である．

かくして定まった確率が，公理(a)，(b)，(c)をみたすことは，たやすく確かめることができる．

定義 3. 以上によって得られる確率空間 $\Omega^{(n)}$ を，Ω の **n 重確率空間**という．

問 1. 定理1を証明せよ．
問 2. 定理2を証明せよ．
問 3. $\Omega^{(n)}$ の確率が，公理(a)，(b)，(c)をみたすことを確かめよ．

§6. 無限多重試行

1. これまでに，われわれは，一つの試行を n 回くりかえすことをひとまとめに考え，n 重試行なる概念を設定した．そこで，この考えをさらにおしひろめて，一つの試行

の無限回のくりかえしをひとまとめにすれば, "無限多重試行" なる概念に到達することができる.

すなわち, いま, 一つの試行をとり, ある指標を固定したとする. このとき, その試行を限りなく何回もくりかえし, その結果の列

(*) $\qquad (a_1, a_2, \cdots, a_n, \cdots)$

を記録する, という実験を考えれば, これは一つの新しい試行とみなされる. これを, もとの試行の**無限多重試行**という. また, その根元事象(*)の全体を $\Omega^{(\infty)}$ で表わす.

ここでも, 指標は, もとの試行におけると同じにとるのが普通である. すなわち, もとの試行における指標を I, J, $\cdots$ とするとき, その無限多重試行では, 次のような指標 $I_1, I_2, \cdots; J_1, J_2, \cdots; \cdots$ がとられるのである:

$I_i((a_1, a_2, \cdots, a_n, \cdots)) = I(a_i)$ $(i=1, 2, \cdots, n, \cdots)$,

$J_i((a_1, a_2, \cdots, a_n, \cdots)) = J(a_i)$ $(i=1, 2, \cdots, n, \cdots), \cdots$.

注意 1. もちろん, このような試行——実験は, 現実には不可能である. たとえば, サイコロを無限回振る, などということは, 神様ででもなければできない芸当であろう. しかし, そのようなものを, 頭の中で想像するだけならば, それはたしかに可能であり, 以下の議論のためには, それで十分なのである. そして, あとでもわかる通り, このような概念を設定することは, 試行のいろいろの側面をしらべるのに, きわめて大きな効用をもっている.

2. それでは, この試行には, どのような確率事象があるのであろうか.

——実をいえば, この点に関しては, これまでといささ

まず、n 重試行の場合と同様に、Ω の事象 E_1, E_2, $\cdots$, E_n, $\cdots$ に対して、$a_n \in E_n$ ($n=1, 2, \cdots$) なる $\Omega^{(\infty)}$ の元 $(a_1, a_2, \cdots, a_n, \cdots)$ の全体から成る事象を考え、これを E_1, E_2, $\cdots$, E_n, $\cdots$ を辺とする**方事象**という。これは

(*) $\qquad (E_1, E_2, \cdots, E_n, \cdots)$

としるされる。

このとき、$\Omega^{(n)}$ の場合との類推によれば、E_1, E_2, $\cdots$, E_n, $\cdots$ がすべて確率事象のとき、(*) は一つの確率事象となるはずである。しかしながら、残念なことに、これは真実ではない。たとえば、E を Ω における $\{x \mid I(x)=\alpha\}$ なる形の確率事象とすれば、

$(E, E, \cdots, E, \cdots)$
$\quad = \{(x_1, x_2, \cdots, x_n, \cdots) \mid I(x_1)=\alpha$ でかつ
$\qquad\qquad\qquad\qquad\qquad I(x_2)=\alpha$ でかつ $\cdots\cdots\}$
$\quad = \{(x_1, x_2, \cdots, x_n, \cdots) \mid I_1((x_1, x_2, \cdots))=\alpha$ でかつ
$\qquad\qquad\qquad\qquad I_2((x_1, x_2, \cdots))=\alpha$ でかつ $\cdots\cdots\}$.

ところが、条件

$I_1((x_1, x_2, \cdots))=\alpha$ でかつ $I_2((x_1, x_2, \cdots))=\alpha$ でかつ $\cdots$
$\qquad\cdots$ でかつ $I_n((x_1, x_2, \cdots))=\alpha$ でかつ $\cdots\cdots$

は、"無限に多く" の基本的な条件 $I_n((x_1, x_2, \cdots))=\alpha$ ($n=1, 2, \cdots$) をふくむから、"指標だけに関連した概念でいい表わされていない[6]"。よって、$(E, E, \cdots, E, \cdots)$ は確

---

6) 43 ページを参照.

率事象ではないのである．

この点が，$\Omega^{(n)}$ の場合と異なるところにほかならない．

3. それではいったい，$\Omega^{(\infty)}$ の確率事象はどのようなものになるか．——以下，これについて説明する．

まず，方事象 $(E_1, E_2, \cdots, E_n, \cdots)$ のうちで，ある番号から先の E_i がすべて Ω とひとしいようなものを**筒事象**という．何番から先かは任意でよい．このとき，次の事柄が成立する：

(1) $(E_1, E_2, \cdots, E_n, \Omega, \Omega, \cdots)$ を筒事象とするとき，$E_1, E_2, \cdots, E_n$ が Ω の確率事象であれば，$(E_1, E_2, \cdots, E_n, \Omega, \Omega, \cdots)$ は $\Omega^{(\infty)}$ の確率事象である．

［証明］ $E_1 = \{x|C_1(x)\}$, $E_2 = \{x|C_2(x)\}$,
$$\cdots, E_n = \{x|C_n(x)\}$$

とおけば

$(E_1, E_2, \cdots, E_n, \Omega, \Omega, \cdots)$
  $= \{(x_1, x_2, \cdots, x_n, \cdots)|C_1(x_1)$ でかつ $C_2(x_2)$ でかつ
  $\cdots\cdots$ でかつ $C_n(x_n)\}$.

しかるに，たとえば $C_1(x)$ が

$\{(I(x)=\alpha)$ でかつ $(J(x)=\beta)\}$ でない

という形をしていれば，$C_1(x_1)$ は

$[\{I_1((x_1, x_2, \cdots))=\alpha\}$ でかつ $\{J_1((x_1, x_2, \cdots))=\beta\}]$ でない

と書くことができ，指標 I_1, J_1 だけに関連した概念でいい表わされる．$C_1(x)$ が他の形をしているときも同様である．また，$C_2(x), \cdots, C_n(x)$ についても同じことがいわれる．よって，条件 "$C_1(x_1)$ でかつ $C_2(x_2)$ でかつ……でかつ

$C_n(x_n)$" は,指標 $I_1, I_2, \cdots; J_1, J_2, \cdots; \cdots$ だけに関連した概念でいい表わされることがわかる.ゆえに,$(E_1, E_2, \cdots, E_n, \Omega, \Omega, \cdots)$ は確率事象でなくてはならない.

かくして得られる確率事象を,$E_1, E_2, \cdots, E_n$ を辺とする**筒確率事象**という.

注意 2. 筒確率事象 $(E_1, E_2, \cdots, E_n, \Omega, \Omega, \cdots)$ は,1 回目には E_1 が起り,2 回目には E_2 が起り,$\cdots$,n 回目には E_n が起り,そして,$(n+1)$ 回目から以後は Ω が起る,という事柄に対応する.しかし,Ω はつねに起るから,これは,1 回目には E_1 が起り,2 回目には E_2 が起り,$\cdots$,n 回目には E_n が起る,という事柄に対応するといっても同じことである.また,同様の理由によって,根元事象 $(a_1, a_2, \cdots, a_n, \cdots)$ が上の事象に属するかどうかは,n 回目までの結果 $a_1, a_2, \cdots, a_n$ だけで判定することができる.

4. 筒確率事象は,$\Omega^{(n)}$ における方確率事象の代用をするのである.すなわち,

(2) $\Omega^{(\infty)}$ のあらゆる確率事象は,有限個の筒確率事象を三つの演算 $\cup, \cap, {}^c$ で組み合わせて得られる.(証明は自らこころみてみられたい.)

以下,$\Omega^{(n)}$ の場合と全く同様にして,次のように進んでいくことができる:

定義. 有限個の筒確率事象の和事象となるようなものを,$\cup$ 型の確率事象という.

補助定理 1$^{(\infty)}$. $(E_1, E_2, \cdots, E_n, \cdots) \cap (F_1, F_2, \cdots, F_n, \cdots)$
$\qquad = (E_1 \cap F_1, E_2 \cap F_2, \cdots, E_n \cap F_n, \cdots).$

補助定理 2$^{(\infty)}$. $(E_1, E_2, \cdots, E_n, \Omega, \Omega, \cdots)^c$
$\qquad = (E_1{}^c, \Omega, \Omega, \cdots) \cup (\Omega, E_2{}^c, \Omega, \Omega, \cdots) \cup$

$$\cdots \cup (\overbrace{\Omega, \cdots, \Omega, E_n^c}^{n}, \Omega, \Omega, \cdots).$$

定理 $1^{(\infty)}$. $\Omega^{(\infty)}$ の確率事象はすべて ∪ 型である.

定義 $1^{(\infty)}$. $\Omega^{(\infty)}$ の確率事象を有限個の筒確率事象の和事象として表わした場合,それをその確率事象の**標準形**という.

原則$^{(\infty)}$. $p((E_1, E_2, \cdots, E_n, \Omega, \Omega, \cdots))$
$$= p(E_1)p(E_2)\cdots p(E_n).$$

定理 $2^{(\infty)}$. $\Omega^{(\infty)}$ の確率事象は,有限個の筒確率事象に分割される.すなわち,それは

$$(E_1^{(1)}, \cdots, E_{n(1)}^{(1)}, \Omega, \cdots) \cup (E_1^{(2)}, \cdots, E_{n(2)}^{(2)}, \Omega, \cdots) \cup \cdots$$
$$\cup (E_1^{(r)}, \cdots, E_{n(r)}^{(r)}, \Omega, \cdots)$$

なる形に,しかも,族
$$\{(E_1^{(1)}, \cdots, E_{n(1)}^{(1)}, \Omega, \cdots), (E_1^{(2)}, \cdots, E_{n(2)}^{(2)}, \Omega, \cdots), \cdots,$$
$$(E_1^{(r)}, \cdots, E_{n(r)}^{(r)}, \Omega, \cdots)\}$$

が排反であるように表わすことができる.

そこで,$\Omega^{(\infty)}$ における任意の確率事象 A があたえられたとき,それを定理 $2^{(\infty)}$ におけるような形に表わせば,原則$^{(\infty)}$ を適用することによって

$$p(A) = \sum_{i=1}^{r} p(E_1^{(i)})p(E_2^{(i)})\cdots p(E_{n(i)}^{(i)})$$

が得られる.

これらの証明は,これまでと全く同様であるから,読者は自らこころみてみられたい.

以上によって,$\Omega^{(\infty)}$ は一つの確率空間となることがわかる.これを Ω の**無限多重確率空間**という.

§6. 無限多重試行

注意3. 確率事象は，すべて
$$(E_1^{(1)}, \cdots, E_{n(1)}^{(1)}, \Omega, \Omega, \cdots) \cup (E_1^{(2)}, \cdots, E_{n(2)}^{(2)}, \Omega, \Omega, \cdots) \cup$$
$$\cdots \cup (E_1^{(r)}, \cdots, E_{n(r)}^{(r)}, \Omega, \Omega, \cdots)$$
なる形に表わすことができた．ところで，注意2で述べたように，根元事象 $(a_1, a_2, \cdots, a_n, \cdots)$ が第1項の筒確率事象に属するかどうかは，$a_1, a_2, \cdots, a_{n(1)}$ だけで判定される．他の項についても同様である．したがって，$n(1), n(2), \cdots, n(r)$ のうちの最大のものを n とすれば，$(a_1, a_2, \cdots, a_n, \cdots)$ が上の事象に属するかどうかは，最初の n 項 $a_1, a_2, \cdots, a_n$ だけでわかってしまうであろう．つまり，無限回の試行を全部おこなってみなくても，事象が起ったかどうかは，n 回目までで判定がつくのである．

例1. マークを指標とするトランプ抜きの試行において，ハートの全体を E とすれば，筒確率事象 $(\overset{100}{\overline{E, \cdots, E}}, \Omega, \Omega, \cdots)$ は，1回目から100回目までずっとハートである，という事象を示す．また，確率事象
$$(E, \Omega, \cdots, \Omega, \cdots) \cup (\Omega, E, \Omega, \cdots, \Omega, \cdots) \cup \cdots$$
$$\cup (\overset{100}{\overline{\Omega, \cdots, \Omega}}, E, \Omega \cdots)$$
は，1回から100回までのうち，少なくとも1回はハートである，という事柄を表現する．

注意4. $\Omega^{(n)}$ の任意の確率事象を
$$A = \bigcup_{i=1}^{r}(E_1^{(i)}, E_2^{(i)}, \cdots, E_n^{(i)})$$
とする．いま，これに対し，$\Omega^{(\infty)}$ の
$$B = \bigcup_{i=1}^{r}(E_1^{(i)}, E_2^{(i)}, \cdots, E_n^{(i)}, \Omega, \Omega, \cdots).$$
なる確率事象を考えよう．そうすれば，明らかに
$$p(A) = \sum_{i=1}^{r} p(E_1^{(i)}) p(E_2^{(i)}) \cdots p(E_n^{(i)}) = p(B).$$

よって，A の起る確率は B の起る確率とひとしい．

逆に，$\Omega^{(\infty)}$ の確率事象を

$$A' = \bigcup_{i=1}^{r}(E_1^{(i)}, E_2^{(i)}, \cdots, E_{n(i)}^{(i)}, \Omega, \Omega, \cdots)$$

とする．いま，$n(1),\ n(2),\ \cdots,\ n(r)$ のうちの最大のものを n として，次のような $\Omega^{(n)}$ の事象をつくろう：

$$B' = \bigcup_{i=1}^{r}(E_1^{(i)}, E_2^{(i)}, \cdots, E_{n(i)}^{(i)}, \overbrace{\Omega, \cdots, \Omega}^{n-n(i)}).$$

そうすれば，ふたたび $p(A') = p(B')$．

よって，$\Omega^{(n)}$ の事象の確率を求める際，必要とあれば，考察の場を $\Omega^{(\infty)}$ にうつすことができる．また逆も可能である．

5. これまでの議論は，背景に必ずしも具体的な試行をもたない一般の確率空間に対しても，ほとんどそのままに遂行することができる．読者は，自らその方法を考えてみられたい．ただし，それには，n 重確率空間の場合と同様に，次の定理が必要である．

定理 3. $\displaystyle\bigcup_{i=1}^{r}(E_1^{(i)}, \cdots, E_{n(i)}^{(i)}, \Omega, \cdots)$

$$= \bigcup_{j=1}^{s}(F_1^{(j)}, \cdots, F_{m(j)}^{(j)}, \Omega, \cdots)$$

で，かつ，族

$\{(E_1^{(1)}, \cdots, E_{n(1)}^{(1)}, \Omega, \cdots), \cdots, (E_1^{(r)}, \cdots, E_{n(r)}^{(r)}, \Omega, \cdots)\}$

$\{(F_1^{(1)}, \cdots, F_{m(1)}^{(1)}, \Omega, \cdots), \cdots, (F_1^{(s)}, \cdots, F_{m(s)}^{(s)}, \Omega, \cdots)\}$

が排反ならば，

$$\sum_{i=1}^{r} p(E_1^{(i)}) p(E_2^{(i)}) \cdots p(E_{n(i)}^{(i)})$$
$$= \sum_{j=1}^{s} p(F_1^{(j)}) p(F_2^{(j)}) \cdots p(F_{m(j)}^{(j)}).$$

証明は付録 II に述べられるであろう．

問 1. 4. の (2) を証明せよ．
問 2. 補助定理 $1^{(\infty)}$, $2^{(\infty)}$ を証明せよ．
問 3. 定理 $1^{(\infty)}$ を証明せよ．
問 4. 原則$^{(\infty)}$ を確かめよ．
問 5. 定理 $2^{(\infty)}$ を証明せよ．
問 6. 必ずしも具体的な試行の背景をもたない一般の確率空間に対し，無限多重確率空間を構成せよ．

演習問題 III

1. Ω を，その根元事象が有限個しかないような確率空間とし，そのあらゆる部分集合が確率事象となっているとする．そのとき，$\Omega^{(n)}$ においても，その部分集合はすべて確率事象となることを示せ．

2. 一つの試行を考え，E をその試行に関する確率事象とする．この n 重試行における根元事象 $a=(a_1, a_2, \cdots, a_n)$ の部分列 $a_r, a_{r+1}, \cdots, a_{r+(l-1)}$ に対して，次の条件がみたされるならば，その部分列を，a における，E の，長さ l の連という:

(1) $a_r, a_{r+1}, \cdots, a_{r+(l-1)} \in E$; (2) $r>1$ ならば $a_{r-1} \notin E$; (3) $r+(l-1)<n$ ならば $a_{r+l} \notin E$.

いま，サイコロ投げの試行において，各根元事象は同程度の確からしさをもつとし，指標を根元事象それ自身とする．そのとき，これの 6 重試行において，事象 $\{1, 2\}$ の，長さ 4 の連の起る確率はいくらか．また，同じ事象の，長さ 3 の連の起る確率を求めよ．

3. $0, 1, 2, \cdots, 9$ なる 10 個の数字からその一つをでたらめに選ぶという試行を考える．各根元事象は同程度の確からしさをもつとし，指標は根元事象それ自身とする．いま，この試行の n 重試行をおこなうとき，その結果：$(a_1, a_2, \cdots, a_n)$ の中に 7 が少なくとも 1 回あらわれる確率が，$\dfrac{9}{10}$ をこえるためには，n はいか

なる数でなくてはならないか.

4. 上の試行の n 重試行について，次の問に答えよ：(1) ちょうど1回7があらわれる確率はいくらか；(2) ちょうど2回7があらわれる確率はいくらか；(3) ちょうど r 回 $(0 \leq r \leq n)$ 7があらわれる確率はいくらか.

5. 試行が二つあるとし，それらを便宜上 $\mathfrak{E}_1$, $\mathfrak{E}_2$ とする．このとき，まず $\mathfrak{E}_1$ をおこない，それからひき続いて $\mathfrak{E}_2$ をおこなうことに定め，これらをひとまとめにすれば，これは $\mathfrak{E}_1$ の結果 a と $\mathfrak{E}_2$ の結果 b との組 (a, b) を根元事象とする新しい試行と考えることができる．これに対応する確率空間はどのように定義したらよいか．二重確率空間のつくり方を手本にして考えよ．

6. 5. における $\mathfrak{E}_1$, $\mathfrak{E}_2$ のかわりに，n 個の試行 $\mathfrak{E}_1$, $\mathfrak{E}_2$, $\cdots$, $\mathfrak{E}_n$ をとって同じ考察をおこなえ．また，試行の無限列 $\mathfrak{E}_1$, $\mathfrak{E}_2$, $\cdots$, $\mathfrak{E}_n$, $\cdots$ について同じことを考えよ．

Ⅳ. 確率変数

本章では，確率変数なるものを考察する．これは，一口にいえば，試行における各根元事象に一つずつ値をあたえるルールの一種にほかならない．たとえば，サイコロ投げの試行において，偶数の目には1点，奇数の目には -1 点と点数をあたえることにしたとすれば，そのルールは一つの確率変数なのである．

§1. 確率変数

1. 一般に，確率空間 Ω の各根元事象に一つずつ値をあたえた場合，次の条件がみたされるならば，その値のあたえ方のルールを Ω の上の**確率変数**という：

Ω を適当に有限個の確率事象に分割すれば，

（ⅰ） 同じ確率事象に属する根元事象には，同じ値があたえられている．

（ⅱ） 違う確率事象に属する根元事象には，互いに違う値があたえられている．

別の言葉でいえば，Ω の上の確率変数とは，各根元事象に一つずつ値をあたえるルールであって，次のような条件をみたすもののことにほかならない：

（1） 相異なる値の総数は有限個である．

（2） どの値 a をとっても，その値をあたえられる根元事象の全体は，一つの確率事象を構成する．

確率変数は

$$X, Y, Z, \cdots$$

のような，ラテン大文字で表わされるのが普通である．また，確率変数 X によって，根元事象 a にあたえられる値は

$$X(a)$$

としるされる．これを，**a における X の値**という．$X(a)=\alpha$ ならば，X は a において α なる値をとるということがある．さらに，実数 α に対して，$X(a)=\alpha$ となるような a があれば，X は α なる値をとる，あるいはとりうるという．

注意1. ルールの定め方は，(1)，(2) の二つの条件がみたされる限り，全く任意でよい．あたかも，何かゲームを始める前に，考えうるいろいろの場合について，得点と罰点とを参加者一同で協定するときのように，ともかくも決めさえすればよいのである．

注意2. 二つの確率変数 X, Y は，どんな根元事象 a に対しても，$X(a)=Y(a)$ を満足するとき，ひとしいといわれ，$X=Y$ としるされる．すなわち，結果として同じ効果をもつ二つのルールは，ひとしいと考えるのである．

例1. マークを指標とするトランプ抜きの試行を考え，対応する確率空間を Ω とする．このとき，次のようなルール X を作れば，これは Ω の上の一つの確率変数である:

$$X(a)=\begin{cases} 1 & (a \text{ がスペードのとき}) \\ 2 & (a \text{ がクラブのとき}) \\ 3 & (a \text{ がダイヤのとき}) \\ 4 & (a \text{ がハートのとき}). \end{cases}$$

しかしながら，次のような Y は確率変数ではない:

$$Y(a)=\begin{cases} 1 & (a \text{ が 6 以上のとき}) \\ 0 & (a \text{ が 5 以下のとき}). \end{cases}$$

なぜならば，6以上のカードの全体，5以下のカードの全体は，この確率空間では，いずれも確率事象ではなく，(2)に反するからである．

例2． 福引の箱の中に，1等のくじが1本，2等のくじが2本，3等が4本，4等が8本入っている．いま，この箱の中をよくかきまわして1本のくじを引き，その等級を調べる，という試行を考えてみよう．もちろん，根元事象は引かれたくじの等級である．すなわち $\Omega=\{1, 2, 3, 4\}$．また，指標も等級そのものとする．いいかえれば，根元事象それ自身を指標に採用するのである．このとき，あらゆる事象が確率事象となること；および相対頻度から考えて，それらの確率が

$$p(\{1\}) = \frac{1}{15}, \quad p(\{2\}) = \frac{2}{15}, \quad p(\{3\}) = \frac{4}{15}, \quad p(\{4\}) = \frac{8}{15},$$
$$p(\{i, j, \cdots\}) = p(\{i\}) + p(\{j\}) + \cdots$$

であたえられることは，たやすく了解せられるであろう．

さて，くじにはよく賞金がつく．たとえば：1等 10,000 円，2等 5,000 円，3等 1,000 円，4等 500 円．一般に，このような賞金の規定は，Ω の上の次のような確率変数 X と考えることができる：

$$X(a) = \begin{cases} 10000 & (a=1) \\ 5000 & (a=2) \\ 1000 & (a=3) \\ 500 & (a=4). \end{cases}$$

例3． 一定の人間の集団からでたらめに1人の人間を選び出す，という試行を考える．その根元事象は，集団のメンバーのすべてである．また，指標を根元事象それ自身としよう．このとき，各根元事象にその身長（cm 未満は四捨五入）を対応せしめることにすれば，ここに Ω の上の一つの確率変数 X が定められたことになる．いま，身長 a (cm) の根元事象の全体を E_a と書くことにすれば

$$X(a) = \alpha \quad (a \in E_\alpha)$$

である.

例4. 確率空間 Ω のあらゆる根元事象に同じ一つの値 α を対応させることにすれば, Ω の上に一つの確率変数が定められたことになる. このような確率変数を "**定数値確率変数**" という. 誤解のおそれのないときは, 単に "**定数**" といい, α で表わすことがある. すなわち

$$\alpha(a) = \alpha.$$

例5. E を確率空間 Ω の上の確率事象とし

$$X(a) = \begin{cases} 1 & (a \in E) \\ 0 & (a \notin E) \end{cases}$$

とおく. こうして得られる確率変数 X を, 事象 E の**定義確率変数**といい, X_E で表わす. 明らかに, 定数 (値確率変数) 1 は X_Ω にひとしく, 同様に 0 は $X_\emptyset$ にひとしい:

$$X_\Omega(a) = 1 = 1(a), \quad X_\emptyset(a) = 0 = 0(a) \quad (a \in \Omega).$$

2. X を確率空間 Ω の上の確率変数とする. このとき, 任意の実数 α に対して, 事象

$$\{a | X(a) = \alpha\}, \{a | X(a) < \alpha\}, \{a | X(a) > \alpha\}$$

をそれぞれ

(*) $\quad\quad\quad \{X = \alpha\}, \{X < \alpha\}, \{X > \alpha\}$

で表わす. これに関して, 次の定理が成立する:

定理1. (*)はすべて確率事象である.

[証明] もし, これらが空事象ならば, もちろんそれは確率事象である. よって, 空事象でない場合だけを考えればよい. まず, $\{X = \alpha\}$ が空事象でなければ, X は α なる値をとることができる. ゆえに, 1.の(2)によって, それは確率事象でなくてはならない. 次に, $\{X < \alpha\}$ を考えよう.

X のとりうる値 $\alpha_1, \alpha_2, \cdots, \alpha_n$ のうち，α よりも小さいものを $\alpha_i, \alpha_j, \cdots, \alpha_k$ とすれば，明らかに

$$\{X<\alpha\} = \{X=\alpha_i\} \cup \{X=\alpha_j\} \cup \cdots \cup \{X=\alpha_k\}.$$

ゆえに，それは，確率事象の和事象として，確率事象であることがわかる．$\{X>\alpha\}$ についても同様である．

注意 3. X のとりうる相異なる値を $\alpha_1, \alpha_2, \cdots, \alpha_n$ とすれば，族

$$\{\{X=\alpha_1\}, \{X=\alpha_2\}, \cdots, \{X=\alpha_n\}\}$$

は Ω の分割である．

注意 4. 同じ流儀による次のような記号も，しばしば使用される：

$\{X \leq \alpha\}, \{X \geq \alpha\}, \{X \neq \alpha\}, \{|X|<\alpha\}, \{|X| \geq \alpha\}, \{\alpha<X<\beta\}, \cdots$.

その意味するところは，もはや説明するまでもないであろう．これらもすべて確率事象であることが，たやすく確かめられる．

例 6. 例 1 の確率事象では

$$\{X<2\} = スペードの全体$$
$$\{X \geq 3\} = 赤いカードの全体$$

となっている．

例 7. $\{X_E=1\}=E, \{X_E=0\}=E^c$．また，$\alpha$ を 1 や 0 と相異なる任意の実数とすれば，$\{X_E=\alpha\}=\emptyset$．

3. 定理 2. X を確率空間 Ω の上の確率変数とし，そのとりうる相異なる値を $\alpha_1, \alpha_2, \cdots, \alpha_n$ とする．このとき

$$p(\{X=\alpha_i\}) = p_i \quad (i=1, 2, \cdots, n)$$

とおけば，次の二つの事柄が成立する：

(1) $\quad\quad\quad 0 \leq p_i \leq 1 \quad (i=1, 2, \cdots, n)$,

(2) $\quad\quad\quad \sum_{i=1}^{n} p_i = 1$.

証明は，読者自らこころみてみられたい．

この定理によって，各 α_i にそれぞれ p_i を対応せしめれば，
$$\alpha_i \to p_i \quad (i=1, 2, \cdots, n)$$
なる離散型の実確率分布の得られることがわかる（I 章，§8, 例 11 参照）．これを確率変数 X の**分布**という．

例 8. 例 1 から例 5 までに述べた各確率変数の分布は，それぞれ次の通りである：

例 1 : $1 \to \dfrac{1}{4}$, $2 \to \dfrac{1}{4}$, $3 \to \dfrac{1}{4}$, $4 \to \dfrac{1}{4}$.

例 2 : $10000 \to \dfrac{1}{15}$, $5000 \to \dfrac{2}{15}$, $1000 \to \dfrac{4}{15}$, $500 \to \dfrac{8}{15}$.

例 3 : $\alpha \to p(E_\alpha)$ $(\alpha = \cdots, 150, 151, \cdots)$.

例 4 : $\alpha \to 1$.

例 5 : $1 \to p(E)$, $0 \to p(E^c)$.

4. 定義. Ω を確率空間とし，X をその上の確率変数とする．このとき，Ω の n 重確率空間 $\Omega^{(n)}$ の元 $(a_1, a_2, \cdots, a_n)$ に，a_i における X の値 $X(a_i)$ を対応せしめるというルールを，$\Omega^{(n)}$ の上の X の**第 i 番目の複写**といい，$X_i^{(n)}$ で表わす：

$$X_i^{(n)}(a_1, a_2, \cdots, a_i, \cdots, a_n) = X(a_i) \quad (i=1, 2, \cdots, n).$$

この概念に関しては，次の定理が成立する：

定理 3. X の複写 $X_i^{(n)}$ は確率変数である．

［証明］ 1. で述べた (1), (2) を確かめればよい．(1)：X のとりうる値を $\alpha_1, \alpha_2, \cdots, \alpha_r$ とすれば，$X_i^{(n)}$ のとりうる値もこれと同じである．よって，それは有限個しかあり得

ない．(2)：$X_i^{(n)}$ の定義から

$$\begin{aligned}\{X_i^{(n)}=\alpha_j\} &= \{(a_1, \cdots, a_i, \cdots, a_n)|X_i^{(n)}(a_1, \cdots, a_i, \cdots, a_n)=\alpha_j\} \\ &= \{(a_1, \cdots, a_n)|\underset{i}{X(a_i)}=\alpha_j\} \\ &= (\varOmega, \cdots, \varOmega, \{X=\alpha_j\}, \varOmega, \cdots, \varOmega) \\ & \hspace{4cm}(j=1, 2, \cdots, r).\end{aligned}$$

よって，これは確率事象である．

定理 4. $X_i^{(n)}$ の分布は X のそれと同じである．

[証明] 定理 3 の証明で確かめたように

$$\{X_i^{(n)}=\alpha_j\} = (\varOmega, \cdots, \varOmega, \{X=\alpha_j\}, \varOmega, \cdots, \varOmega).$$

よって

$$\begin{aligned}p(\{X_i^{(n)}=\alpha_j\}) &= p(\varOmega)\cdots p(\varOmega)p(\{X=\alpha_j\})p(\varOmega)\cdots p(\varOmega) \\ &= p(\{X=\alpha_j\}).\end{aligned}$$

定理は，これより明らかであろう．

例 9. 例 1 で述べた確率変数 X の $\varOmega^{(2)}$ の上の複写 $X_1^{(2)}$, $X_2^{(2)}$ は，次のような確率変数である：

$$X_1^{(2)}(a, b) = \begin{cases} 1 & (a \text{ がスペードのとき}) \\ 2 & (a \text{ がクラブのとき}) \\ 3 & (a \text{ がダイヤのとき}) \\ 4 & (a \text{ がハートのとき}), \end{cases}$$

$$X_2^{(2)}(a, b) = \begin{cases} 1 & (b \text{ がスペードのとき}) \\ 2 & (b \text{ がクラブのとき}) \\ 3 & (b \text{ がダイヤのとき}) \\ 4 & (b \text{ がハートのとき}). \end{cases}$$

例 10. 例 5 で述べた確率変数 X の $\varOmega^{(n)}$ の上の複写は，次のような確率変数である：

$$X_i^{(n)}(a_1, \cdots, a_i, \cdots, a_n) = X(a_i) = \begin{cases} 1 & (a_i \in E) \\ 0 & (a_i \notin E). \end{cases}$$

よって，これは次のようにも書くことができる．

$$X_i^{(n)}(a_1, \cdots, a_n) = \begin{cases} 1 & ((a_1, \cdots, a_n) \in (\overset{i}{\overline{\Omega, \cdots, \Omega}}, E, \Omega, \cdots, \Omega)) \\ 0 & ((a_1, \cdots, a_n) \notin (\overset{i}{\overline{\Omega, \cdots, \Omega}}, E, \Omega, \cdots, \Omega)). \end{cases}$$

注意 5. Ω の上の確率変数 X の，$\Omega^{(\infty)}$ の上の複写なる概念も，同様にして定義される．すなわち

$$X_i^{(\infty)}(a_1, a_2, \cdots, a_n, \cdots) = X(a_i) \quad (i=1, 2, \cdots, n, \cdots).$$

これらも確率変数となるのであるが，その証明は定理 3 と同じである．また，その分布が X のそれと等しいことも，定理 4 と同様にして示される．

問 1. X を確率変数とするとき，

$$\{X \leqq \alpha\}, \ \{X \geqq \alpha\}, \ \{X \neq \alpha\}, \ \{|X| < \alpha\}, \ \{|X| > \alpha\},$$
$$\{|X| \leqq \alpha\}, \ \{|X| \geqq \alpha\}, \ \{\alpha < X < \beta\}$$

はすべて確率事象であることを確かめよ．

問 2. X を，確率空間 Ω の各根元事象に，有限個の値 $\alpha_1, \alpha_2, \cdots, \alpha_n$ のうちのいずれかを対応せしめるルールとするとき，いかなる実数 α に対しても

$$\{X \leqq \alpha\} = \{a | X(a) \leqq \alpha\}$$

が確率事象となるならば，X は Ω の上の確率変数であることを示せ．

問 3. 定理 2 を証明せよ．

問 4. $X_i^{(\infty)}$ は確率変数であることを示せ．

問 5. $X_i^{(\infty)}$ の分布は，X のそれと同じであることを示せ．

§2. 確率変数の演算

1. 本節では,すでに知られた確率変数から新しい確率変数を作り出すための,いくつかの方法について述べる.

定理1. Ω を確率空間とし,X, Y をその上の二つの確率変数とする.このとき,Ω の各元 a に対して $X(a)+Y(a)$ なる値をあたえるというルールを考えれば,これは一つの確率変数である.

[証明] §1, 1.の(1), (2)を確かめればよい.(1): X, Y のとりうる値を,それぞれ

$$\alpha_1, \alpha_2, \cdots, \alpha_m ; \beta_1, \beta_2, \cdots, \beta_n$$

とすれば,$X(a)+Y(a)$ の可能な値は,$\alpha_i+\beta_j$ ($i=1, 2, \cdots, m ; j=1, 2, \cdots, n$),すなわち

$$(*) \quad \begin{cases} \alpha_1+\beta_1, & \alpha_1+\beta_2, & \cdots, & \alpha_1+\beta_n \\ \alpha_2+\beta_1, & \alpha_2+\beta_2, & \cdots, & \alpha_2+\beta_n \\ \cdots & \cdots & \cdots & \cdots \\ \alpha_m+\beta_1, & \alpha_m+\beta_2, & \cdots, & \alpha_m+\beta_n \end{cases}$$

の mn 個である.よって,それは有限個しかあり得ない.

(2): 確率事象 $\{X=\alpha_i\} \cap \{Y=\beta_j\}$ を E_{ij} とおけば,その元 a に対しては $X(a)=\alpha_i, Y(a)=\beta_j$ が成立する.ゆえに,$X(a)+Y(a)=\alpha_i+\beta_j$.そこで,いま(*)の中から,たとえば $\alpha_1+\beta_1$ にひとしい値を全部抜き出して

$$\alpha_1+\beta_1, \alpha_i+\beta_j, \cdots, \alpha_k+\beta_l$$

とすれば,$X(a)+Y(a)=\alpha_1+\beta_1$ となるような a の全体は

$$E_{11} \cup E_{ij} \cup \cdots \cup E_{kl}$$

なる事象と一致する.したがって,それは確率事象でなく

てはならない．$\alpha_1+\beta_1$ 以外の値についても全く同様である．

定義 1. 確率変数 X, Y から，定理 1 の方法によって得られる確率変数を，X と Y との和といい $X+Y$ と書く．すなわち

$$(X+Y)(a) = X(a)+Y(a).$$

注意 1. 同様にして，$X+Y+Z$, $X+Y+Z+W$, … などを定義することができる．これらも，すべて確率変数である．

注意 2. $X+Y=Y+X$, $(X+Y)+Z=X+(Y+Z)=X+Y+Z$ などの公式が成立することはいうまでもない．

例 1. サイコロ投げの試行を考え，その根元事象の全体を Ω とおく：$\Omega=\{1, 2, 3, 4, 5, 6\}$．また，根元事象それ自身を指標として採用する．いま，X, Y をそれぞれ次のような確率変数としよう：

$$X(1)=-3,\ X(2)=-2,\ X(3)=-1,$$
$$X(4)=1,\ X(5)=2,\ X(6)=3.$$
$$Y(1)=-1,\ Y(2)=1,\ Y(3)=-1,$$
$$Y(4)=1,\ Y(5)=-1,\ Y(6)=1.$$

このとき，X と Y との和 $X+Y$ は次のような確率変数である：

$(X+Y)(1)=-4,\ (X+Y)(2)=-1,\ (X+Y)(3)=-2,$
$(X+Y)(4)=2,\ (X+Y)(5)=1,\ (X+Y)(6)=4.$

例 2. E を任意の確率空間 Ω の上の確率事象とし，$X=X_E$ の $\Omega^{(n)}$ の上の複写 $X_1^{(n)}$, $X_2^{(n)}$, $\cdots$, $X_n^{(n)}$ を考える．そのとき

$$X_i^{(n)}(a_1, \cdots, a_i, \cdots, a_n) = \begin{cases} 1 & (a_i \in E) \\ 0 & (a_i \notin E). \end{cases}$$

よって，$(X_1^{(n)}+X_2^{(n)}+\cdots+X_n^{(n)})(a_1, a_2, \cdots, a_n)$ は，a_1, a_2, $\cdots$, a_n のうち，E に属するものの個数にひとしい．ゆえに，具体的な試行が背景にあれば，これは，n 重試行の結果 $(a_1, a_2, \cdots, a_n)$ に

おける，E の起った回数に一致する．

2. 例2の確率変数
$$S^{(n)} = X_1^{(n)} + X_2^{(n)} + \cdots + X_n^{(n)} \quad (X = X_E)$$
の分布はたいへん重要である．次にそれを求めてみよう（演習問題IIIの4.を参照）．

まず，$S^{(n)}$ のとりうる値は，$0, 1, 2, \cdots, n$ の $(n+1)$ 個である．もし
$$(*) \qquad S^{(n)}(a_1, a_2, \cdots, a_n) = k \quad (0 \leq k \leq n)$$
ならば，例2によって，a_i のうち E に属するものの個数は k にひとしい．それを $a_{i(1)}, a_{i(2)}, \cdots, a_{i(k)}$ としよう．このとき，$(a_1, a_2, \cdots, a_n)$ は，明らかに次のような方確率事象 $(F_1, F_2, \cdots, F_n)$ に属している：

(1) $F_{i(1)} = F_{i(2)} = \cdots = F_{i(k)} = E,$

(2) $j \neq i(1), j \neq i(2), \cdots, j \neq i(k)$ ならば $F_j = E^c$.

逆に，一つの方確率事象 $(F_1, F_2, \cdots, F_n)$ に対し，(1), (2)をみたすような番号 $i(1), i(2), \cdots, i(k)$ があれば，それに属する $(a_1, a_2, \cdots, a_n)$ が $(*)$ をみたすことはいうまでもない．

ところで，上のような方確率事象の総数は，$1, 2, \cdots, n$ なる n 個の番号から，k 個の番号 $i(1), i(2), \cdots, i(k)$ を選び出す組合せの総数
$$\binom{n}{k} = \frac{n!}{k!(n-k)!} = \frac{n(n-1)\cdots(n-k+1)}{k!}$$
にひとしい．しかも，この種類の方確率事象を全部集めて，族

$$\{(F_1^{(1)}, F_2^{(1)}, \cdots, F_n^{(1)}), (F_1^{(2)}, F_2^{(2)}, \cdots, F_n^{(2)}),$$
$$\cdots, (F_1^{(r)}, F_2^{(r)}, \cdots, F_n^{(r)})\}$$

$$\left(r = \binom{n}{k}\right)$$

を作れば,明らかにこれは排反である.たとえば,($n=3$, $k=2$ として)

$$(E, E, E^c) \cap (E, E^c, E)$$
$$= (E \cap E, E \cap E^c, E^c \cap E)$$
$$= (E, \emptyset, \emptyset) = \emptyset.$$

また

$$\{S^{(n)} = k\} = \bigcup_{i=1}^{r} (F_1^{(i)}, F_2^{(i)}, \cdots, F_n^{(i)}).$$

よって

$$p(\{S^{(n)} = k\}) = \sum_{i=1}^{r} p(F_1^{(i)}) p(F_2^{(i)}) \cdots p(F_n^{(i)})$$
$$= \binom{n}{k} p(E)^k p(E^c)^{n-k}$$
$$= \binom{n}{k} p(E)^k (1 - p(E))^{n-k}.$$

すなわち,$p(E) = p$,$1 - p = q$ とおけば,$S^{(n)}$ の分布は

$$k \to \binom{n}{k} p^k q^{n-k} \quad (k = 0, 1, \cdots, n)$$

のようなものであることがわかった.

一般に,このような実確率分布を **(n, p)-二項分布**という.また,$\binom{n}{k} p^k q^{n-k}$ は $B(k; n, p)$ としるされる:

$$B(k; n, p) = \binom{n}{k} p^k q^{n-k}.$$

注意 3. $(p+q)^n$ なる式を二項定理で展開すれば

$$\sum_{k=0}^{n} \binom{n}{k} p^k q^{n-k}$$

が得られる．二項分布なる名称は，ここにその出所をもっているのである．

例 3. ある人間の集団において，左利きの人がちょうど1%だけいるとする．このとき，1人の人をでたらめに抜き出して，それが左利きであるか否かを調べるという試行を考える．根元事象は，左利き，右利きの二つ．指標を根元事象それ自身としよう．左利きを 1, 右利きを 0 で表わせば，$p(\{1\})=\dfrac{1}{100}$, $p(\{0\})=\dfrac{99}{100}$. ここで，$E=\{1\}$, $X=X_E$ とおく．いま，上のような試行を 200 回くりかえすとすれば，その結果：$a_1, a_2, \cdots, a_{200}$ のうちの左利き，すなわち 1 の数は，確率変数 $X_1^{(200)}+X_2^{(200)}+\cdots+X_{200}^{(200)}$ の $(a_1, a_2, \cdots, a_{200})$ における値にひとしい．これより，本項の結果を用いて，これがいろいろの値をとる確率を計算することができる．たとえば，

$$p(\{X_1^{(200)}+X_2^{(200)}+\cdots+X_{200}^{(200)} \geq 4\})$$
$$=\sum_{i=4}^{200} \binom{200}{i} \left(\frac{1}{100}\right)^i \left(\frac{99}{100}\right)^{200-i}$$
$$=0.143\cdots.$$

3. 定理1と全く同様にして，次の定理が証明される：

定理 2. Ω を確率空間とし，X, Y をその上の二つの確率変数とする．このとき，Ω の各元 a に対して，$X(a)-Y(a)$, $X(a)Y(a)$ なる値をあたえるというルールを考えれば，これらはまた Ω の上の確率変数である．

定義 2. 確率変数 X, Y から，定理 2 の方法によって得られる確率変数を，X, Y の**差**および**積**といい，それぞれ

$X-Y$, XY で表わす．すなわち

$$(X-Y)(a) = X(a)-Y(a), \quad (XY)(a) = X(a)Y(a).$$

注意 4. 同様にして，XYZ, $XYZW$, … などが定義される．これらもすべて確率変数である．

注意 5. $XY = YX$, $(XY)Z = X(YZ) = XYZ$, $X(Y+Z) = XY + XZ$ などの公式が成立することは，いうまでもない．

注意 6. XX, XXX, … などを，それぞれ X^2, X^3, … で表わす．

注意 7. 積 XY において，X を定数（値確率変数）α とおけば

$$(\alpha Y)(a) = \alpha(a)Y(a) = \alpha Y(a).$$

とくに，$X = 1$ あるいは -1 とおけば

$$(1Y)(a) = Y(a), \quad ((-1)Y)(a) = -Y(a)$$

である．このあとの方の式を用いれば

$$\begin{aligned}(X-Y)(a) &= X(a)-Y(a) = X(a)+((-1)Y)(a) \\ &= (X+(-1)Y)(a).\end{aligned}$$

よって，$X-Y = X+(-1)Y$ であることが知られる．

注意 8. $\dfrac{1}{\alpha}X$ なる確率変数を $\dfrac{X}{\alpha}$ と書くことがある．

例 4. 例 1 の X, Y に対しては

$(X-Y)(1) = -2$, $\quad (X-Y)(2) = -3$, $\quad (X-Y)(3) = 0$,
$(X-Y)(4) = 0$, $\quad (X-Y)(5) = 3$, $\quad (X-Y)(6) = 2$.
$(XY)(1) = 3$, $\quad (XY)(2) = -2$, $\quad (XY)(3) = 1$,
$(XY)(4) = 1$, $\quad (XY)(5) = -2$, $\quad (XY)(6) = 3$.

例 5. 例 2 の確率変数 $S^{(n)} = X_1^{(n)} + X_2^{(n)} + \cdots + X_n^{(n)}$ と $\dfrac{1}{n}$ との積

$$S_0^{(n)} = \frac{X_1^{(n)} + X_2^{(n)} + \cdots + X_n^{(n)}}{n}$$

を考える．このとき，$S_0^{(n)}(a_1, a_2, \cdots, a_n)$, すなわち

$$(*) \qquad \frac{X_1^{(n)} + X_2^{(n)} + \cdots + X_n^{(n)}}{n}(a_1, a_2, \cdots, a_n)$$

は，$a_1, a_2, \cdots, a_n$ のうちの E に属するものの個数 r を n で割ったものにひとしい．よって，背景に具体的な試行があれば，これは，n 重試行の結果 $(a_1, a_2, \cdots, a_n)$ における E の相対頻度に一致する．ゆえに，一般の確率空間の場合にも，$(*)$ を $(a_1, a_2, \cdots, a_n)$ における E の**相対頻度**ということがある．

$p(E)=p$, $1-p=q$ とおけば，$S_0^{(n)}$ の分布が次のようになることは明らかであろう：

$$\frac{k}{n} \to \binom{n}{k}p^k q^{n-k} \quad (k=0, 1, \cdots, n).$$

問 1. 定理 2 を証明せよ．

問 2. 確率変数の商 $\dfrac{X}{Y}$ を一般的に定義するにはちょっとした困難がある．その理由を考えよ．

§3. 確率変数の独立性

1. 確率事象 E, F は，試行の結果として E の起ったことが通知されても，F の起った可能性の程度に何らの変化をも生じないとき，独立であるといわれた．全く同様に，確率変数 X, Y は，試行の結果起った根元事象における X の値 α が知らされても，Y のとりうる各値についての可能性の程度が何ら変わらないとき，独立であるといわれる．すなわち

定義 1. Ω を確率空間とし，X, Y をその上の確率変数とする．また，それらのとりうる値を，それぞれ

$$\alpha_i \ (i=1, 2, \cdots, m), \ \beta_j \ (j=1, 2, \cdots, n)$$

とおく．このとき，族

$$\{\{X=\alpha_i\}, \{Y=\beta_j\}\}$$

が i, j ($i=1, 2, \cdots, m$; $j=1, 2, \cdots, n$) のいかんにかかわらず独立となるならば, X, Y は互いに**独立**であるという.

さらに一般に, 次のように定義する:

定義2. Ω を確率空間とし, X_1, X_2, $\cdots$, X_n をその上の確率変数とする. また, それらのとりうる値を, それぞれ
$$\alpha_i^{(1)} \ (i=1, 2, \cdots, m(1)), \ \alpha_i^{(2)} \ (i=1, 2, \cdots, m(2)),$$
$$\cdots\cdots, \ \alpha_i^{(n)} \ (i=1, 2, \cdots, m(n))$$
とおく. このとき, 族
$$\{\{X_1=\alpha_{i(1)}^{(1)}\}, \{X_2=\alpha_{i(2)}^{(2)}\}, \cdots, \{X_n=\alpha_{i(n)}^{(n)}\}\}$$
が, $i(1)$, $i(2)$, $\cdots$, $i(n)$ のいかんにかかわらず独立となるならば, X_1, X_2, $\cdots$, X_n は独立であるという.

独立性に関しては, 次の定理が成立する:

定理1. X_1, X_2, $\cdots$, X_n が独立であるための必要かつ十分な条件は, $i(1)$, $i(2)$, $\cdots$, $i(n)$ のいかんにかかわらず
$$p(\{X_1=\alpha_{i(1)}^{(1)}\} \cap \{X_2=\alpha_{i(2)}^{(2)}\} \cap \cdots \cap \{X_n=\alpha_{i(n)}^{(n)}\})$$
$$= p(\{X_1=\alpha_{i(1)}^{(1)}\}) p(\{X_2=\alpha_{i(2)}^{(2)}\}) \cdots p(\{X_n=\alpha_{i(n)}^{(n)}\})$$
が成立することである.

証明は
$$\{X_j=\alpha_i^{(j)}\}^c = \{X_j=\alpha_1^{(j)}\} \cup \cdots \cup \{X_j=\alpha_{i-1}^{(j)}\} \cup \{X_j=\alpha_{i+1}^{(j)}\} \cup$$
$$\cdots \cup \{X_j=\alpha_{m}^{(j)}\}$$
に注意して, II章, §4, 定理2を用いる. 詳細は読者自らこころみてみられたい.

例1. X を確率空間 Ω の上の確率変数とすれば, その $\Omega^{(n)}$ の上の複写 $X_1^{(n)}$, $X_2^{(n)}$, $\cdots$, $X_n^{(n)}$ は独立である. なんとなれば: $\alpha_{i(1)}$, $\alpha_{i(2)}$, $\cdots$, $\alpha_{i(n)}$ を X のとりうる任意の値とするとき,

$$\{X_1^{(n)}=\alpha_{i(1)}\}\cap\{X_2^{(n)}=\alpha_{i(2)}\}\cap\cdots\cap\{X_n^{(n)}=\alpha_{i(n)}\}$$
$$=\{(a_1,\ a_2,\ \cdots,\ a_n)|X(a_1)=\alpha_{i(1)},\ X(a_2)=\alpha_{i(2)},$$
$$\cdots,\ X(a_n)=\alpha_{i(n)}\}$$
$$=(\{X=\alpha_{i(1)}\},\ \{X=\alpha_{i(2)}\},\ \cdots,\ \{X=\alpha_{i(n)}\}).$$

同様にして
$$\{X_j^{(n)}=\alpha_{i(j)}\}=(\overbrace{\Omega,\ \cdots,\ \Omega,\ \{X=\alpha_{i(j)}\}}^{j},\ \Omega,\ \cdots,\ \Omega).$$

よって
$$p(\{X_1^{(n)}=\alpha_{i(1)}\}\cap\{X_2^{(n)}=\alpha_{i(2)}\}\cap\cdots\cap\{X_n^{(n)}=\alpha_{i(n)}\})$$
$$=p(\{X=\alpha_{i(1)}\})p(\{X=\alpha_{i(2)}\})\cdots p(\{X=\alpha_{i(n)}\}),$$
$$p(\{X_j^{(n)}=\alpha_{i(j)}\})=p(\{X=\alpha_{i(j)}\}).$$

これより
$$p(\{X_1^{(n)}=\alpha_{i(1)}\}\cap\{X_2^{(n)}=\alpha_{i(2)}\}\cap\cdots\cap\{X_n^{(n)}=\alpha_{i(n)}\})$$
$$=p(\{X_1^{(n)}=\alpha_{i(1)}\})p(\{X_2^{(n)}=\alpha_{i(2)}\})\cdots p(\{X_n^{(n)}=\alpha_{i(n)}\})$$

をうるからである．

注意 1. $\{X_1,\ X_2,\ \cdots,\ X_n\}$ が独立ならば，たやすく知られるように，その一部分 $\{X_{i_1},\ X_{i_2},\ \cdots,\ X_{i_r}\}$ も独立である．

2. 次の定理は，確率事象の独立性と，その定義確率変数の独立性との関係を確立する重要な命題である．

定理 2. 確率事象の族 $\{E_1,\ E_2,\ \cdots,\ E_n\}$ が独立であるための必要かつ十分な条件は，それらの定義確率変数 $X_{E_1},\ X_{E_2},\ \cdots,\ X_{E_n}$ が独立なることである．

[証明] $\{X_{E_i}=1\}=E_i,\ \{X_{E_i}=0\}=E_i^c\ (i=1,\ 2,\ \cdots,\ n)$ であるから，$\alpha_i\ (i=1,\ 2,\ \cdots,\ n)$ を 1 または 0 とすれば，族
$$\{\{X_{E_1}=\alpha_1\},\ \{X_{E_2}=\alpha_2\},\ \cdots,\ \{X_{E_n}=\alpha_n\}\}$$
は $\{E_1,\ E_2,\ \cdots,\ E_n\}$ と同系統である．しかるに，一つの族が独立ならば，それと同系統のいかなる族もまた独立とな

る（92ページ，注意2）．定理は，これより明らかであろう．

問1. 定理1を証明せよ．

問2. $X_1, X_2, \cdots, X_n$ が独立であるための必要かつ十分な条件は，いかなる実数 $\alpha_1, \alpha_2, \cdots, \alpha_n$ に対しても，
$$p(\{X_1 \leq \alpha_1\} \cap \{X_2 \leq \alpha_2\} \cap \cdots \cap \{X_n \leq \alpha_n\})$$
$$= p(\{X_1 \leq \alpha_1\}) p(\{X_2 \leq \alpha_2\}) \cdots p(\{X_n \leq \alpha_n\})$$
が成立することである．

注意. 同じ一つの確率空間の上の確率変数の列 $X_1, X_2, \cdots, X_n, \cdots$ は，いかなる自然数 n をとっても $X_1, X_2, \cdots, X_n$ が独立となるとき，**独立**であるといわれる．

問3. X を確率空間 Ω の上の確率変数とするとき，その $\Omega^{(\infty)}$ の上の複写の列 $X_1^{(\infty)}, X_2^{(\infty)}, \cdots, X_n^{(\infty)}, \cdots$ は独立であることを示せ．

§4. 平 均 値

1. 一つの試行を考え，それに対応する確率空間を Ω とする．そして，この Ω の上には，次のような一つの確率変数 X が定義されているとしよう：

$$X(a) = \begin{cases} \alpha_1 & (a \in E_1) \\ \alpha_2 & (a \in E_2) \\ \vdots & \vdots \\ \alpha_s & (a \in E_s). \end{cases}$$

ただし，ここに，$\alpha_1, \alpha_2, \cdots, \alpha_s$ は，X のとりうる相異なる値とする．もちろん，$E_i = \{X = \alpha_i\}$ $(i=1, 2, \cdots, s)$ はすべて確率事象であって，かつ族 $\{E_1, E_2, \cdots, E_s\}$ は Ω の分割

§4. 平均値

である.

いま，その試行を何回も何回もくりかえし，その結果として得られる根元事象の列を

(*) $\qquad a_1, a_2, \cdots, a_n$

とおく．そうすれば，これらには，確率変数 X によって

(**) $\qquad X(a_1), X(a_2), \cdots, X(a_n)$

なる値が対応する．

ここで，列(*)における根元事象のうち，E_1 に属するものの総数を r_1，E_2 に属するものの総数を r_2，$\cdots$，E_s に属するものの総数を r_s とすれば，それに対応して，列(**)における各値は，それぞれ $\alpha_1, \alpha_2, \cdots, \alpha_s$ にひとしい r_1 個，r_2 個，$\cdots$，r_s 個の組に分けられる．よって，(**)の算術平均は

$$\frac{1}{n}(X(a_1)+X(a_2)+\cdots+X(a_n))$$
$$= \frac{1}{n}(\alpha_1 r_1 + \alpha_2 r_2 + \cdots + \alpha_s r_s)$$
$$= \alpha_1 \frac{r_1}{n} + \alpha_2 \frac{r_2}{n} + \cdots + \alpha_s \frac{r_s}{n}.$$

しかるに，$\dfrac{r_1}{n}, \dfrac{r_2}{n}, \cdots, \dfrac{r_s}{n}$ は，それぞれ $E_1, E_2, \cdots, E_s$ の相対頻度であって，それぞれ $p(E_1), p(E_2), \cdots, p(E_s)$ に密集する傾向をもつ．ゆえに，(*)のような列を幾つも幾つも作れば，それらに対応する(**)の算術平均は

(***) $\qquad \displaystyle\sum_{i=1}^{s} \alpha_i p(E_i) = \alpha_1 p(E_1) + \alpha_2 p(E_2) + \cdots + \alpha_s p(E_s)$

なる値の近くへ密集する傾向をもつことが察せられるであろう．

したがって，試行を何回も何回もくりかえせば，結果の根元事象に対応する $X(a)$ は，平均してだいたい (***) の程度であることが期待されるのである．

以上のことを根拠として次の定義をおく：

定義 1. X を任意の確率空間 Ω の上の確率変数とし，その定義を
$$X(a) = \alpha_i \quad (a \in E_i) \quad (i=1, 2, \cdots, s)$$
とする．ただし，$\alpha_1, \alpha_2, \cdots, \alpha_s$ は，X のとりうる相異なる値である．このとき
$$\sum_{i=1}^{s} \alpha_i p(E_i) = \sum_{i=1}^{s} \alpha_i p(\{X=\alpha_i\})$$
なる数のことを，X の**平均値**，**期待値**，または**数学的期待値**などといい
$$M(X) \text{ または } E(X)$$
と書く．

注意 1. $X=Y$ ならば $M(X)=M(Y)$：X のとりうる相異なる値を $\alpha_1, \alpha_2, \cdots, \alpha_s$ とすれば，当然 Y のとりうる値も $\alpha_1, \alpha_2, \cdots, \alpha_s$ であって，$\{X=\alpha_i\}=\{Y=\alpha_i\}$ $(i=1, 2, \cdots, s)$．ゆえに，
$$M(X) = \sum_{i=1}^{s} \alpha_i p(\{X=\alpha_i\}) = \sum_{i=1}^{s} \alpha_i p(\{Y=\alpha_i\}) = M(Y).$$

注意 2. $\{F_1, F_2, \cdots, F_n\}$ を Ω の一つの分割とし，確率変数 X は，F_i の各元において，β_i なる値をとるとする．ただし，$\beta_1, \beta_2, \cdots, \beta_n$ の中にはひとしいものがあってもかまわない．このとき，$M(X)=\sum_{i=1}^{n}\beta_i p(F_i)$ が成立することを示そう：まず，$\beta_1, \beta_2, \cdots, \beta_n$ の中の相異なるものを集めて $\alpha_1, \alpha_2, \cdots, \alpha_s$ とおき，簡単のために

$$\beta_1 = \beta_2 = \cdots = \beta_{n_1} = \alpha_1,$$
$$\beta_{n_1+1} = \beta_{n_1+2} = \cdots = \beta_{n_2} = \alpha_2,$$
$$\cdots \quad \cdots \quad \cdots \quad \cdots$$
$$\beta_{n_{s-1}+1} = \beta_{n_{s-1}+2} = \cdots = \beta_n = \alpha_s$$

とする．そのとき，

$$\begin{aligned}
M(X) &= \sum_{i=1}^{s} \alpha_i p(\{X=\alpha_i\}) \\
&= \alpha_1 p(F_1 \cup F_2 \cup \cdots \cup F_{n_1}) \\
&\quad + \alpha_2 p(F_{n_1+1} \cup F_{n_1+2} \cup \cdots \cup F_{n_2}) + \cdots \\
&= \{\alpha_1 p(F_1) + \alpha_1 p(F_2) + \cdots + \alpha_1 p(F_{n_1})\} \\
&\quad + \{\alpha_2 p(F_{n_1+1}) + \alpha_2 p(F_{n_1+2}) + \cdots + \alpha_2 p(F_{n_2})\} + \cdots \\
&= \{\beta_1 p(F_1) + \beta_2 p(F_2) + \cdots + \beta_{n_1} p(F_{n_1})\} \\
&\quad + \{\beta_{n_1+1} p(F_{n_1+1}) + \beta_{n_1+2} p(F_{n_1+2}) + \cdots + \beta_{n_2} p(F_{n_2})\} + \cdots \\
&= \sum_{i=1}^{n} \beta_i p(F_i).
\end{aligned}$$

したがって，確率変数 X が，Ω の分割 $\{F_1, F_2, \cdots, F_n\}$ に対して

$$X(a) = \beta_i \quad (a \in F_i) \quad (i=1, 2, \cdots, n)$$

なる関係を満足すれば，$\beta_1, \beta_2, \cdots, \beta_n$ のなかにたとえひとしいものがあっても，そうでない場合と同様に，$M(X)$ は $\sum_{i=1}^{n} \beta_i p(F_i)$ であたえられるのである．

注意 3. 分布のひとしい確率変数の平均値は相ひとしい．よって，たとえば，$M(X_i^{(n)}) = M(X)$．一般に，X の平均値を，また，X の**分布の平均値**ともいう．

例 1. §1, 例 1 の確率変数の平均値を求める：スペードの全体，クラブの全体，ダイヤの全体，ハートの全体をそれぞれ E_1, E_2, E_3, E_4 とおけば，$p(E_1) = p(E_2) = p(E_3) = p(E_4) = \dfrac{1}{4}$．よって，$M(X) = 1 \cdot \dfrac{1}{4} + 2 \cdot \dfrac{1}{4} + 3 \cdot \dfrac{1}{4} + 4 \cdot \dfrac{1}{4} = \dfrac{5}{2} = 2.5$ である．

例2. §1, 例2の確率変数では

$$M(X) = 10000 \cdot \frac{1}{15} + 5000 \cdot \frac{2}{15} + 1000 \cdot \frac{4}{15} + 500 \cdot \frac{8}{15} = 1866.6\cdots.$$

例3. §1, 例3の確率変数では；E_α にふくまれる人間の総数を n_α とし，集団の人間の総数を n とおけば，$p(E_\alpha) = \frac{n_\alpha}{n}$. よって

$$M(X) = \alpha_1 \frac{n_{\alpha_1}}{n} + \alpha_2 \frac{n_{\alpha_2}}{n} + \cdots = \frac{\alpha_1 n_{\alpha_1} + \alpha_2 n_{\alpha_2} + \cdots}{n}.$$

これは，集団のあらゆる人間の身長の算術平均にほかならない．

例4. §1, 例4の確率変数 α では
$$M(\alpha) = \alpha \cdot p(\Omega) = \alpha.$$

例5. §1, 例5の確率変数 X_E では
$$M(X_E) = 1 \cdot p(E) + 0 \cdot p(E^c) = p(E).$$

2. 確率空間 Ω の上に，二つの確率変数 X, Y があたえられているとする．このとき，次の定理が成立するのである：

定理1. $M(X+Y) = M(X) + M(Y)$.

［証明］ $\{E_1, E_2, \cdots, E_s\}$, $\{F_1, F_2, \cdots, F_t\}$ を Ω の分割とし

$$X(a) = \alpha_i \quad (a \in E_i) \quad (i=1, 2, \cdots, s)$$
$$Y(a) = \beta_j \quad (a \in F_j) \quad (j=1, 2, \cdots, t)$$

とすれば，$\{E_i \cap F_j | i=1, 2, \cdots, s ; j=1, 2, \cdots, t\}$ も Ω の分割であって，

$$(X+Y)(a) = \alpha_i + \beta_j \quad (a \in E_i \cap F_j)$$
$$(i=1, 2, \cdots, s ; j=1, 2, \cdots, t).$$

ゆえに

$$M(X+Y) = \sum_{i=1}^{s}\sum_{j=1}^{t}(\alpha_i+\beta_j)p(E_i\cap F_j)$$
$$= \sum_{i=1}^{s}\sum_{j=1}^{t}\alpha_i p(E_i\cap F_j)+\sum_{i=1}^{s}\sum_{j=1}^{t}\beta_j p(E_i\cap F_j)$$
$$= \sum_{i=1}^{s}\alpha_i\sum_{j=1}^{t}p(E_i\cap F_j)+\sum_{j=1}^{t}\beta_j\sum_{i=1}^{s}p(E_i\cap F_j)$$
$$= \sum_{i=1}^{s}\alpha_i p(E_i)+\sum_{j=1}^{t}\beta_j p(F_j)$$
$$= M(X)+M(Y).$$

注意 4. 数学的帰納法により,
$$M(X_1+X_2+\cdots+X_n) = M(X_1)+M(X_2)+\cdots+M(X_n)$$
の成立することが示される.

定理 2. X を任意の確率変数, α を任意の定数(値確率変数)とすれば
$$M(\alpha X) = \alpha M(X).$$
証明は, 各自こころみていただきたい.

例 6. $M(X_1^{(n)}+X_2^{(n)}+\cdots+X_n^{(n)})$
$$= M(X_1^{(n)})+M(X_2^{(n)})+\cdots+M(X_n^{(n)}) = nM(X).$$
$$M\left(\frac{X_1^{(n)}+X_2^{(n)}+\cdots+X_n^{(n)}}{n}\right) = \frac{1}{n}M(X_1^{(n)}+X_2^{(n)}+\cdots+X_n^{(n)})$$
$$= M(X).$$
よって, とくに $X=X_E$ とおけば
$$M(X_1^{(n)}+X_2^{(n)}+\cdots+X_n^{(n)}) = np(E),$$
$$M\left(\frac{X_1^{(n)}+X_2^{(n)}+\cdots+X_n^{(n)}}{n}\right) = p(E).$$
これより, (n, p)-二項分布の平均値は np にひとしいことがわかる.

3. 定理 3. 確率変数 X, Y が独立ならば
$$M(XY) = M(X)M(Y).$$

[証明] $X(a) = \alpha_i \quad (a \in E_i) \quad (i = 1, 2, \cdots, s)$
$Y(a) = \beta_j \quad (a \in F_j) \quad (j = 1, 2, \cdots, t)$

とし, $\alpha_i\ (i=1, 2, \cdots, s)$ および $\beta_j\ (j=1, 2, \cdots, t)$ は, それぞれ X, Y のとりうる相異なる値とする. このとき

$$(XY)(a) = \alpha_i \beta_j \quad (a \in E_i \cap F_j)$$
$$(i = 1, 2, \cdots, s\ ;\ j = 1, 2, \cdots, t).$$

よって

$$M(XY) = \sum_{i=1}^{s} \sum_{j=1}^{t} \alpha_i \beta_j p(E_i \cap F_j)$$
$$= \sum_{i=1}^{s} \sum_{j=1}^{t} \alpha_i \beta_j p(\{X = \alpha_i\} \cap \{Y = \beta_j\})$$

しかるに, X, Y は独立であるから

$$= \sum_{i=1}^{s} \sum_{j=1}^{t} \alpha_i \beta_j p(\{X = \alpha_i\}) p(\{Y = \beta_j\})$$
$$= \left(\sum_{i=1}^{s} \alpha_i p(\{X = \alpha_i\}) \right) \left(\sum_{j=1}^{t} \beta_j p(\{Y = \beta_j\}) \right)$$
$$= \left(\sum_{i=1}^{s} \alpha_i p(E_i) \right) \left(\sum_{j=1}^{t} \beta_j p(F_j) \right)$$
$$= M(X) M(Y).$$

注意 5. 全く同様にして, $X_1, X_2, \cdots, X_n$ が独立ならば
$$M(X_1 X_2 \cdots X_n) = M(X_1) M(X_2) \cdots M(X_n)$$
であることが示される. たとえば
$$M(X_1^{(n)} X_2^{(n)} \cdots X_n^{(n)}) = M(X)^n.$$

問 1. 定理 2 を証明せよ.

注意. 確率変数 X, Y が, いかなる根元事象 a に対しても $X(a) \leq Y(a)$ を満足するとき, $X \leq Y$ と書く.

問 2. $X \leq Y$ のとき, $M(X) \leq M(Y)$ であることを示せ.

§5. 分散，標準偏差，共分散

1. 試行を何回も何回もおこなえば，確率変数 X の値の算術平均は，だいたい $M(X)$ に近いことが期待される．しかしながら，たとえば

(1)　　　10, -10, 20, -20, 10, -10, $\cdots$

(2)　　　　1, -1, 2, -2, 1, -1, $\cdots$

のような二つの列は，算術平均はいずれも 0 に近いけれども，(1)はその変動が激しく，(2)はそれが少ないという違いがある．

そこで，X の値と $M(X)$ とのくい違いが，平均してだいたいどのくらいであるか，ということを示す何らかの尺度が必要になる．次に定義される分散および標準偏差の概念は，実はそのために導入されたものにほかならない．

定義 1. 確率変数 X に対して，確率変数 $(X-M(X))^2$ の平均値 $M((X-M(X))^2)$ を，X の**分散**といい $V(X)$ で表わす．

注意 1. $(X-M(X))^2$ の $M(X)$ は，この場合，定数値確率変数と考えている．

注意 2. X と $M(X)$ とのくい違いを測るためならば，$X-M(X)$ の平均値：$M(X-M(X))$ を用いてもよさそうなものである．しかしこれは，$M(X)-M(M(X))=M(X)-M(X)=0$ と，つねに 0 になってしまい，役に立たないのである．

$\{E_1, E_2, \cdots, E_s\}$ を Ω の分割とし，$X(a)=\alpha_i$ $(a\in E_i)$ $(i=1, 2, \cdots, s)$ とすれば，$a\in E_i$ のとき

$$(X-M(X))^2(a) = ((X-M(X))(a))^2$$

$$= (X(a) - M(X))^2$$
$$= (\alpha_i - M(X))^2.$$

よって

$$V(X) = M((X - M(X))^2) = \sum_{i=1}^{s} (\alpha_i - M(X))^2 p(E_i).$$

これが負にならないことは,いうまでもないであろう.

定義 2. 分散の正の平方根 $\sqrt{V(X)}$ を $\sigma(X)$ と書いて,X の**標準偏差**と称する.

注意 3. 分布のひとしい確率変数の分散や標準偏差は,互いに相ひとしい.そこで,確率変数 X の分散や標準偏差を,X の**分布の分散**,**標準偏差**ということがある.

例 1. E を確率事象とし,$X = X_E$ とおく.このとき,$M(X) = p(E)$ であるから

$$\begin{aligned} V(X) &= M((X - M(X))^2) \\ &= (1 - p(E))^2 p(E) + (0 - p(E))^2 p(E^c) \\ &= (1 - p(E))^2 p(E) + p(E)^2 (1 - p(E)) \\ &= p(E)(1 - p(E))(1 - p(E) + p(E)) \\ &= p(E)(1 - p(E)). \end{aligned}$$

2. 定理 1. $V(X) = M(X^2) - M(X)^2.$

[証明] $\begin{aligned}[t] V(X) &= M((X - M(X))^2) \\ &= M(X^2 - 2M(X)X + M(X)^2) \\ &= M(X^2) - 2M(X)M(X) + M(X)^2 \\ &= M(X^2) - M(X)^2. \end{aligned}$

定理 2. α, β を定数(値確率変数)とすれば

$$V(\alpha X + \beta) = \alpha^2 V(X).$$

[証明] $M(\alpha X + \beta) = M(\alpha X) + M(\beta) = \alpha M(X) + \beta$

であるから
$$V(\alpha X+\beta) = M(((\alpha X+\beta)-M(\alpha X+\beta))^2)$$
$$= M((\alpha X+\beta-\alpha M(X)-\beta)^2)$$
$$= M(\alpha^2(X-M(X))^2)$$
$$= \alpha^2 M((X-M(X))^2) = \alpha^2 V(X).$$

注意 4. 定理 2 によって, α, β を定数とすれば
$$V(\beta) = 0, \quad V(\alpha X) = \alpha^2 V(X)$$
であることが知られる.したがって,また
$$\sigma(\beta) = 0, \quad \sigma(\alpha X) = |\alpha|\sigma(X)$$
である.

注意 5. $V(X)=0$ なる X がどのようなものになるかを考える: まず,
$$X(a) = \alpha_i \quad (a \in E_i) \quad (i=1, 2, \cdots, s)$$
とすれば
$$0 = V(X) = \sum_{i=1}^{s}(\alpha_i - M(X))^2 p(E_i).$$
しかるに, 右辺の各項はいずれも負ではないから
$$(\alpha_i - M(X))^2 p(E_i) = 0 \quad (i=1, 2, \cdots, s).$$
よって, もし $p(E_i)>0$ ならば, $\alpha_i=M(X)$ でなくてはならない. そこで, たとえば
$$p(E_1), p(E_2), \cdots, p(E_r)>0$$
$$p(E_{r+1}) = p(E_{r+2}) = \cdots = p(E_s) = 0$$
とすれば, $\alpha_1=\alpha_2=\cdots=\alpha_r=M(X)$. ゆえに, X は次のようになっていることがわかる:
$$X(a) = \begin{cases} \alpha_1 & (a \in E_1 \cup E_2 \cup \cdots \cup E_r) \\ \alpha_{r+1} & (a \in E_{r+1}) \\ \vdots & \vdots \\ \alpha_s & (a \in E_s), \end{cases}$$
$p(E_1 \cup E_2 \cup \cdots \cup E_r) = 1, \quad p(E_{r+1} \cup E_{r+2} \cup \cdots \cup E_s) = 0.$

つまり, X は, 確率 0 のある事象以外では一定値 α_1 にひとしいのである.

逆に, このような X, すなわち, 確率 0 のある事象以外で一定値 α_1 をとるような X の平均値が α_1 で, その分散が 0 となることは, たやすく確かめられる.

3. 便宜上, 次の概念を導入する:

定義 3. X, Y を確率空間 Ω の上の確率変数とするとき,
$$M((X-M(X))(Y-M(Y)))$$
を, X と Y との**共分散**といい, $C(X, Y)$ で表わす.

これは次の性質を満足する:

定理 3. (1) $C(X, Y) = C(Y, X),$
(2) $C(X, X) = V(X),$
(3) $C(X, Y) = M(XY) - M(X)M(Y).$

[証明] (1), (2) は定義より明らかである. (3) は, 定理 1 と全く同様にして示される.

注意 6. (3) および前節の定理 3 によって, X, Y が独立ならば
$$C(X, Y) = 0$$
でなくてはならないことがわかる.

定理 4. X, Y を確率空間 Ω の上の確率変数とすれば
$$V(X+Y) = V(X) + V(Y) + 2C(X, Y).$$
とくに, X, Y が独立ならば
$$V(X+Y) = V(X) + V(Y)$$
である.

[証明] $V(X+Y)$

$$= M((X+Y-M(X+Y))^2)$$
$$= M(((X-M(X))+(Y-M(Y)))^2)$$
$$= M((X-M(X))^2)+M((Y-M(Y))^2)$$
$$\qquad +2M((X-M(X))(Y-M(Y)))$$
$$= V(X)+V(Y)+2C(X, Y).$$

定理の後半は，注意6より明らかであろう．

注意7. 全く同様にして

$$V(X_1+X_2+\cdots+X_n)$$
$$= V(X_1)+V(X_2)+\cdots+V(X_n)+2\sum_{i<j}C(X_i, X_j)$$

であることが示される．とくに，$X_1, X_2, \cdots, X_n$ が独立ならば
$$V(X_1+X_2+\cdots+X_n) = V(X_1)+V(X_2)+\cdots+V(X_n)$$
である．

例2. X の複写 $X_1^{(n)}, X_2^{(n)}, \cdots, X_n^{(n)}$ は独立であるから
$$V(X_1^{(n)}+X_2^{(n)}+\cdots+X_n^{(n)}) = nV(X),$$
$$V\left(\frac{X_1^{(n)}+X_2^{(n)}+\cdots+X_n^{(n)}}{n}\right)$$
$$= \frac{1}{n^2}V(X_1^{(n)}+X_2^{(n)}+\cdots+X_n^{(n)}) = \frac{1}{n}V(X)$$

とくに，$X=X_E$, $p=p(E)$ とおけば
$$V(X_1^{(n)}+X_2^{(n)}+\cdots+X_n^{(n)}) = np(1-p),$$
$$V\left(\frac{X_1^{(n)}+X_2^{(n)}+\cdots+X_n^{(n)}}{n}\right) = \frac{1}{n}p(1-p).$$

したがって，(n, p)-二項分布の分散は，$np(1-p)$ にひとしいことがわかる．

4. 次の定理は重要である：

定理5. X を任意の確率変数，ε を任意の正数とすれば

$$p(\{|X-M(X)|<\varepsilon\}) \geq 1-\frac{V(X)}{\varepsilon^2}$$

が成立する.

この定理の式をチェビシェフ（Tchebyshev）の不等式という.

［証明］　確率変数 X の定義を
$$X(a) = \alpha_i \quad (a \in E_i) \quad (i=1, 2, \cdots, s)$$
とおく. いま, $(\alpha_1-M(X))^2, (\alpha_2-M(X))^2, \cdots, (\alpha_s-M(X))^2$ を, ε^2 以上のものとそうでないものとの2組に分類する. その結果を, 簡単のために

$(\alpha_1-M(X))^2, \quad (\alpha_2-M(X))^2, \quad \cdots, (\alpha_r-M(X))^2 \geq \varepsilon^2$
$(\alpha_{r+1}-M(X))^2, (\alpha_{r+2}-M(X))^2, \cdots, (\alpha_s-M(X))^2 < \varepsilon^2$

としよう. そのとき

$$\begin{aligned}
V(X) &= (\alpha_1-M(X))^2 p(E_1) + (\alpha_2-M(X))^2 p(E_2) + \cdots \\
&\quad + (\alpha_s-M(X))^2 p(E_s) \\
&\geq (\alpha_1-M(X))^2 p(E_1) + (\alpha_2-M(X))^2 p(E_2) + \cdots \\
&\quad + (\alpha_r-M(X))^2 p(E_r) \\
&\geq \varepsilon^2 (p(E_1) + p(E_2) + \cdots + p(E_r)) \\
&= \varepsilon^2 p(E_1 \cup E_2 \cup \cdots \cup E_r) \\
&= \varepsilon^2 p(\{(X-M(X))^2 \geq \varepsilon^2\}) \\
&= \varepsilon^2 p(\{|X-M(X)| \geq \varepsilon\}).
\end{aligned}$$

よって
$$p(\{|X-M(X)| \geq \varepsilon\}) \leq \frac{V(X)}{\varepsilon^2}.$$

これより

$$p(\{|X-M(X)|<\varepsilon\}) = 1-p(\{|X-M(X)|\geqq\varepsilon\})$$
$$\geqq 1-\frac{V(X)}{\varepsilon^2}$$

が得られる.

問1. 定理3の(3)を証明せよ.

問2. $V(X_1+X_2+\cdots+X_n)$
$$= V(X_1)+V(X_2)+\cdots+V(X_n)+2\sum_{i<j}C(X_i, X_j)$$
を証明せよ.

§6. 大数の法則

1. 確率変数 X の平均値 $M(X)$ の直観的な意味は,だいたい次のようなものであった:

X を,ある試行に対応する確率空間 Ω の上の確率変数とする.その試行を n 回くり返しておこない,結果の列を $a_1, a_2, \cdots, a_n$ とおく.このとき,n が十分大きければ,$X(a_1), X(a_2), \cdots, X(a_n)$ の算術平均

(*) $$\frac{X(a_1)+X(a_2)+\cdots+X(a_n)}{n}$$

は,ある一定の値に密集する傾向をもつ.その値が $M(X)$ である.

ここに,(*)は
$$\left(\frac{X_1^{(n)}+X_2^{(n)}+\cdots+X_n^{(n)}}{n}\right)(a_1, a_2, \cdots, a_n)$$
にほかならないことに注意しておこう.

以下では,このことが,一般の確率空間において,明確

に定式化できることを示そうと思う.

2. 定理 1. X を任意の確率空間 Ω の上の確率変数, ε を任意の正数とすれば

$$\lim_{n\to\infty} p\left(\left\{\left|\frac{X_1^{(n)}+X_2^{(n)}+\cdots+X_n^{(n)}}{n}-M(X)\right|<\varepsilon\right\}\right)=1$$

が成立する.

これを**大数の法則**という.

[証明] $S_0^{(n)} = \dfrac{X_1^{(n)}+X_2^{(n)}+\cdots+X_n^{(n)}}{n}$

とおけば, すでに述べたところにより

(1) $\quad M(S_0^{(n)}) = M(X), \quad V(S_0^{(n)}) = \dfrac{1}{n}V(X)$

である. 一方, チェビシェフの不等式を用いれば

$$1 \geq p(\{|S_0^{(n)}-M(S_0^{(n)})|<\varepsilon\}) \geq 1-\frac{V(S_0^{(n)})}{\varepsilon^2}.$$

ここへ(1)を代入すれば

$$1 \geq p(\{|S_0^{(n)}-M(X)|<\varepsilon\}) \geq 1-\frac{1}{n}\frac{V(X)}{\varepsilon^2}.$$

しかるに, この最右辺は, $n\to\infty$ のとき 1 に収束する. ゆえに

$$\lim_{n\to\infty} p(\{|S_0^{(n)}-M(X)|<\varepsilon\}) = 1.$$

注意 1. この定理は次のことを示している: 一つの試行を n 回おこない, その結果を $a_1, a_2, \cdots, a_n$ とおく. そして, それらに対応する値の列 $X(a_1), X(a_2), \cdots, X(a_n)$ の算術平均

$$\frac{X(a_1)+X(a_2)+\cdots+X(a_n)}{n}$$
$$=\left(\frac{X_1^{(n)}+X_2^{(n)}+\cdots+X_n^{(n)}}{n}\right)(a_1, a_2, \cdots, a_n)$$

を考える．このとき，どのような $\varepsilon>0$ をとっても，上の値と $M(X)$ とのくい違いが ε よりも小さい確率は，n さえ大きくすれば限りなく1に近づいていく．つまり，どれだけでも確実になっていく．

——このことは，本節冒頭に述べた分析と全く同じ内容である．しかし，注意しなければならないのは，これは決してその分析の証明ではなく，ただ，次のことを確認するものに過ぎないということである：われわれは，本節冒頭の分析で得られたような性質をもつはずのものとして，$M(X)$ なる概念を導入したが，それはまさしく期待通りの性質をもっていた．つまり，われわれの $M(X)$ の定義法は，常識とよく合致したものである．

3. 大数の法則から，ただちに次の定理が得られる：

定理2. E を確率空間 Ω の確率事象とし，$X=X_E$ とおく．このとき
$$\lim_{n\to\infty} p\left(\left\{\left|\frac{X_1^{(n)}+X_2^{(n)}+\cdots+X_n^{(n)}}{n}-p(E)\right|<\varepsilon\right\}\right)=1$$
が成立する．

これを**ベルヌイ**（Bernoulli）**の定理**という．

［証明］ $M(X)=M(X_E)=p(E)$ より明らかであろう．

注意2. 試行の結果の列を $(a_1, a_2, \cdots, a_n)$ とすれば，
$$\left(\frac{X_1^{(n)}+X_2^{(n)}+\cdots+X_n^{(n)}}{n}\right)(a_1, a_2, \cdots, a_n)$$

$$= \frac{X(a_1)+X(a_2)+\cdots+X(a_n)}{n}$$

は，$(a_1, a_2, \cdots, a_n)$ における E の相対頻度にひとしい（§2，例5）．よって，ベルヌイの定理は次のことを示している：ε を任意の正数とすれば，相対頻度と $p(E)$ とのくい違いが ε よりも小さい確率は，n さえ大きくすればどれだけでも 1 に近くなる．つまり，相対頻度と $p(E)$ とのくい違いが ε よりも小さいことは，n さえ大きくすればどれだけでも確実になっていく．

——ところで，われわれの確率という言葉の具体的な意味は，実はまさしくそのようなものであった．そして，かかる具体的な背景を念頭におきつつ，一般の確率空間の概念を導入したのである．ところが，ベルヌイの定理は，この確率空間の概念にもとづいて証明された．したがって，この定理は，われわれの確率空間の概念が，期待にそむかない妥当なものとなっていることを確認するものにほかならない．

問 1. X を Ω の上の確率変数とするとき，その $\Omega^{(\infty)}$ における複写の列 $X_1^{(\infty)}, X_2^{(\infty)}, \cdots, X_n^{(\infty)}, \cdots$，および任意の正数 ε に対して，次の式が成立することを示せ．

$$\lim_{n\to\infty} p\Big(\Big\{\Big|\frac{X_1^{(\infty)}+X_2^{(\infty)}+\cdots+X_n^{(\infty)}}{n}-M(X)\Big|<\varepsilon\Big\}\Big) = 1.$$

問 2. $X_1, X_2, \cdots, X_n, \cdots$ を同じ一つの確率空間の上の独立な確率変数の列とし，それらはすべてひとしい分布をもつとする．このとき，いかなる正数 ε に対しても次の式が成立することを示せ：

$$\lim_{n\to\infty} p\Big(\Big\{\Big|\frac{X_1+X_2+\cdots+X_n}{n}-M(X_1)\Big|<\varepsilon\Big\}\Big) = 1.$$

注意． 問 1 は問 2 の特別な場合である．これらの命題をも**大数の法則**という．

§7. ポアソンの小数法則

1. E を確率空間 Ω の確率事象とし,$X=X_E$, $p=p(E)$ とおけば,

$$S^{(n)} = X_1^{(n)} + X_2^{(n)} + \cdots + X_n^{(n)}$$

の分布は (n, p)-二項分布となるのであった.しかしながら

$$B(r\,;\,n,\,p) = \binom{n}{r} p^r (1-p)^{n-r}$$

なる式の計算は,n の大きい場合,かなりやっかいな作業である.そのため,これまでに,いろいろの近似式がくふうされてきた.本節では,そのうち,p が十分小さい場合に用いられる近似式を紹介しようと思う:

定理 1. (n, p)-二項分布の平均値は np であるが,それが一定値 α にひとしいような二項分布ばかりを考えれば,

$$\lim_{p \to 0} B(r\,;\,n,\,p) = \frac{\alpha^r}{r!} e^{-\alpha}$$

が成立する.

これを**ポアソンの小数法則**という.

注意 1. 平均値 $\alpha = np$ を一定にしておくのであるから,$p \to 0$ ならば当然 $n = \dfrac{\alpha}{p} \to \infty$ となる.よって,定理の式の左辺は $\lim_{n \to \infty} B(r\,;\,n,\,p)$ と書いても同じである.

［証明］ $B(r\,;\,n,\,p)$

$$= \binom{n}{r} p^r (1-p)^{n-r}$$

$$= \frac{n(n-1)\cdots(n-r+1)}{r!} \left(\frac{\alpha}{n}\right)^r \left(1 - \frac{\alpha}{n}\right)^{n-r}$$

$$= \frac{\alpha^r}{r!}\left(1-\frac{\alpha}{n}\right)^n \frac{n(n-1)\cdots(n-r+1)}{n^r\left(1-\frac{\alpha}{n}\right)^r}$$

$$= \frac{\alpha^r}{r!}\left(1-\frac{\alpha}{n}\right)^n \frac{1\cdot\left(1-\frac{1}{n}\right)\left(1-\frac{2}{n}\right)\cdots\left(1-\frac{r-1}{n}\right)}{\left(1-\frac{\alpha}{n}\right)^r}.$$

しかるに，微分積分学の教えるところにより

$$\lim_{n\to\infty}\left(1-\frac{\alpha}{n}\right)^n = e^{-\alpha},$$

$$\lim_{n\to\infty} 1\cdot\left(1-\frac{1}{n}\right)\left(1-\frac{2}{n}\right)\cdots\left(1-\frac{r-1}{n}\right) = 1,$$

$$\lim_{n\to\infty}\left(1-\frac{\alpha}{n}\right)^r = 1.$$

よって

$$\lim_{n\to\infty} B(r\,;\,n,\,p) = \frac{\alpha^r}{r!}e^{-\alpha}.$$

この定理により，一般に，(n, p)-二項分布において，p が十分小さければ，実質上

$$B(r\,;\,n,\,p) \fallingdotseq \frac{(np)^r}{r!}e^{-(np)}$$

とみなしてもかまわないことが知られる．一方，$B(r\,;\,n, p)$ そのものにくらべ，$\frac{(np)^r}{r!}e^{-(np)}$ の計算は，通常はるかにたやすいのである．

ところで，I章，§8，例11 で述べたように

$$0\to e^{-\alpha},\ 1\to \alpha e^{-\alpha},\ \cdots,\ r\to\frac{\alpha^r}{r!}e^{-\alpha},\ \cdots$$

なる実確率分布は，α-ポアソン分布とよばれる．この言葉

を用いれば，上の定理は次のようにも述べることができる：

平均値 α の (n, p)-二項分布は，$p \to 0$ のとき，限りなく α-ポアソン分布に近づいていく．

よって，たとえば，事象 E に対して $X = X_E$ とおくとき，確率 $p = p(E)$ が十分小さければ，
$$S^{(n)} = X_1^{(n)} + X_2^{(n)} + \cdots + X_n^{(n)}$$
の分布は，ほぼ (np)-ポアソン分布にひとしいとみなしてもよい．

2. 例． ボルトキエヴィッチ (Bortkiewicz) という人は，プロシャの延べ 200 個の軍団のおのおのについて，1 年間のうちに馬にけられて死亡した兵士の数 r を記録し，下のような表を得た．

r	0	1	2	3	4	5以上
軍団の数	109	65	22	3	1	0

第1表

彼は，このような表が得られた理由を次のように推測している：

いま，1 人の兵士をとり，それが 1 年のうちに馬にけられて死亡するかどうかを調べる，という試行を考える．馬にけられて死亡することを 1 で，そうでないことを 0 で表わせば，根元事象は 1 と 0 との二つである．確率事象 $E = \{1\}$ に対して，$X = X_E$, $p = p(E)$ とおこう．

一つの軍団が n 人の兵士から成るとすれば，一つの軍団の各兵士 $a_1, a_2, \cdots, a_n$ が，1 年のうちに馬にけられて死亡するかどうかを観察するということは，上の試行の n 重試行をおこなうことに

ほかならない．そして，数 r は
$$(X_1^{(n)}+X_2^{(n)}+\cdots+X_n^{(n)})(a_1, a_2, \cdots, a_n)$$
と考えることができる．よって，幾つも幾つも軍団を調べれば，r の算術平均は，$X_1^{(n)}+X_2^{(n)}+\cdots+X_n^{(n)}$ の平均値，すなわち np に近いことが期待されるであろう．ところが，上の表から，200 個の軍団について調べた r の算術平均は

$$\frac{0\times 109+1\times 65+2\times 22+3\times 3+4\times 1}{200} = 0.61$$

である．したがって，以下 $np ≒ 0.61$ とみなすことにする．

また，一つの軍団で，1 年のうちに r 人の兵士が馬にけられて死ぬ，という事象，すなわち $\{X_1^{(n)}+X_2^{(n)}+\cdots+X_n^{(n)}=r\}$ は，その n 重試行を 200 回おこなえば，大体

(*) $\qquad\qquad\qquad 200\times B(r; n, p)$ 回

起ると推察される．しかるに，1 人の兵士をとったとき，それが 1 年間のうちに馬にけられて死ぬなどということは，きわめてまれなことである．よって，p は十分小さいと考えてよい．ゆえに

$$(*) \doteqdot 200\times \frac{(np)^r}{r!}e^{-(np)} \text{ 回}.$$

そこで，この右辺を計算すれば，下のような表が得られる．

r	0	1	2	3	4	5 以上
(*)	108.6	66.2	20.2	4.1	0.6	0.0

第 2 表

これは第 1 表と十分よく一致している．したがって，以上の考察は，なぜ第 1 表のようなものが得られたか，ということに対する一つの説明にはなるであろう．

§8. ラプラスの定理

1. 確率変数 X の標準偏差 $\sigma(X)$（ないしは分散 $V(X)$）は，X の値の $M(X)$ からのくい違いが平均してだいたいどのくらいであるか，ということを測る尺度であった．よって

$$\widetilde{X} = \frac{X - M(X)}{\sigma(X)}$$

なる確率変数は，$\sigma(X)$ を単位として測ったときの，X の値の $M(X)$ からのくい違いを表わすものにほかならない．明らかに

$$\begin{aligned}M(\widetilde{X}) &= \frac{1}{\sigma(X)}(M(X) - M(M(X))) \\ &= \frac{1}{\sigma(X)}(M(X) - M(X)) = 0, \\ V(\widetilde{X}) &= \left(\frac{1}{\sigma(X)}\right)^2 V(X - M(X)) \\ &= \frac{1}{V(X)} V(X) = 1.\end{aligned}$$

この $\widetilde{X}$ は，X のいろいろの性質を調べるのに有用であることが知られている．

本節では，確率事象 E の定義確率変数 $X = X_E$ から $S^{(n)} = X_1^{(n)} + X_2^{(n)} + \cdots + X_n^{(n)}$ をつくり，

$$\widetilde{S}^{(n)} = \frac{S^{(n)} - np}{\sqrt{np(1-p)}} \quad (p = p(E))$$

を考えたとき，これの分布が，大きな n に対してどのようなものになるかを調べてみたいと思う．

2. 定理 1. 任意の実数 α, β $(\alpha \leq \beta)$ に対して

$$\lim_{n\to\infty} p(\{\alpha \leq \widetilde{S}^{(n)} \leq \beta\}) = \int_\alpha^\beta \frac{1}{\sqrt{2\pi}} e^{-\frac{x^2}{2}} dx$$

が成立する.

これを**ラプラスの定理**という.

[証明] 幾つかの段階に分けて進もう. $q=1-p$ とおく.

(i) $\{\alpha \leq \widetilde{S}^{(n)} \leq \beta\} = \left\{ \alpha \leq \dfrac{S^{(n)} - np}{\sqrt{npq}} \leq \beta \right\}$
$= \{\alpha\sqrt{npq} + np \leq S^{(n)} \leq \beta\sqrt{npq} + np\}.$

(ii) $\bar{\alpha} = \alpha\sqrt{npq} + np$, $\bar{\beta} = \beta\sqrt{npq} + np$ とおけば
$$\bar{\alpha} \leq \bar{\beta}.$$
また, $\bar{\alpha} = n\left(\dfrac{\alpha\sqrt{pq}}{\sqrt{n}} + p\right)$, $\dfrac{\alpha\sqrt{pq}}{\sqrt{n}} + p \to p$ $(n\to\infty)$ であるから
$$\bar{\alpha} \to \infty \quad (n\to\infty).$$
同様にして
$$n - \bar{\beta} \to \infty \quad (n\to\infty).$$

(iii) $S^{(n)}$ の分布は (n, p)-二項分布である. いま, 区間 $[\bar{\alpha}, \bar{\beta}]$ にふくまれる負でない整数を小さい方から順に $r_1, r_2, \cdots, r_s$ とおけば, $\bar{\alpha} \leq r_i$, $\bar{\alpha} \to \infty$ $(n\to\infty)$ より
$$r_i \to \infty \quad (n\to\infty) \quad (i=1, 2, \cdots, s).$$
同様にして
$$n - r_i \to \infty \quad (n\to\infty) \quad (i=1, 2, \cdots, s).$$

また, 明らかに

$$\{\alpha \leq \widetilde{S}^{(n)} \leq \beta\} = \{S^{(n)} = r_1\} \cup \{S^{(n)} = r_2\} \cup \cdots \cup \{S^{(n)} = r_s\}.$$

よって

(1) $p(\{\alpha \leq \widetilde{S}^{(n)} \leq \beta\})$
$$= B(r_1; n, p) + B(r_2; n, p) + \cdots + B(r_s; n, p).$$

(iv) 一般に, m を自然数とすれば
$$m! = \sqrt{2\pi} m^{m+\frac{1}{2}} e^{-m} e^{\xi(m)}, \quad \xi(m) \to 0 \ (m \to \infty)$$
なる式が成立する. これを**スターリング** (Stirling) **の公式**という (付録§1にその証明がある).

いま,
$$B(r; n, p) = \binom{n}{r} p^r q^{n-r} = \frac{n!}{r!(n-r)!} p^r q^{n-r}$$

における $n!$, $r!$, $(n-r)!$ にこの公式を適用すれば

(2) $B(r; n, p)$
$$= \frac{\sqrt{2\pi} n^{n+\frac{1}{2}} e^{-n} e^{\xi(n)}}{\sqrt{2\pi} r^{r+\frac{1}{2}} e^{-r} e^{\xi(r)} \sqrt{2\pi} (n-r)^{n-r+\frac{1}{2}} e^{-(n-r)} e^{\xi(n-r)}} p^r q^{n-r}$$

$$= \sqrt{\frac{n}{2\pi r(n-r)}} \left(\frac{np}{r}\right)^r \left(\frac{nq}{n-r}\right)^{n-r} e^{\xi(n) - \xi(r) - \xi(n-r)}.$$

(v) $\bar{\alpha} \leq r_i \leq \bar{\beta}$, すなわち $\alpha\sqrt{npq} + np \leq r_i \leq \beta\sqrt{npq} + np$
であるから
$$\alpha \leq \frac{r_i - np}{\sqrt{npq}} \leq \beta.$$

ここで, 中央の辺を x_i とおけば $\alpha \leq x_i \leq \beta$. したがって, $|\alpha|$, $|\beta|$ の大きい方を M とおけば

$$|x_i| \leq M.$$

また

$$r_i = np + x_i\sqrt{npq}$$

である.

(vi) (2)において $r = r_i$ とおけば

(3) $B(r_i; n, p)$

$$= \sqrt{\frac{n}{2\pi(np+x_i\sqrt{npq})(nq-x_i\sqrt{npq})}}$$

$$\times \left(\frac{np}{np+x_i\sqrt{npq}}\right)^{np+x_i\sqrt{npq}}$$

$$\times \left(\frac{nq}{nq-x_i\sqrt{npq}}\right)^{nq-x_i\sqrt{npq}} e^{\xi(n)-\xi(r_i)-\xi(n-r_i)}$$

$$= \frac{1}{\sqrt{2\pi npq\left(1+\sqrt{\frac{q}{np}}x_i\right)\left(1-\sqrt{\frac{p}{nq}}x_i\right)}}$$

$$\times \frac{1}{\left(1+\sqrt{\frac{q}{np}}x_i\right)^{np+x_i\sqrt{npq}}\left(1-\sqrt{\frac{p}{nq}}x_i\right)^{nq-x_i\sqrt{npq}}}$$

$$\times e^{\xi(n)-\xi(r_i)-\xi(n-r_i)}.$$

便宜上,この右辺の三つの因数のうちの最初の二つをそれぞれ A, B とおく.

(vii) 明らかに

$$\log A = -\frac{1}{2}\Big\{\log(2\pi npq) + \log\Big(1+\sqrt{\frac{q}{np}}x_i\Big) + \log\Big(1-\sqrt{\frac{p}{nq}}x_i\Big)\Big\}.$$

一方，$\alpha \leq x_i \leq \beta$ より

$$\sqrt{\frac{q}{np}}\alpha \leq \sqrt{\frac{q}{np}}x_i \leq \sqrt{\frac{q}{np}}\beta,$$

$$\sqrt{\frac{p}{nq}}\alpha \leq \sqrt{\frac{p}{nq}}x_i \leq \sqrt{\frac{p}{nq}}\beta.$$

ゆえに，n を十分大きくとれば $\left|\sqrt{\frac{q}{np}}x_i\right|, \left|\sqrt{\frac{p}{nq}}x_i\right| < 1$ となる．よって，n が十分大きい場合には，$\log\left(1+\sqrt{\frac{q}{np}}x_i\right)$, $\log\left(1-\sqrt{\frac{p}{nq}}x_i\right)$ に平均値の定理[1]を用いることができる．したがって

$$\log A = -\frac{1}{2}\left\{\log(2\pi npq) + \frac{1}{1+\theta\sqrt{\frac{q}{np}}x_i}\sqrt{\frac{q}{np}}x_i\right.$$

$$\left. - \frac{1}{1-\theta'\sqrt{\frac{p}{nq}}x_i}\sqrt{\frac{p}{nq}}x_i\right\} \quad (0<\theta<1,\ 0<\theta'<1),$$

$$\left|\log A + \frac{1}{2}\log(2\pi npq)\right| \leq \frac{1}{1-C}\sqrt{\frac{q}{np}}M + \frac{1}{1-D}\sqrt{\frac{p}{nq}}M$$

$$\left(\begin{array}{l}C = \max\left\{\sqrt{\frac{q}{np}}|\alpha|,\ \sqrt{\frac{q}{np}}|\beta|\right\}\\ D = \max\left\{\sqrt{\frac{p}{nq}}|\alpha|,\ \sqrt{\frac{p}{nq}}|\beta|\right\}\end{array}\right).$$

ゆえに，

---

1) $\log(1+x) = \log(1+x) - \log 1 = \dfrac{x}{1+\theta x}$ $(0<\theta<1)$

$$\log A = -\frac{1}{2}\log(2\pi npq) + \eta_i(n)$$

とおけば，$\eta_i(n) \to 0$ $(n \to \infty)$ である．こうして

$$A = e^{-\frac{1}{2}\log(2\pi npq) + \eta_i(n)} = \frac{1}{\sqrt{2\pi}\sqrt{npq}}e^{\eta_i(n)},$$

$$\eta_i(n) \to 0 \quad (n \to \infty)$$

が得られた．

(viii) $\log B$ をとって全く同様に考えれば

$$B = e^{-\frac{1}{2}x_i^2}e^{\zeta_i(n)}, \quad \zeta_i(n) \to 0 \quad (n \to \infty)$$

と書きうることが知られる（平均値の定理の代りに，テーラーの定理を用いる）．

(ix) (vii), (viii)を合わせれば，(3)は次のように変形される：

$$B(r_i; n, p) = \frac{1}{\sqrt{2\pi}}e^{-\frac{1}{2}x_i^2}\frac{1}{\sqrt{npq}}e^{\xi(n)-\xi(r_i)-\xi(n-r_i)+\eta_i(n)+\zeta_i(n)}.$$

ここに，$\varepsilon_i(n) = \xi(n) - \xi(r_i) - \xi(n - r_i) + \eta_i(n) + \zeta_i(n)$ とおけば，$\varepsilon_i(n) \to 0$ $(n \to \infty)$．よって，$|\varepsilon_1(n)|$, $|\varepsilon_2(n)|$, $\cdots$, $|\varepsilon_s(n)|$ のうちの一番大きいものを $\varepsilon(n)$ とおけば $\varepsilon(n) \to 0$ $(n \to \infty)$．これより

(4) $\quad \dfrac{1}{\sqrt{2\pi}}e^{-\frac{1}{2}x_i^2}\dfrac{1}{\sqrt{npq}}e^{-\varepsilon(n)} \leq B(r_i; n, p)$

$$\leq \frac{1}{\sqrt{2\pi}}e^{-\frac{1}{2}x_i^2}\frac{1}{\sqrt{npq}}e^{\varepsilon(n)},$$

$$\varepsilon(n) \to 0 \quad (n \to \infty)$$

をうる．

$$y = \frac{1}{\sqrt{2\pi}} e^{-\frac{1}{2}x^2}$$

$$\sum_{i=1}^{s} \frac{1}{\sqrt{2\pi}} e^{-\frac{1}{2}x_i^2} \frac{1}{\sqrt{npq}}$$

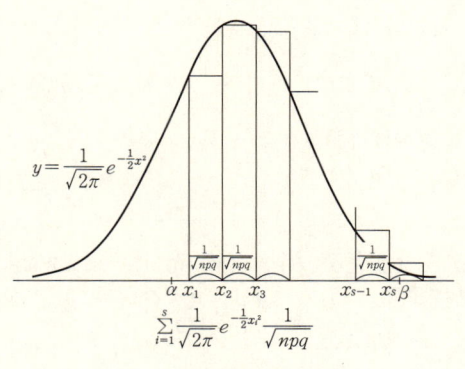

第13図

（x）(4)における i を 1 から s まで動かして辺々加えれば，(1)より

$$\left(\sum_{i=1}^{s} \frac{1}{\sqrt{2\pi}} e^{-\frac{1}{2}x_i^2} \frac{1}{\sqrt{npq}} \right) e^{-\varepsilon(n)}$$
$$\leq p(\{\alpha \leq \widetilde{S}^{(n)} \leq \beta\})$$
$$\leq \left(\sum_{i=1}^{s} \frac{1}{\sqrt{2\pi}} e^{-\frac{1}{2}x_i^2} \frac{1}{\sqrt{npq}} \right) e^{\varepsilon(n)}.$$

（xi）(iii), (v)より，$\alpha \leq x_1 < x_2 < \cdots < x_s \leq \beta$ で，かつ x_i と x_{i+1} との間隔は $\dfrac{1}{\sqrt{npq}}$ にひとしい（第13図）．また，$x_1 - \alpha$, $\beta - x_s$ は $\dfrac{1}{\sqrt{npq}}$ よりも小である．よって

$$\sum_{i=1}^{s} \frac{1}{\sqrt{2\pi}} e^{-\frac{1}{2}x_i^2} \frac{1}{\sqrt{npq}} \to \int_{\alpha}^{\beta} \frac{1}{\sqrt{2\pi}} e^{-\frac{1}{2}x^2} dx \quad (n \to \infty).$$

一方, $\varepsilon(n)\to 0$ $(n\to\infty)$. ゆえに
$$p(\{\alpha\leq\widetilde{S}^{(n)}\leq\beta\}) \to \int_\alpha^\beta \frac{1}{\sqrt{2\pi}}e^{-\frac{1}{2}x^2}dx \quad (n\to\infty).$$
こうして定理は証明された.

注意 1. この定理は
$$\widetilde{S}^{(n)} = \frac{S^{(n)}-np}{\sqrt{npq}}$$
の分布が, n を大きくすればする程, $(0, 1)$-ガウス分布（I 章, §8, 例 11 参照）に近づいていくことを示している.

注意 2. n が十分大きければ, 実質上
$$p(\{\alpha\leq\widetilde{S}^{(n)}\leq\beta\}) \fallingdotseq \int_\alpha^\beta \frac{1}{\sqrt{2\pi}}e^{-\frac{1}{2}x^2}dx$$
とみなしても支障はない. しかるに
$$p(\{\alpha\leq\widetilde{S}^{(n)}\leq\beta\}) = p(\{\alpha\sqrt{npq}+np\leq S^{(n)}\leq\beta\sqrt{npq}+np\}).$$
よって, n が十分大きければ
$$p(\{\alpha\sqrt{npq}+np\leq S^{(n)}\leq\beta\sqrt{npq}+np\})$$
$$\fallingdotseq \int_\alpha^\beta \frac{1}{\sqrt{2\pi}}e^{-\frac{1}{2}x^2}dx.$$
それゆえ, 一般に, 確率変数 Y が $S^{(n)}$ と同じ分布, すなわち (n, p)-二項分布をもてば
(∗) $\qquad p(\{\alpha\sqrt{npq}+np\leq Y\leq\beta\sqrt{npq}+np\})$
$$\fallingdotseq \int_\alpha^\beta \frac{1}{\sqrt{2\pi}}e^{-\frac{1}{2}x^2}dx$$
であることがわかる. したがって, ラプラスの定理は, 二項分布の一つの近似計算法をも提供するのである.

注意 3. ラプラスの定理は, 確率事象の定義確率変数 X_E に関するものであるが, これは, そのまま一般の確率変数の場合にも拡張することができる:

X を任意の確率変数とし，$S^{(n)} = X_1^{(n)} + X_2^{(n)} + \cdots + X_n^{(n)}$ とおけば，

$$\lim_{n \to \infty} p(\{\alpha \leq \widetilde{S}^{(n)} \leq \beta\}) = \int_\alpha^\beta \frac{1}{\sqrt{2\pi}} e^{-\frac{1}{2}x^2} dx.$$

しかし，その証明は省略することにしよう．なお，VI章，§7, 6. を参照されたい．

注意 4. $y = \dfrac{1}{\sqrt{2\pi}} e^{-\frac{1}{2}x^2}$ の正確なグラフは第 14 図のごとくである．

3. 例. "いとぐち" における例 4 の試行を考える．その根元

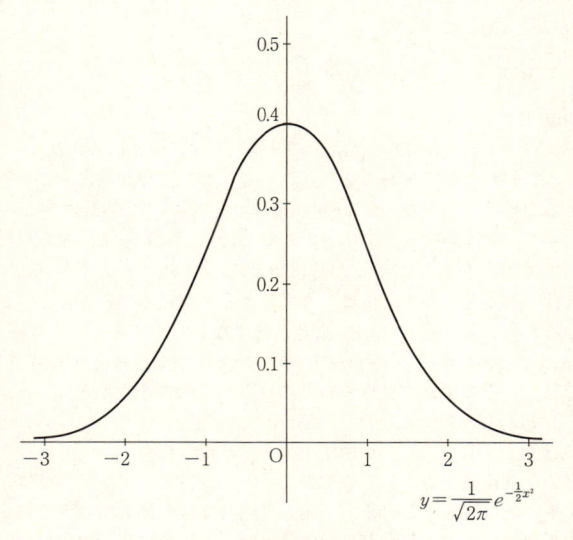

$$y = \frac{1}{\sqrt{2\pi}} e^{-\frac{1}{2}x^2}$$

第 14 図

事象は，正の実数の全体であった．いま，各区間（点区間，無限区間をふくむ）に対して，各根元事象 x がそれに属するか否かを指標にとることにすれば（I章，§8，例4を参照），その場合の確率事象のリストは次の通りである：

(1)　点区間 $\{c\}$　$(c>0)$

(2)　区間 $[a, b]$, $[a, b[$, $]a, b]$, $]a, b[$　$(a>0)$

(3)　無限区間 $[a, \infty[$, $]a, \infty[$　$(a>0)$

(4)　(1)，(2)，(3)の型のものの有限個の和事象

(5)　全事象，空事象．

このとき，経験上，次のことが知られている：その物体の真の重さが m であれば，適当に $\sigma>0$ をとるとき，いかなる区間 $[a, b]$ $(a>0)$ に対しても

$$p([a,\ b]) \fallingdotseq \int_a^b \frac{1}{\sqrt{2\pi}} e^{-\frac{(x-m)^2}{2\sigma^2}} dx$$

が成立する．

クロフトン（Krofton）は，この理由を次のように考えた：

われわれが測定をおこなうとき，それが全く理想的におこなわれるならば，当然真の値 m が測定値として得られるはずである．しかし，実際問題としてそういかないのは，もちろん，測定に際して誤差が介入してくるからにほかならない．クロフトンによれば，測定というものには，非常に多くの誤差の"みなもと"がひそんでいる．それらは，測定がおこなわれるごとに，ε か $-\varepsilon$（ε は十分小）かのいずれかの，きわめて微小な誤差をうみ出す．そして，そのように各みなもとのうみ出した微小な誤差 $a_1, a_2, \cdots, a_n$ が真の値 m に加わって，

(*)　　　　　　$m+(a_1+a_2+\cdots+a_n)$

という測定値が得られるのである．

もっとはっきりといえば：測定に際しては，知らないうちに，ある種の付随的な試行が自動的に行われる．その根元事象は，ε,

$-\varepsilon$ の n 個（n は十分大）の組 $(a_1, a_2, \cdots, a_n)$ である．そして，結果として $(a_1, a_2, \cdots, a_n)$ という根元事象が得られた場合の測定値は $(*)$ にひとしい．

ここで，その付随的な試行の根元事象（全部で 2^n 個ある）は，すべて同程度に確からしいとする．指標は，根元事象それ自身と考えておくと便利である．さて，

$X((a_1, a_2, \cdots, a_n)) = a_1 + a_2 + \cdots + a_n$

$Y((a_1, a_2, \cdots, a_n)) = a_1, a_2, \cdots, a_n$ のうちの ε の個数

とおけば，もちろん X, Y は確率変数であって，しかも，たやすく知られるように，Y の分布は $\left(n, \dfrac{1}{2}\right)$-二項分布にひとしい．また，$X$ のとりうる値は

$$-n\varepsilon, \ -(n-2)\varepsilon, \ \cdots, \ -(n-2k)\varepsilon, \ \cdots, \ n\varepsilon.$$

そして，$X((a_1, a_2, \cdots, a_n)) = -(n-2k)\varepsilon$ とは，$a_1, a_2, \cdots, a_n$ のうちの k 個が ε にひとしく，他の $(n-k)$ 個が $-\varepsilon$ にひとしいということにほかならない．よって

$$\{X = -(n-2k)\varepsilon\} = \{Y = k\},$$

$$p(\{c \leqq X \leqq d\}) = p\left(\left\{\frac{1}{2}\left(\frac{c}{\varepsilon} + n\right) \leqq Y \leqq \frac{1}{2}\left(\frac{d}{\varepsilon} + n\right)\right\}\right)$$

$$= p\left(\left\{\frac{c}{\varepsilon\sqrt{n}}\sqrt{n \cdot \frac{1}{2} \cdot \frac{1}{2}} + n \cdot \frac{1}{2} \leqq Y\right.\right.$$

$$\left.\left. \leqq \frac{d}{\varepsilon\sqrt{n}}\sqrt{n \cdot \frac{1}{2} \cdot \frac{1}{2}} + n \cdot \frac{1}{2}\right\}\right).$$

しかるに，n は十分大きく，Y の分布は $\left(n, \dfrac{1}{2}\right)$-二項分布であるから，注意 2 の $(*)$ において $\alpha = \dfrac{c}{\varepsilon\sqrt{n}}$，$\beta = \dfrac{d}{\varepsilon\sqrt{n}}$，$p = q = \dfrac{1}{2}$ とおくとき

$$p(\{c \leqq X \leqq d\}) \fallingdotseq \int_{\frac{c}{\varepsilon\sqrt{n}}}^{\frac{d}{\varepsilon\sqrt{n}}} \frac{1}{\sqrt{2\pi}} e^{-\frac{x^2}{2}} dx$$

$$= \int_c^d \frac{1}{\sqrt{2\pi}\varepsilon\sqrt{n}} e^{-\frac{x^2}{2(\varepsilon\sqrt{n})^2}} dx.$$

ところで，測定値が区間 $[a, b]$ に属するとは，上の説明から

$$\{(a_1, a_2, \cdots, a_n) | a \leq m + (a_1 + a_2 + \cdots + a_n) \leq b\}$$
$$= \{(a_1, a_2, \cdots, a_n) | a \leq m + X((a_1, \cdots, a_n)) \leq b\}$$
$$= \{a \leq m + X \leq b\}$$
$$= \{a - m \leq X \leq b - m\}$$

なる事象が起るということと同じである．ゆえに，$\varepsilon\sqrt{n} = \sigma$ とおけば

$$p([a, b]) \fallingdotseq \int_{a-m}^{b-m} \frac{1}{\sqrt{2\pi}\varepsilon\sqrt{n}} e^{-\frac{x^2}{2(\varepsilon\sqrt{n})^2}} dx$$
$$= \int_a^b \frac{1}{\sqrt{2\pi}\sigma} e^{-\frac{(x-m)^2}{2\sigma^2}} dx$$

が得られる．

問 1. (viii) を証明せよ．

問 2. 確率事象 E の定義確率変数 X_E を X とし，$T^{(n)} = X_1^{(\infty)} + X_2^{(\infty)} + \cdots + X_n^{(\infty)}$ とおけば

$$\lim_{n \to \infty} p(\{\alpha \leq \tilde{T}^{(n)} \leq \beta\}) = \int_\alpha^\beta \frac{1}{\sqrt{2\pi}} e^{-\frac{x^2}{2}} dx$$

が成立することを示せ（これをもラプラスの定理という）．

演習問題 IV

1. ここに N 個の製品があり，その中に R 個 $(0 < R < N)$ の不良品が入っている．全製品の中からでたらめに 1 個とり出し，それをもとへもどすことなくもう 1 個とり出し，以下同様にして，総計 n 個 $(n \leq N)$ の製品をとり出すという試行を考える．根元事象はとり出された製品の列 $(a_1, a_2, \cdots, a_n)$ である．各根元事象は同程度のたしからしさをもつとし，指標を根元事象それ自身としよう．このとき

$$X_i((a_1, a_2, \cdots, a_n)) = \begin{cases} 1 & (a_i \text{ が不良品}) \\ 0 & (a_i \text{ が良品}) \end{cases} \quad (i=1, 2, \cdots, n)$$
$$S = X_1 + X_2 + \cdots + X_n$$

とおけば

$$p(\{S=r\}) = \frac{\binom{R}{r}\binom{N-R}{n-r}}{\binom{N}{n}} \quad (0 \leq r \leq n)$$

が成立することを示せ. ただし, $a<b$ ならば $\binom{a}{b}=0$ とする.
(**注**. 事象 $\{S=r\}$ は, 根元事象 $(a_1, a_2, \cdots, a_n)$ の中に不良品が r 個ふくまれるという事柄を表わす.)

2. 前問において, $\dfrac{R}{N}=p$ を一定とし, $N \to \infty$ ならしめれば, $p(\{S=r\})$ は $\binom{n}{r} p^r (1-p)^{n-r}$ に収束することを示せ.

注意. われわれは, "いとぐち"の終りにおいて, 1. の N が 30,000, n が 50 となった場合を考えた. 2. を用いて計算すれば, $\dfrac{R}{N} \leq \dfrac{1}{3}$, すなわち $R \leq 10,000$ のとき,
$$p(\{S \geq 22\}) \leq 0.075 < 0.08$$
であることが知られる.

3. 二つの根元事象 a, b をもつ試行を考え, 指標を根元事象それ自身とする. その n 重試行の根元事象 $(c_1, c_2, \cdots, c_n)$ に対して, $c_1=c_2=\cdots=c_r \neq c_{r+1}$ なる数 r を $X((c_1, c_2, \cdots, c_n))$ とおく. このとき, X の分布および $M(X), V(X)$ を求めよ.

4. X, Y を同じ確率空間 Ω の上の確率変数とし, それらはそれぞれただ二つの値しかとらないものとする. このとき, もし $C(X, Y)=0$ ならば, X と Y とは独立となることを示せ.

5. $X_1, X_2, \cdots, X_n$ を同じ確率空間 Ω の上の確率変数とし, $f(x_1, x_2, \cdots, x_n)$ を一つの n 変数の関数とする. このとき, Ω の元 a に対して
$$Z(a) = f(X_1(a), X_2(a), \cdots, X_n(a))$$

とおけば，Z はまた確率変数となることを示せ．このような確率変数を $f(X_1, X_2, \cdots, X_n)$ で表わす．$X_1, X_2, \cdots, X_n, Y_1, Y_2, \cdots, Y_m$ が独立であれば，$f(X_1, X_2, \cdots, X_n)$，$g(Y_1, Y_2, \cdots, Y_m)$ は独立であることを証明せよ．

6. ある人が A, B という二つのものをもっている．いま，これらの一つをでたらめに選ぶという試行を考えよう．根元事象 A, B は同程度のたしからしさをもつとし，指標は根元事象それ自身であるとする．いま，この $(2N+1)$ 重試行（N は自然数）をおこなうとき，どちらかが $N+1$ 回あらわれる間に，他方が $N-r$ 回（$0 \leqq r \leqq N$）あらわれるという事象を E_r とすれば，その確率は幾らになるか．（注．これをバナッハ（Banach）のマッチ箱の問題という．その意味は次の通りである：上の A, B をマッチ箱であると考え，それらには，はじめそれぞれ N 本のマッチが入っているとする．箱を選ぶごとに，その中のマッチを 1 本ずつとり去るものとすれば，$p(E_r)$ は，そのくりかえしの過程において，選ばれた箱が空であることがわかったとき，他方の箱に r 本マッチが残っている確率にひとしい．）

7. 前問における $(2N+1)$ 重試行の根元事象 $(a_1, a_2, \cdots, a_{2N+1})$ が E_r に属するとき，$X((a_1, a_2, \cdots, a_{2N+1}))=r$ とおく．この X の平均値 $M(X)$ を求めよ．

V. マルコフ連鎖

　一連の実験の系列があって，各実験の結果，いろいろのことの起る可能性の程度が，それ以前になされた実験の結果のいかんにより変化をうけることがある．

　たとえば，ここにA, Bという二つの壺があって，それらの中には，同じ大きさの黒玉と白玉とが何個かずつ入っているとする．そして，各壺の中からでたらめに一つずつ玉をとり出し，AからとられたものをBへ，BからとられたものをAへ入れて，その結果のAの中の黒玉の数を勘定する，という実験をくりかえす．このとき，それまでの実験で，Aの中に黒玉が3個入っているとすれば，いまその実験をおこなうとき，その結果として，Aの中の黒玉の数が突如として1個になる可能性は絶対にないであろう．しかし，もしAの中の黒玉の数が2個であれば，実験の結果，それが1個になる可能性は，多くはないにしてもないということはないであろう．

　本章では，このように，各回の実験の結果，いろいろのことの起る可能性の程度が，それ以前の実験の結果に依存するような実験の系列を考えることにする．表題のマルコフ連鎖とは，このようなものを理想化した概念にほかならない．

§1. 単純マルコフ連鎖

1. 上に述べた壺の実験の系列

$$(*) \qquad \mathfrak{E}_1, \ \mathfrak{E}_2, \ \cdots, \ \mathfrak{E}_n, \ \cdots$$

を考える．簡単のために，黒玉の総数，白玉の総数，およ

び A, B それぞれにおける玉の総数を, すべて一定数 a (>0) にひとしいとおく. 各 $\mathfrak{E}_n$ の結果は, 壺 A の中の黒玉の数 $0, 1, 2, \cdots, a$ である. これを, 系列 (*) の**状態**といい,

$$\omega_1, \omega_2, \cdots, \omega_{a+1}$$

で表わす: $\omega_i = i-1$. このとき, 次のような分析をすすめることができる:

(i) $\mathfrak{E}_{k-1}$ ($k>1$) の結果が $\omega_i = i-1$ であれば, $\mathfrak{E}_k$ において, たとえば A から白玉が抜かれ, B から黒玉が抜かれる確率は

(**) $$\frac{a-i+1}{a} \cdot \frac{a-i+1}{a}.$$

よって, $\mathfrak{E}_k$ の結果として A の中の黒玉の数が i となる確率, すなわち ω_{i+1} が起る確率は (**) にひとしい.

同様にして, $\mathfrak{E}_{k-1}$ の結果 ω_i が定まったとき, いかなる ω_j ($j=1, 2, \cdots, a+1$) に対しても, それが $\mathfrak{E}_k$ の結果として起る確率を計算することができる. これを

$$p(i \to j)$$

で表わす. これが k (>1) に無関係であることはいうまでもない.

したがって, 各 $\mathfrak{E}_k$ ($k>1$) は, $\mathfrak{E}_{k-1}$ の結果 ω_i がきまれば, 次のような試行と考えることができる:

(1) 根元事象は $\omega_1, \omega_2, \cdots, \omega_{a+1}$ である.
(2) 指標は, 根元事象それ自身である[1].

---

1) 根元事象たる "状態" の一側面だけではなく, どういう状態が出たかということ, すなわち, 状態それ自身が注目されるからで

(3)　$p(\{\omega_j\}) = p(i \to j)$.

（ⅱ）　$\mathfrak{E}_2$ 以下の実験は，直前の実験のおこなわれた壺に対して直接おこなわれる．しかし，$\mathfrak{E}_1$ の前には実験はないのであるから，$\mathfrak{E}_1$ をはじめる前に，各壺にどのようにして玉を入れるかを定めておかなくてはならない．もちろん，それにはいろいろの方法がありうるであろう．たとえば：

（a）　A に黒玉ばかり，B に白玉ばかり入れる．

（b）　2α 個の玉をでたらめに半分に分けて，A，B に入れる．

（c）　A には黒玉を 2 個だけ入れ，あとの $\alpha-2$ 個は白玉ばかりとする．もちろん，B には残った玉を入れる．

しかし，ともかくも，$\mathfrak{E}_1$ が一つの試行，すなわち，同じ条件の下でくりかえしがきくようなもの，とみなしうるように玉の入れ方を定めるのが常識的である．さもないと，(*)のような系列は，同じ条件の下でくりかえすことができず，したがって一般的な議論ができないことになってしまうからである．上の(a)，(b)，(c)が，いずれもこの要求にかなうものであることはいうまでもない．

ところで，われわれの目標は，もちろん(*)のような系列について，そのような一般的な議論をすることである．したがって，$\mathfrak{E}_1$ は，次の条件をみたすような試行であると仮定してよいであろう：

（1）　根元事象は ω_1, ω_2, $\cdots$, $\omega_{\alpha+1}$ である．

　　ある．

(2) 指標は, 根元事象それ自身である.

2. ある実験の系列

(*) $\mathfrak{E}_1, \mathfrak{E}_2, \cdots, \mathfrak{E}_n, \cdots$

において, その各実験の結果として可能なものがすべて共通で, しかもそれらが有限個であるとする. このとき, そのおのおの $\omega_1, \omega_2, \cdots, \omega_N$ を(*)の**状態**という. また, 状態の全体を Ω で表わす: $\Omega = \{\omega_1, \omega_2, \cdots, \omega_N\}$.

さて, かような系列(*)に対し, 次の(A), (B)をみたすような数

$$p(i) \ (i=1, 2, \cdots, N),$$
$$p(i \to j) \ (i, j=1, 2, \cdots, N)$$

が存在するならば, (*)は**単純マルコフ系列**であるといわれる:

(A) $\mathfrak{E}_1$ は次のような試行である:

(1) 根元事象は $\omega_1, \omega_2, \cdots, \omega_N$ である.

(2) 指標は, 根元事象それ自身である.

(3) $p(\{\omega_i\}) = p(i)$.

(B) 各 $\mathfrak{E}_k \ (k>1)$ は, 直前の実験 $\mathfrak{E}_{k-1}$ の結果 ω_i がきまれば, 次のような試行と考えることができる:

(1) 根元事象は $\omega_1, \omega_2, \cdots, \omega_N$ である.

(2) 指標は, 根元事象それ自身である.

(3) $p(\{\omega_j\}) = p(i \to j)$.

$p(i)$ を系列(*)における ω_i の**初期確率**, $p(i \to j)$ を(*)における ω_i から ω_j への**遷移確率**という. 明らかに

$$\sum_{i=1}^{N} p(i) = 1, \qquad 1 \geqq p(i) \geqq 0 \qquad (i=1, 2, \cdots, N).$$

$$\sum_{j=1}^{N} p(i \to j) = 1, \quad 1 \geqq p(i \to j) \geqq 0 \quad (i, j=1, 2, \cdots, N).$$

また,次のような表を,(*)の**遷移行列**と称する:

$$\begin{bmatrix} p(1\to 1) & p(1\to 2) & \cdots & p(1\to N) \\ p(2\to 1) & p(2\to 2) & \cdots & p(2\to N) \\ \cdots & \cdots & \cdots & \cdots \\ p(N\to 1) & p(N\to 2) & \cdots & p(N\to N) \end{bmatrix}.$$

注意 1. 一般に,n^2 個の数を次のように並べてできる表のことを,n 次の**行列**という:

$$\begin{bmatrix} a_{11} & a_{12} & \cdots & a_{1j} & \cdots & a_{1n} \\ a_{21} & a_{22} & \cdots & a_{2j} & \cdots & a_{2n} \\ \vdots & \vdots & & \vdots & & \vdots \\ a_{i1} & a_{i2} & \cdots & a_{ij} & \cdots & a_{in} \\ \vdots & \vdots & & \vdots & & \vdots \\ a_{n1} & a_{n2} & \cdots & a_{nj} & \cdots & a_{nn} \end{bmatrix}.$$

これにおいて,a_{ij} はその **(i, j) 要素**,$a_{i1}, a_{i2}, \cdots, a_{in}$ はその**第 i 行**,また,$a_{1j}, a_{2j}, \cdots, a_{nj}$ はその**第 j 列**といわれる.したがって,(i, j) 要素は,第 i 行と第 j 列との交叉点に位置する数にほかならない.

遷移行列は N 次の行列の一種である.

例 1. 前項 1. で述べた実験の系列は,単純マルコフ系列である.ただし初期確率は適当に定めなくてはならない.その遷移行列は次のような形になる:

$$\begin{bmatrix} 0 & 1 & 0 & \cdots & 0 & 0 \\ \dfrac{1}{\alpha^2} & \dfrac{2(\alpha-1)}{\alpha^2} & \dfrac{(\alpha-1)^2}{\alpha^2} & \cdots & 0 & 0 \\ 0 & \dfrac{4}{\alpha^2} & \dfrac{4(\alpha-2)}{\alpha^2} & \cdots & 0 & 0 \\ \cdots & \cdots & \cdots & \cdots & \cdots & \cdots \\ 0 & 0 & 0 & \cdots & 1 & 0 \end{bmatrix}$$

すなわち, $p(1\to 1)=0$, $p(1\to 2)=1$, $p(\alpha+1\to\alpha+1)=0$, $p(\alpha+1\to\alpha)=1$；一般に, $p(k\to k-1)=\dfrac{(k-1)^2}{\alpha^2}$ $(k>1)$, $p(k\to k)=\dfrac{2(k-1)(\alpha-k+1)}{\alpha^2}$, $p(k\to k+1)=\dfrac{(\alpha-k+1)^2}{\alpha^2}$ $(k<\alpha+1)$, 他の $p(i\to j)$ は 0.

例 2. A と B との 2 人があるゲームをする. A, B が勝つ確率は, それぞれ $\dfrac{1}{2}$ である. 2 人ははじめに 3 点ずつもっている. そして, 負けた方が勝った方に 1 点を支払うのである. しかし, 手持ちが 0 点のときは支払わなくてもよい.

いま, その 2 人がこのゲームをおこない, A の点数を記録する, という操作をくりかえすことにすれば, これは次のような一つの単純マルコフ系列と考えることができる:

(1) 状態 0, 1, 2, $\cdots$, 6 (これらを ω_1, ω_2, $\cdots$, ω_7 とおく).

(2) $p(3)=p(5)=\dfrac{1}{2}$, $p(1)=p(2)=p(4)=p(6)=p(7)=0$.

(3) 遷移行列は

$$\begin{bmatrix} 1/2 & 1/2 & 0 & 0 & 0 & 0 & 0 \\ 1/2 & 0 & 1/2 & 0 & 0 & 0 & 0 \\ 0 & 1/2 & 0 & 1/2 & 0 & 0 & 0 \\ 0 & 0 & 1/2 & 0 & 1/2 & 0 & 0 \\ 0 & 0 & 0 & 1/2 & 0 & 1/2 & 0 \\ 0 & 0 & 0 & 0 & 1/2 & 0 & 1/2 \\ 0 & 0 & 0 & 0 & 0 & 1/2 & 1/2 \end{bmatrix}.$$

例3. トランプを切る操作の系列

$$\mathfrak{E}_1, \mathfrak{E}_2, \cdots, \mathfrak{E}_n, \cdots$$

を考える．その状態は，トランプの52枚のカードのあらゆる可能な順列

$$\omega_1, \omega_2, \cdots, \omega_N \quad (N=52!)$$

である．このとき，一つの順列 ω_i のトランプがあたえられたならば，それを1回切って各順列 ω_j がえられる可能性の程度は，人によってそれぞれだいたい一定していると考えられるであろう．すなわち，1人の人を定めれば，(B) をみたすような数 $p(i \to j)$ があるとみなすことができる．したがって，初期確率を任意に定めれば，この系列は単純マルコフ系列となるわけである．

例4. サイコロ投げの試行を $\mathfrak{E}$ とし，指標を根元事象それ自身とする．いま六つの根元事象を $\omega_1, \omega_2, \cdots, \omega_6$ とおく．このとき，その試行の無限回のくりかえし，すなわち無限多重試行

$$\mathfrak{E}, \mathfrak{E}, \cdots, \mathfrak{E}, \cdots$$

は，次のような単純マルコフ系列と考えることができる：

(1) 状態は $\omega_1, \omega_2, \cdots, \omega_6$.

(2) $p(i) = \dfrac{1}{6}$.

(3) $p(i \to j) = \dfrac{1}{6}$.

全く同様に，次のことがわかる：$\mathfrak{E}$ を一つの試行とし，その根元事象が $\omega_1, \omega_2, \cdots, \omega_N$ の有限個で，かつ指標は根元事象それ自身とする．このとき，$p((\omega_i)) = p(i)$ とおけば，その無限多重試行

$$\mathfrak{E}, \mathfrak{E}, \cdots, \mathfrak{E}, \cdots$$

は，次のような単純マルコフ系列とみなすことができる：

(1) 状態は $\omega_1, \omega_2, \cdots, \omega_N$.

(2) ω_i の初期確率は $p(i)$ $(i=1, 2, \cdots, N)$.

(3) $p(i \to j) = p(j)$ $(i, j=1, 2, \cdots, N)$.

このようなものを，試行 $\mathfrak{E}$ から得られる**単純マルコフ系列**という．

例5. サイコロと銅貨があるとし，次のような実験の系列を考える：まず，サイコロを振って目の数を記録し，次に銅貨を投げてその表裏を記録する．以下同様に，サイコロ，銅貨と交互にくりかえしていく．これが，次のような単純マルコフ系列であることは明らかであろう：

(1) 状態は 1, 2, 3, 4, 5, 6, 表, 裏 (これらをそれぞれ $\omega_1, \omega_2, \cdots, \omega_6, \omega_7, \omega_8$ とおく).

(2) $p(1) = p(2) = \cdots = p(6) = \dfrac{1}{6}$, $p(7) = p(8) = 0$.

(3) 遷移行列は

$$\begin{bmatrix} 0 & 0 & 0 & 0 & 0 & 0 & 1/2 & 1/2 \\ 0 & 0 & 0 & 0 & 0 & 0 & 1/2 & 1/2 \\ 0 & 0 & 0 & 0 & 0 & 0 & 1/2 & 1/2 \\ 0 & 0 & 0 & 0 & 0 & 0 & 1/2 & 1/2 \\ 0 & 0 & 0 & 0 & 0 & 0 & 1/2 & 1/2 \\ 0 & 0 & 0 & 0 & 0 & 0 & 1/2 & 1/2 \\ 1/6 & 1/6 & 1/6 & 1/6 & 1/6 & 1/6 & 0 & 0 \\ 1/6 & 1/6 & 1/6 & 1/6 & 1/6 & 1/6 & 0 & 0 \end{bmatrix}$$

3. 一般に，有限個の元から成る集合

$$\Omega = \{\omega_1, \omega_2, \cdots, \omega_N\}$$

に，次の条件を満足するような数

$$p(i) \quad (i=1, 2, \cdots, N),$$
$$p(i \to j) \quad (i, j=1, 2, \cdots, N)$$

が付随せしめられたならば，その総体

$$\{\Omega, p(i), p(i \to j)\}$$

のことを**単純マルコフ連鎖**という：

(1) $\sum_{i=1}^{N} p(i) = 1$, $1 \geq p(i) \geq 0$ $(i=1, 2, \cdots, N)$.

(2) $\sum_{j=1}^{N} p(i \to j) = 1$, $1 \geq p(i \to j) \geq 0$ $(i, j=1, 2, \cdots, N)$.

単純マルコフ連鎖は

$$\mathfrak{M}, \mathfrak{N}, \cdots$$

などのような，ドイツ大文字で表わされるのが普通である．

単純マルコフ系列があれば，それから一つの単純マルコフ連鎖が定義できることはいうまでもない．これを，その単純マルコフ系列に対応する**単純マルコフ連鎖**という．この場合，もとの単純マルコフ系列を，その単純マルコフ連鎖の**具体的な背景**ということもある．

単純マルコフ系列に対する用語は，そのまま単純マルコフ連鎖に対しても用いられる．すなわち，まず，単純マルコフ連鎖

$$\mathfrak{M} = \{\Omega, p(i), p(i \to j)\}$$

において，Ω の元 $\omega_1, \omega_2, \cdots, \omega_N$ は $\mathfrak{M}$ の状態といわれる．また，$p(i)$ を $\mathfrak{M}$ における ω_i の**初期確率**，$p(i \to j)$ を $\mathfrak{M}$ における ω_i から ω_j への**遷移確率**という．さらに，$p(i \to j)$ から作られた次のような行列を，その**遷移行列**とよぶ：

$$\begin{bmatrix} p(1 \to 1) & p(1 \to 2) & \cdots & p(1 \to N) \\ p(2 \to 1) & p(2 \to 2) & \cdots & p(2 \to N) \\ \cdots & \cdots & \cdots & \cdots \\ p(N \to 1) & p(N \to 2) & \cdots & p(N \to N) \end{bmatrix}.$$

注意2. $p(i)$ や $p(i \to j)$ のあたえ方は，(1), (2) の条件をみた

す限り全く任意でよい．すなわち，単純マルコフ連鎖は，必ずしも具体的な背景をもっていなくてもよいのである．

注意 3. $p(i \to j) = p(j)$ $(i, j = 1, 2, \cdots, N)$ が成立するような単純マルコフ連鎖は，**独立**であるといわれる．根元事象が有限個で，かつ指標が根元事象それ自身であるような試行から得られる単純マルコフ系列（例 4）を考えるとき，それに対応する単純マルコフ連鎖が独立であることはいうまでもない．

§2. 多重確率空間

1. (*)　　　$\mathfrak{E}_1, \mathfrak{E}_2, \cdots, \mathfrak{E}_n, \cdots$

を単純マルコフ系列とし，それに対応する単純マルコフ連鎖を

$$\mathfrak{M} = \{\Omega, p(i), p(i \to j)\}$$

とおく．ただし，$\Omega = \{\omega_1, \omega_2, \cdots, \omega_N\}$ とする．

このとき，$\mathfrak{E}_1$ が次のような試行であることは明らかである：

(1) 根元事象は Ω の元 $\omega_1, \omega_2, \cdots, \omega_N$ である．

(2) あらゆる事象が確率事象である．

(3) $p(\{\omega_i, \omega_j, \cdots, \omega_k\}) = p(i) + p(j) + \cdots + p(k)$.

したがって，Ω は一つの確率空間と考えることができる．これを $\mathfrak{M}$ の**一重確率空間**という．

注意 1. 背景に具体的なマルコフ系列のないマルコフ連鎖に対しても，(1)，(2)，(3) により，その一重確率空間が定義される．

2. 試行に対して n 重試行を考えたのと同様に，(*) における最初の n 個の実験：

$$\mathfrak{E}_1, \mathfrak{E}_2, \cdots, \mathfrak{E}_n$$

をひとまとめにすれば,これを一つの試行と考えることができる.その根元事象は Ω の n 個の元の組

(**) $\qquad (a_1, a_2, \cdots, a_n)$

である. a_i ($i=1, 2, \cdots, n$) が $\omega_1, \omega_2, \cdots, \omega_N$ のいずれかであることはいうまでもない.(**)の全体を $\Omega^{(n)}$ とおく.

このとき,n 重試行の場合と全く同様にして,次の事柄が確かめられる:

まず,Ω の任意の事象 $E_1, E_2, \cdots, E_n$ に対して
$(E_1, E_2, \cdots, E_n)$
$\quad = \{(a_1, a_2, \cdots, a_n) | a_1 \in E_1, a_2 \in E_2, \cdots, a_n \in E_n\}$
とおけば,$E_1, E_2, \cdots, E_n$ がつねに Ω の確率事象であることから,これは一つの確率事象となる.よって,これを $E_1, E_2, \cdots, E_n$ を辺とする**方確率事象**とよぶ.そうすると,$\Omega^{(n)}$ の確率事象はすべて有限個の方確率事象の和事象として表わされ,逆も成立する.

しかしながら,$\Omega^{(n)}$ の任意の部分集合を A とし,その元を
$$(a_1^{(1)}, a_2^{(1)}, \cdots, a_n^{(1)}), (a_1^{(2)}, a_2^{(2)}, \cdots, a_n^{(2)}), \cdots$$
$$\cdots, (a_1^{(r)}, a_2^{(r)}, \cdots, a_n^{(r)})$$
とすれば,
$$A = \{(a_1^{(1)}, a_2^{(1)}, \cdots, a_n^{(1)})\} \cup \{(a_1^{(2)}, a_2^{(2)}, \cdots, a_n^{(2)})\} \cup$$
$$\cdots \cup \{(a_1^{(r)}, a_2^{(r)}, \cdots, a_n^{(r)})\}.$$
よって,あらゆる A は
$$\{(a_1, a_2, \cdots, a_n)\} = (\{a_1\}, \{a_2\}, \cdots, \{a_n\})$$
なる形の方確率事象の和事象として,それ自身確率事象と

なることが知られる.つまり,$\Omega^{(n)}$ のいかなる事象も確率事象となるのである.

さて,これらの確率を求めるには,上の議論からもわかる通り,
$$\{(\omega_{i_1}, \omega_{i_2}, \cdots, \omega_{i_n})\}$$
なる形の事象の確率さえ定めればよい.他の事象の確率は,このようなものの確率を加えればよいからである.

ところが,次に示すように

(1) $\quad p\{(\omega_{i_1}, \omega_{i_2}, \cdots, \omega_{i_n})\}$
$\quad\quad = p(i_1)p(i_1 \to i_2)\cdots p(i_{n-1} \to i_n)$

が成立する:

まず
$$A_1 = (\{\omega_{i_1}\}, \Omega, \cdots, \Omega),\ A_2 = (\Omega, \{\omega_{i_2}\}, \Omega, \cdots, \Omega),\ \cdots$$
$$\cdots,\ A_n = (\Omega, \cdots, \Omega, \{\omega_{i_n}\})$$
とおけば,
$$\{(\omega_{i_1}, \omega_{i_2}, \cdots, \omega_{i_n})\} = A_1 \cap A_2 \cap \cdots \cap A_n.$$
よって,いかなる $1 \leq r \leq n$ に対しても

(2) $\quad p(A_1 \cap A_2 \cap \cdots \cap A_r)$
$\quad\quad = p(i_1)p(i_1 \to i_2)\cdots p(i_{r-1} \to i_r)$

の成立することがいえれば十分である.r に関する帰納法で示そう.まず,A_1 は,試行 $\mathfrak{E}_1$ の結果として ω_{i_1} の起ることを示すから,$p(A_1) = p(i_1)$.ゆえに,$r=1$ のとき,(2) は成立する.次に,$r=k$ のとき (2) が成立すると仮定して,$r=k+1$ のときも成立することを確かめる.

もし,$p(A_1 \cap A_2 \cap \cdots \cap A_k) = 0$ ならば

$$p(A_1 \cap A_2 \cap \cdots \cap A_k \cap A_{k+1})$$
$$= 0 = p(A_1 \cap A_2 \cap \cdots \cap A_k) p(i_k \to i_{k+1})$$
$$= p(i_1) p(i_1 \to i_2) \cdots p(i_k \to i_{k+1}).$$

他方,$p(A_1 \cap A_2 \cap \cdots \cap A_k) > 0$ ならば

$$p(A_1 \cap A_2 \cap \cdots \cap A_k \cap A_{k+1})$$
$$= p(A_1 \cap A_2 \cap \cdots \cap A_k) p_{A_1 \cap A_2 \cap \cdots \cap A_k}(A_{k+1})$$
$$= p(i_1) p(i_1 \to i_2) \cdots p(i_{k-1} \to i_k) p_{A_1 \cap A_2 \cap \cdots \cap A_k}(A_{k+1}).$$

しかるに,$p_{A_1 \cap A_2 \cap \cdots \cap A_k}(A_{k+1})$ は,$\mathfrak{E}_1$, $\mathfrak{E}_2$, $\cdots$, $\mathfrak{E}_k$ の結果として ω_{i_1}, ω_{i_2}, $\cdots$, ω_{i_k} の起ったことがわかったとき,$\mathfrak{E}_{k+1}$ の結果として $\omega_{i_{k+1}}$ の起る条件付確率である.しかしながら,実験の系列(*)の性格から,これは ω_{i_1}, ω_{i_2}, $\cdots$, $\omega_{i_{k-1}}$ に無関係に $p(i_k \to i_{k+1})$ にひとしい.ゆえに

$$p(A_1 \cap A_2 \cap \cdots \cap A_k \cap A_{k+1})$$
$$= p(i_1) p(i_1 \to i_2) \cdots p(i_k \to i_{k+1}).$$

これで(2)が,したがってまた(1)が証明された.

かくして得られる確率空間 $\Omega^{(n)}$ を,$\mathfrak{M}$ の **n 重確率空間** という.

注意2. 以上は,背景に具体的なマルコフ系列がある場合の考察であるが,一般の単純マルコフ連鎖

$$\{\Omega, p(i), p(i \to j)\}$$

に対しても,全く同様にして n 重確率空間が定義される.すなわち,まず $\Omega^{(n)}$ をつくり,そのあらゆる事象を確率事象として指定する.そして,(1)を基礎にして確率を定めるのである.

3. $\Omega^{(n)}$ の二,三の性質について説明する.基礎としてとられる単純マルコフ連鎖には,必ずしも具体的な背景が

なくてもかまわないものとする.

定理 1. $p((E_1, E_2, \cdots, E_r))$
$= p((E_1, E_2, \cdots, E_r, \Omega, \cdots, \Omega))$.

［証明］ $p((E_1, E_2, \cdots, E_r)) = p((E_1, E_2, \cdots, E_r, \Omega))$
がわかれば，これをくりかえし用いることによって，定理の式が得られる．しかるに，

$(E_1, E_2, \cdots, E_r)$
$= (\{a_1^{(1)}\}, \cdots, \{a_r^{(1)}\}) \cup \cdots \cup (\{a_1^{(m)}\}, \cdots, \{a_r^{(m)}\})$

とすれば

$(E_1, E_2, \cdots, E_r, \Omega)$
$= (\{a_1^{(1)}\}, \cdots, \{a_r^{(1)}\}, \Omega) \cup \cdots \cup (\{a_1^{(m)}\}, \cdots, \{a_r^{(m)}\}, \Omega)$,
$p((E_1, E_2, \cdots, E_r))$
$= p((\{a_1^{(1)}\}, \cdots, \{a_r^{(1)}\})) + \cdots + p((\{a_1^{(m)}\}, \cdots, \{a_r^{(m)}\}))$,
$p((E_1, E_2, \cdots, E_r, \Omega))$
$= p((\{a_1^{(1)}\}, \cdots, \{a_r^{(1)}\}, \Omega)) + \cdots + p((\{a_1^{(m)}\}, \cdots, \{a_r^{(m)}\}, \Omega))$.

ゆえに，任意の $1 \leq i_1, i_2, \cdots, i_r \leq N$ について

$p((\{\omega_{i_1}\}, \cdots, \{\omega_{i_r}\})) = p((\{\omega_{i_1}\}, \cdots, \{\omega_{i_r}\}, \Omega))$

であることが証明されればよい．これは次のようにしてわかる：

$(\{\omega_{i_1}\}, \cdots, \{\omega_{i_r}\}, \Omega) = \bigcup_{i=1}^{N} (\{\omega_{i_1}\}, \cdots, \{\omega_{i_r}\}, \{\omega_i\})$

より

$p((\{\omega_{i_1}\}, \cdots, \{\omega_{i_r}\}, \Omega))$

$$\begin{aligned}
&= \sum_{i=1}^{N} p(i_1)p(i_1{\rightarrow}i_2)\cdots p(i_{r-1}{\rightarrow}i_r)p(i_r{\rightarrow}i) \\
&= p(i_1)p(i_1{\rightarrow}i_2)\cdots p(i_{r-1}{\rightarrow}i_r)\sum_{i=1}^{N} p(i_r{\rightarrow}i) \\
&= p(i_1)p(i_1{\rightarrow}i_2)\cdots p(i_{r-1}{\rightarrow}i_r) \\
&= p(((\{\omega_{i_1}\},\ \cdots,\ \{\omega_{i_r}\})).
\end{aligned}$$

定理 2. $A = (\overset{r}{\overbrace{\Omega,\ \cdots,\ \Omega,\ \{\omega_i\}}},\ \Omega,\ \cdots,\ \Omega)$ とすれば

$$p(A) = \sum_{i_1,\cdots,i_{r-1}=1}^{N} p(i_1)p(i_1{\rightarrow}i_2)\cdots p(i_{r-1}{\rightarrow}i).$$

［証明］ $A' = (\overset{r}{\overbrace{\Omega,\ \cdots,\ \Omega,\ \{\omega_i\}}})$ とすれば,定理 1 によって $p(A') = p(A)$ で,かつ $A' = \bigcup_{i_1,i_2,\cdots,i_{r-1}=1}^{N}\{(\omega_{i_1},\ \omega_{i_2},\cdots,\ \omega_{i_{r-1}},\ \omega_i)\}$. よって

$$p(A) = \sum_{i_1,\cdots,i_{r-1}=1}^{N} p(i_1)p(i_1{\rightarrow}i_2)\cdots p(i_{r-1}{\rightarrow}i).$$

注意 3. 定理 2 における $p(A)$ の右辺を $p^{(r)}(i)$ と書く. 当然,$p^{(1)}(i) = p(i)$.

次の二つの定理は,上と全く同様にして証明される:

定理 3. $A = (\overset{r}{\overbrace{\Omega,\ \cdots,\ \Omega,\ \{\omega_i\}}},\ \Omega,\ \cdots,\ \Omega)$
$B = (\overset{r+1}{\overbrace{\Omega,\ \cdots,\ \Omega,\ \{\omega_j\}}},\ \Omega,\ \cdots,\ \Omega)$

とおけば,$p(A) > 0$ のとき,r のいかんにかかわらず

$$p_A(B) = p(i{\rightarrow}j).$$

定理 4. $A = (\overset{r}{\overbrace{\Omega,\ \cdots,\ \Omega,\ \{\omega_i\}}},\ \Omega,\ \cdots,\ \Omega)$
$B = (\overset{r+s}{\overbrace{\Omega,\ \cdots,\ \Omega,\ \{\omega_j\}}},\ \Omega,\ \cdots,\ \Omega)$

とおけば,$p(A) > 0$ のとき,$r,\ s$ のいかんにかかわらず

$$p_A(B) = \sum_{i_1, i_2, \cdots, i_{s-1}=1}^{N} p(i \to i_1) p(i_1 \to i_2) \cdots p(i_{s-1} \to j).$$

注意 4. 定理 4 における $p_A(B)$ の右辺を $p^{(s)}(i \to j)$ と書く. 当然, $p^{(1)}(i \to j) = p(i \to j)$. また, 次のような行列は, 単純マルコフ連鎖 $\mathfrak{M}$ の**第 s 次の遷移行列**といわれ, P^s としるされる:

$$\begin{bmatrix} p^{(s)}(1 \to 1) & p^{(s)}(1 \to 2) & \cdots & p^{(s)}(1 \to N) \\ p^{(s)}(2 \to 1) & p^{(s)}(2 \to 2) & \cdots & p^{(s)}(2 \to N) \\ \cdots & \cdots & & \cdots \\ p^{(s)}(N \to 1) & p^{(s)}(N \to 2) & \cdots & p^{(s)}(N \to N) \end{bmatrix}.$$

$\mathfrak{M}$ の遷移行列は, すなわち第 1 次の遷移行列にほかならない.

4. 試行の場合のように, 単純マルコフ連鎖 $\{\Omega, p(i), p(i \to j)\}$ に対しても, **無限多重確率空間** $\Omega^{(\infty)}$ を定義することができる. もちろん, その連鎖には具体的な背景はなくてもよい. 以下に, それを定義する方針だけを述べよう: まず, III 章で述べたと同様にして**筒確率事象**なるものを定義する. すなわち, Ω の有限個の確率事象 $E_1, E_2, \cdots, E_n$ に対して

$(E_1, E_2, \cdots, E_n, \Omega, \Omega, \cdots)$
$= \{(a_1, a_2, \cdots, a_n, \cdots) | a_1 \in E_1, a_2 \in E_2, \cdots, a_n \in E_n\}$

とおき, これを $E_1, E_2, \cdots, E_n$ を辺とする筒確率事象という. n は任意でよい. そして, その有限個の和事象となるようなものを確率事象として指定する. ただし, この場合には, 上に述べた $\Omega^{(n)}$ と違い, 必ずしもすべての事象が確率事象となるとは限らないことに注意しなければならない. 次に

(*) $\qquad(\{\omega_{i_1}\}, \{\omega_{i_2}\}, \cdots, \{\omega_{i_n}\}, \Omega, \Omega, \cdots)$

なる形の筒確率事象の確率を

$$p(i_1)p(i_1 \to i_2)\cdots p(i_{n-1} \to i_n)$$

とおく. 他方, いかなる確率事象も, (*)なる形の筒確率事象の有限個に分割することができる. よって, その確率は, (*)なる形の事象の確率の和と定義すればよい. それが分割の仕方に依存しないことは, たやすく示される. くわしくは, 読者自ら考えてみられたい. また, この $\Omega^{(\infty)}$ に対しても, 上の定理 2, 3, 4 が成立する.

問 1. 定理 3 を証明せよ.

問 2. 定理 4 を証明せよ.

問 3. $\sum_{i=1}^{N} p^{(r)}(i) = 1$ を示せ.

問 4. $\sum_{j=1}^{N} p^{(r)}(i \to j) = 1$ を示せ.

問 5. $\sum_{i=1}^{N} p^{(r)}(i) p^{(s)}(i \to j) = p^{(r+s)}(j)$ を示せ.

問 6. $\sum_{j=1}^{N} p^{(r)}(i \to j) p^{(s)}(j \to k) = p^{(r+s)}(i \to k)$ を示せ.

注意.
$$A = \begin{bmatrix} a_{11} & a_{12} & \cdots & a_{1n} \\ \vdots & \vdots & & \vdots \\ a_{i1} & a_{i2} & \cdots & a_{in} \\ \vdots & \vdots & & \vdots \\ a_{n1} & a_{n2} & \cdots & a_{nn} \end{bmatrix}, \quad B = \begin{bmatrix} b_{11} & \cdots & b_{1j} & \cdots & b_{1n} \\ b_{21} & \cdots & b_{2j} & \cdots & b_{2n} \\ \vdots & & \vdots & & \vdots \\ b_{n1} & \cdots & b_{nj} & \cdots & b_{nn} \end{bmatrix}$$

を二つの n 次の行列とする. このとき, A の第 i 行の要素と B の第 j 列の要素とを一つずつ掛け合わせて加えたもの

$$\sum_{k=1}^{n} a_{ik} b_{kj} = a_{i1}b_{1j} + a_{i2}b_{2j} + \cdots + a_{in}b_{nj}$$

を (i, j) 要素とする行列を, A と B との**積**といい, AB と書く.

問 6 は, 第 r 次の遷移行列と第 s 次の遷移行列との積が, ちょうど第 $(r+s)$ 次の遷移行列となること, すなわち

$$P^r P^s = P^{r+s}$$

なることを示すものにほかならない.これを用いれば,一般の遷移行列は,第1次の遷移行列 P^1 から出発して

$$P^2 = P^1 P^1,\ P^3 = P^1 P^2,\ \cdots,\ P^{s+1} = P^1 P^s,\ \cdots$$

と,順々に機械的に作っていくことができる.つまり,P^s は "P^1 の s 乗" なわけである.なお,P^{r-1} が計算できれば,$p^{(r)}(j)$ は,問5により $\sum_{i=1}^{N} p(i) p^{(r-1)}(i \to j)$ として,ただちに求められることに注意しておこう.

問7. $\Omega^{(\infty)}$ を定義せよ.

問8. $\Omega^{(\infty)}$ において,定理2, 3, 4が成立することを確かめよ.

§3. 極限分布

1. §1,例3にあげた "トランプ切り" の単純マルコフ系列を考える.この系列の目的は,いうまでもなく,トランプを切る操作をくりかえし,それによって,カードの排列が特定のものにかたよらないようにすることであろう.つまり,この系列では

$$\lim_{r \to \infty} p^{(r)}(i) = \frac{1}{52!} \quad (i=1, 2, \cdots, 52!)$$

となることが期待されているわけである.

一般に,単純マルコフ連鎖

$$\mathfrak{M} = \{\Omega,\ p(i),\ p(i \to j)\} \quad (\Omega = \{\omega_1,\ \omega_2,\ \cdots,\ \omega_N\})$$

に対して,

$$i\ \to\ p^{(r)}(i) \quad (i=1, 2, \cdots, N)$$

なる実確率分布を,その**第 r 次の分布**という(§2,問3を参照).

本節では，極限値

$$\lim_{r \to \infty} p^{(r)}(i) \quad (i=1, 2, \cdots, N)$$

が存在するための重要な一つの十分条件をあたえ，次で，上のトランプ切りの問題を考えてみることにしよう．

2. 一般に，ある自然数 k を適当にとって，いかなる i, j に対しても

$$p^{(k)}(i \to j) > 0$$

となるようにできるとき，その単純マルコフ連鎖は**混合型**であるといわれる．

たとえば，トランプ切りの系列に対応する連鎖は混合型であるとみなしてよい．なぜならば：$p^{(k)}(i \to j)=0$ ということは，この場合，カードの順列 ω_i から出発して k 回トランプを切るとき，ω_j という順列が結果として表われることが，期待できないくらいまれであることを意味する．したがって，どんなに大きな k をとってもなお $p^{(k)}(i \to j)=0$ なる i, j があるようであれば，それは本当に切っているのではない，あるいは少なくともうまい切り方ではない，というほかはないであろう．

例1. §1, 例1の系列に対応する単純マルコフ連鎖は混合型である．なぜならば，たやすくわかるように，$p^{(\alpha)}(i \to j) > 0$ ($i, j=1, 2, \cdots, \alpha+1$) が成立するからである．読者はこれを実際に確かめてみられたい．

例2. §1, 例5の系列に対応する単純マルコフ連鎖は混合型ではない．なぜならば：計算すればただちにわかるように

$$P^{2n} = \begin{bmatrix} 1/6 & 1/6 & \cdots & 1/6 & 0 & 0 \\ \vdots & \vdots & & \vdots & \vdots & \vdots \\ 1/6 & 1/6 & \cdots & 1/6 & 0 & 0 \\ 0 & 0 & \cdots & 0 & 1/2 & 1/2 \\ 0 & 0 & \cdots & 0 & 1/2 & 1/2 \end{bmatrix},$$

$$P^{2n+1} = \begin{bmatrix} 0 & \cdots & 0 & 1/2 & 1/2 \\ \vdots & & \vdots & \vdots & \vdots \\ 0 & \cdots & 0 & 1/2 & 1/2 \\ 1/6 & \cdots & 1/6 & 0 & 0 \\ 1/6 & \cdots & 1/6 & 0 & 0 \end{bmatrix}.$$

したがって，いかなる k をとっても $p^{(k)}(i \to j) = 0$ なる i, j がある からである．

3. 次の定理が成立する：

定理 1. 単純マルコフ連鎖

$$\{\Omega, p(i), p(i \to j)\} \quad (\Omega = \{\omega_1, \omega_2, \cdots, \omega_N\}, N > 1)$$

が混合型ならば，

$$\lim_{r \to \infty} p^{(r)}(i), \ \lim_{r \to \infty} p^{(r)}(i \to j) \quad (i, j = 1, 2, \cdots, N)$$

が存在し，かつ次の二つが成立する．

(1) $\lim_{r \to \infty} p^{(r)}(i) > 0 \quad (i = 1, 2, \cdots, N)$.

(2) $\lim_{r \to \infty} p^{(r)}(j) = \lim_{r \to \infty} p^{(r)}(i \to j) \quad (i, j = 1, 2, \cdots, N)$.

［証明］ 連鎖は混合型であるから

$$p^{(k)}(i \to j) > 0 \quad (i, j = 1, 2, \cdots, N)$$

なる自然数 k がある．はじめに，$p^{(r)}(i \to j)$ が，$r \to \infty$ のとき，i に無関係な正の極限値に収束することを示そう．n

を任意の自然数とし,

$$p^{(nk)}(1{\to}j),\ p^{(nk)}(2{\to}j),\ \cdots,\ p^{(nk)}(N{\to}j)$$

のうち, 最大のものを $g^{(n)}$, 最小のものを $l^{(n)}$ とおく. また, $p^{(k)}(i{\to}j)$ $(i, j=1, 2, \cdots, N)$ のうちの最小のものを ε とすれば, $0<\varepsilon<1$. §2の問6によって

$$p^{((n+1)k)}(i{\to}j) = \sum_{h=1}^{N} p^{(k)}(i{\to}h) p^{(nk)}(h{\to}j).$$

いま, この右辺の N 個の項

$$p^{(k)}(i{\to}h) p^{(nk)}(h{\to}j) \quad (h=1, 2, \cdots, N)$$

のうち, $p^{(nk)}(h{\to}j)$ が $l^{(n)}$ にひとしいようなものの一つを $p^{(k)}(i{\to}h_0) p^{(nk)}(h_0{\to}j)$ とすれば

$$\begin{aligned}
&p^{((n+1)k)}(i{\to}j) \\
&\leq p^{(k)}(i{\to}h_0) l^{(n)} + (1-p^{(k)}(i{\to}h_0)) g^{(n)} \\
&= \varepsilon l^{(n)} + (p^{(k)}(i{\to}h_0)-\varepsilon) l^{(n)} + (1-p^{(k)}(i{\to}h_0)) g^{(n)} \\
&\leq \varepsilon l^{(n)} + (p^{(k)}(i{\to}h_0)-\varepsilon) g^{(n)} + (1-p^{(k)}(i{\to}h_0)) g^{(n)} \\
&= \varepsilon l^{(n)} + (1-\varepsilon) g^{(n)} \quad (\leq g^{(n)}).
\end{aligned}$$

よって

$$g^{(n+1)} \leq \varepsilon l^{(n)} + (1-\varepsilon) g^{(n)} \leq g^{(n)}.$$

同様にして

$$l^{(n+1)} \geq \varepsilon g^{(n)} + (1-\varepsilon) l^{(n)} \geq l^{(n)}.$$

これより

(*) $\quad g^{(n+1)} - l^{(n+1)} \leq (1-2\varepsilon)(g^{(n)} - l^{(n)})$

をうる. これを何回も用いれば

$$0 \leq g^{(n)} - l^{(n)} \leq (1-2\varepsilon)^{n-1} (g^{(1)} - l^{(1)}).$$

しかるに, $0<\varepsilon<1$ より $-1<1-2\varepsilon<1$. ゆえに $(1-$

$2\varepsilon)^{n-1} \to 0 \ (n\to\infty)$. よって
$$g^{(n)} - l^{(n)} \to 0 \quad (n\to\infty).$$

一方
$$g^{(1)} \geqq g^{(2)} \geqq \cdots \geqq g^{(n)} \geqq \cdots \geqq l^{(n)} \geqq \cdots \geqq l^{(2)} \geqq l^{(1)} > 0.$$
ゆえに
$$\lim_{n\to\infty} g^{(n)} = \lim_{n\to\infty} l^{(n)} > 0.$$

次に,任意の $p^{(r)}(i\to j)$ をとり,r を k で割って
$$r = nk+s \quad 0 \leqq s < k$$
とすれば
$$p^{(r)}(i\to j) = \sum_{h=1}^{N} p^{(s)}(i\to h) p^{(nk)}(h\to j).$$

よって
$$\sum_{h=1}^{N} p^{(s)}(i\to h) l^{(n)} \leqq p^{(r)}(i\to j) \leqq \sum_{h=1}^{N} p^{(s)}(i\to h) g^{(n)},$$
$$l^{(n)} \leqq p^{(r)}(i\to j) \leqq g^{(n)}.$$

しかるに,$r\to\infty$ ならば $n\to\infty$ であるから
$$\lim_{r\to\infty} p^{(r)}(i\to j) = \lim_{n\to\infty} g^{(n)} = \lim_{n\to\infty} l^{(n)}.$$

こうして,$p^{(r)}(i\to j)$ は,$r\to\infty$ のとき,i に無関係な正の極限値に収束することがわかった.これを $p^{(\infty)}(j)$ とおく.

最後に,
$$p^{(r)}(j) = \sum_{i=1}^{N} p(i) p^{(r-1)}(i\to j)$$

において $r\to\infty$ ならしめれば,右辺は $\sum_{i=1}^{N}p(i)p^{(\infty)}(j)=p^{(\infty)}(j)$ に収束する.よって,$\lim_{r\to\infty}p^{(r)}(j)$ が存在して,それは $p^{(\infty)}(j)$,すなわち $\lim_{r\to\infty}p^{(r)}(i\to j)$ にひとしいことが知られた.これで証明は終りである.

注意 1. 連鎖が混合型でなければ,定理は必ずしも成立しない.たとえば,例 2 においては $p^{(2n)}(1\to 1)=\dfrac{1}{6}$,$p^{(2n+1)}(1\to 1)=0$.よって,$\lim_{r\to\infty}p^{(r)}(1\to 1)$ は存在しない.また,$p^{(2n)}(1)=0$,$p^{(2n+1)}(1)=\dfrac{1}{6}$.よって,$\lim_{r\to\infty}p^{(r)}(1)$ も存在しない.

注意 2. $\lim_{r\to\infty}p^{(r)}(i)$,すなわち $p^{(\infty)}(i)$ が,初期確率 $p(1)$,$p(2)$,$\cdots$,$p(N)$ に無関係になることは,きわめていちじるしい事実といわなくてはならない.

4. 定理 1 における $\lim_{r\to\infty}p^{(r)}(i)$,すなわち $p^{(\infty)}(i)$ が

$$\sum_{i=1}^{N}p^{(\infty)}(i)=1,\quad 1\geqq p^{(\infty)}(i)\geqq 0$$

をみたすことはいうまでもない.よって

$$i\ \to\ p^{(\infty)}(i)\quad (i=1,\ 2,\ \cdots,\ N)$$

は一つの実確率分布である.これを単純マルコフ連鎖 $\{\Omega,\ p(i),\ p(i\to j)\}$ の**極限分布**という.

極限分布は次のようにして代数的に求められる:

定理 2. 混合型の単純マルコフ連鎖においては,$p^{(\infty)}(1)$,$p^{(\infty)}(2)$,$\cdots$,$p^{(\infty)}(N)$ は,連立一次方程式

$$(*)\quad \begin{cases} x_j=\sum_{i=1}^{N}x_i p(i\to j) & (j=1,\ 2,\ \cdots,\ N)\\ \sum_{i=1}^{N}x_i=1 \end{cases}$$

を解いて得られる.

[証明]　$p^{(\infty)}(1)$, $p^{(\infty)}(2)$, $\cdots$, $p^{(\infty)}(N)$ が (*) を満足することは,

$$p^{(n+1)}(j) = \sum_{i=1}^{N} p^{(n)}(i) p(i \to j)$$

において $n \to \infty$ ならしめることにより, 確かめられる. 逆に, (*) の解を $x_1, x_2, \cdots, x_N$ とすれば

$$x_j = \sum_{i=1}^{N} x_i p(i \to j) = \sum_{k,i=1}^{N} x_k p(k \to i) p(i \to j)$$
$$= \sum_{k=1}^{N} x_k p^{(2)}(k \to j).$$

全く同様にして

$$x_j = \sum_{i=1}^{N} x_i p^{(n)}(i \to j).$$

ここで, $n \to \infty$ ならしめれば

$$x_j = \sum_{i=1}^{N} x_i p^{(\infty)}(j) = p^{(\infty)}(j).$$

よって, (*) の解は, $p^{(\infty)}(1)$, $p^{(\infty)}(2)$, $\cdots$, $p^{(\infty)}(N)$ 以外にはないことがわかる.

例3. 例1の単純マルコフ連鎖の極限分布は, 次の連立1次方程式を解いて得られる:

$$\begin{cases} x_1 + x_2 + \cdots + x_{\alpha+1} = 1 \\ x_1 = x_2 \dfrac{1}{\alpha^2} \\ x_2 = x_1 + x_2 \dfrac{2(\alpha-1)}{\alpha^2} + x_3 \dfrac{4}{\alpha^2} \\ \cdots\cdots\cdots\cdots \\ x_k = x_{k-1} \dfrac{(\alpha-k+2)^2}{\alpha^2} + x_k \dfrac{2(k-1)(\alpha-k+1)}{\alpha^2} + x_{k+1} \dfrac{k^2}{\alpha^2} \end{cases}$$

$$\begin{cases} \cdots\cdots\cdots\cdots \\ x_{a+1} = x_a \dfrac{1}{\alpha^2}. \end{cases}$$

これより

$$p^{(\infty)}(1) = \frac{(\alpha!)^2}{(2\alpha)!}, \quad p^{(\infty)}(2) = \alpha^2 \frac{(\alpha!)^2}{(2\alpha)!}, \quad \cdots,$$
$$p^{(\infty)}(k) = \binom{\alpha}{k-1}^2 \frac{(\alpha!)^2}{(2\alpha)!}, \quad \cdots, \quad p^{(\infty)}(\alpha+1) = \frac{(\alpha!)^2}{(2\alpha)!}$$

をうる.

例 4. 本節冒頭のトランプ切りの例を考える. これに対応する単純マルコフ連鎖は, すでに述べたように混合型である. ところで, この連鎖は, さらにもう一つのいちじるしい性質をもっている. 以下にそれを説明しよう.

いま, かりに, カードが a, b, c という 3 枚しかないものとすれば, これを切って, abc という順列から bac という順列へうつる確率と, bca から cba へうつる確率とはひとしいと考えられる. なんとなれば, これは両者とも最初の 2 枚が入れかわる変化であって, これをひき起す操作は同じものであるからである. これと全く同様に, 52 枚のカードの場合でも, 順列 ω_i から順列 ω_j へうつる変化と, ω_k から ω_l へうつる変化とが同じ操作でおこなわれるならば

$$p(i \to j) = p(k \to l) = \text{その操作の起る確率}$$

と考えてよい.

いうまでもなく, 違う操作の総数は, 一つの順列を並べかえる仕方の数, すなわち 52! 個存在する. そして, このおのおのの起る確率の総和は 1 となるはずである. しかるに, 一方

$$\omega_1 \text{ から } \omega_j \text{ へ}, \ \omega_2 \text{ から } \omega_j \text{ へ}, \ \cdots,$$
$$\omega_i \text{ から } \omega_j \text{ へ}, \ \cdots, \ \omega_N \text{ から } \omega_j \text{ へ}$$

という $N=52!$ 個の変化は,すべて相異なる操作によらなくてはならない.ゆえに,これらの変化の確率の総和は 1,すなわち

(1) $$\sum_{i=1}^{N} p(i \to j) = 1$$

である.これが,説明したかった性質にほかならない.

ところで,定理 2 によれば,極限分布は

(**) $$\begin{cases} x_j = \sum_{i=1}^{N} x_i p(i \to j) \\ \sum_{i=1}^{N} x_i = 1 \end{cases}$$

を解いてえられる.そこで,(1) を考慮に入れて (**) を解けば

$$p^{(\infty)}(1) = p^{(\infty)}(2) = \cdots = p^{(\infty)}(N) = \frac{1}{N} \quad \left(= \frac{1}{52!} \right).$$

すなわち,トランプは,切れば切るほど,どの順列も平等にあらわれる可能性をもつようになるのである.

問 1. 例 1 においては $p^{(\alpha)}(i \to j) > 0$ となっていることを確かめよ.

問 2. 例 2 における P^{2n},P^{2n+1} を実際に計算せよ.

問 3. §1, 例 2 の単純マルコフ系列に対応する連鎖は,混合型であることを示せ.また,その極限分布はどうなるか.

§4. マルコフ連鎖

1. これまでに取り扱った実験の系列

(*) $\qquad \mathfrak{E}_1, \mathfrak{E}_2, \cdots, \mathfrak{E}_n, \cdots$

は,各 $\mathfrak{E}_k$ の結果のおのおのの可能性の程度が,その直前の実験 $\mathfrak{E}_{k-1}$ の結果のみに依存するようなものであった.しかし,実験の系列によっては,もっと過去の結果に依存す

るようなものもないではない.

いま,英文タイピストが,あたえられた原稿を,次々とかぎりなく打っていくとする.このとき,一字読んでこれを打つことを一つの実験とみなせば,この作業は,(*)のような実験の系列と考えることができる.ただし,簡単のために大文字と小文字は区別せず,空白,コンマ,ピリオド,コロンなどは,すべて同じ一つの架空の文字○と考える.さらに,数字はないものとしておく.すなわち,この場合,(*)の状態は 27 個の文字

$$a, b, c, \cdots, x, y, z, \bigcirc$$

なわけである.これを $\omega_1, \omega_2, \cdots, \omega_{27}$ とおく.

さて,このとき,$\mathfrak{E}_k$ において,任意の文字,たとえば n がくる可能性の程度は,過去の数個の文字に依存する.たとえば,th とくれば,次には n がくる可能性は少なく,tio とくれば,その可能性はきわめて多い.しかし,かといって,その影響が 100 文字,1000 文字の過去から及んでくることはないであろう.したがって,大まかに,たとえば,その影響は 10 文字までで,11 文字から先は影響がないものとしてよい.つまり,次のように考えることができるであろう:

(ⅰ) 各 $\mathfrak{E}_k$ ($k>10$) は,$\mathfrak{E}_{k-10}, \mathfrak{E}_{k-9}, \cdots, \mathfrak{E}_{k-1}$ の結果 $\omega_{i_1}, \omega_{i_2}, \cdots, \omega_{i_{10}}$ がきまれば,一つの試行である.指標は根元事象それ自身;そして,その結果として ω_j の起る確率 $p(\{\omega_j\})$ は k には無関係である.(これを $p(i_1, i_2, \cdots, i_{10} \to j)$ と書く.)

（ⅱ） 最初の 10 個の実験 $\mathfrak{E}_1, \mathfrak{E}_2, \cdots, \mathfrak{E}_{10}$ を一まとめにしたものは，一つの試行と考えられる．指標はやはり根元事象それ自身である．（このとき，根元事象 $(\omega_{i_1}, \omega_{i_2}, \cdots, \omega_{i_{10}})$ の起る確率を $p(i_1, i_2, \cdots, i_{10})$ と書く．）

2. 以上を一般化して次のように定義する：

実験の系列

(*)　　　　　　$\mathfrak{E}_1, \mathfrak{E}_2, \cdots, \mathfrak{E}_n, \cdots$

の状態を $\omega_1, \omega_2, \cdots, \omega_N$ とする．このとき，次の条件をみたすような数

$$p(i_1, i_2, \cdots, i_l), \quad p(i_1, i_2, \cdots, i_l \to j)$$
$$(i_1, i_2, \cdots, i_l, j = 1, 2, \cdots, N)$$

があるならば，(*) を**記憶の長さ l のマルコフ系列**という：

（A） 最初の l 個の実験 $\mathfrak{E}_1, \mathfrak{E}_2, \cdots, \mathfrak{E}_l$ を一まとめにすれば，これは次のような試行である．

(1) 根元事象は $(\omega_{i_1}, \omega_{i_2}, \cdots, \omega_{i_l})$ $(i_1, i_2, \cdots, i_l = 1, 2, \cdots, N)$ である．

(2) 指標は根元事象それ自身である．

(3) $p(((\omega_{i_1}, \omega_{i_2}, \cdots, \omega_{i_l}))) = p(i_1, i_2, \cdots, i_l)$.

（B） 各 $\mathfrak{E}_k$ $(k>l)$ は，$\mathfrak{E}_{k-l}, \mathfrak{E}_{k-l+1}, \cdots, \mathfrak{E}_{k-1}$ の結果

$$\omega_{i_1}, \omega_{i_2}, \cdots, \omega_{i_l}$$

がきまれば，次のような試行である．

(1) 根元事象は $\omega_1, \omega_2, \cdots, \omega_N$ である．

(2) 指標は根元事象それ自身である．

(3) $p((\omega_j)) = p(i_1, i_2, \cdots, i_l \to j)$.

このとき，$p(i_1, i_2, \cdots, i_l)$ を (*) における $(\omega_{i_1}, \omega_{i_2}, \cdots,$

ω_{i_l}) の**初期確率**, $p(i_1, i_2, \cdots, i_l \to j)$ を $(*)$ における $\omega_{i_1}, \omega_{i_2}, \cdots, \omega_{i_l}$ から ω_j への**遷移確率**という. 明らかに

$$\sum_{i_1, i_2, \cdots, i_l = 1}^{N} p(i_1, i_2, \cdots, i_l) = 1, \quad 1 \geq p(i_1, i_2, \cdots, i_l) \geq 0$$
$$(i_1, i_2, \cdots, i_l = 1, 2, \cdots, N).$$

$$\sum_{j=1}^{N} p(i_1, i_2, \cdots, i_l \to j) = 1, \quad 1 \geq p(i_1, i_2, \cdots, i_l \to j) \geq 0$$
$$(i_1, i_2, \cdots, i_l, j = 1, 2, \cdots, N).$$

単純マルコフ系列が, 記憶の長さ 1 のマルコフ系列であることはいうまでもない.

例 1. 英文タイピストに限らず, 邦文タイピストや, 印刷所の植字工や, 電報局の通信士などのおこなうような, 一字ずつ文字を読みとってそれを何らかの形で記録する作業は, すべてマルコフ系列と考えられる.

例 2. ピアニストやヴァイオリニストなどの演奏家が, 音符を一つずつ読んでそれを弾くことも, 一つのマルコフ系列である.

3. さて, 単純マルコフ系列に対して単純マルコフ連鎖が定義されたように, 記憶の長さ l のマルコフ系列に対応して, 記憶の長さ l のマルコフ連鎖を定義することができる:

有限個の元から成る集合 $\Omega = \{\omega_1, \omega_2, \cdots, \omega_N\}$ に対して, 次の条件をみたすような数 $p(i_1, i_2, \cdots, i_l)$, $p(i_1, i_2, \cdots, i_l \to j)$ $(i_1, i_2, \cdots, i_l, j = 1, 2, \cdots, N)$ が付随せしめられたならば, その総体

$$\{\Omega, p(i_1, i_2, \cdots, i_l), p(i_1, i_2, \cdots, i_l \to j)\}$$

を**記憶の長さ l のマルコフ連鎖**という:

(1) $$\sum_{i_1,i_2,\cdots,i_l=1}^{N} p(i_1, i_2, \cdots, i_l) = 1,$$
$$1 \geq p(i_1, i_2, \cdots, i_l) \geq 0.$$

(2) $$\sum_{j=1}^{N} p(i_1, i_2, \cdots, i_l \to j) = 1,$$
$$1 \geq p(i_1, i_2, \cdots, i_l \to j) \geq 0.$$

初期確率,遷移確率などの名称も,前と同じである.単純マルコフ連鎖,独立な単純マルコフ連鎖は,それぞれ記憶の長さ $1, 0$ のマルコフ連鎖にほかならない.

記憶の長さ l のマルコフ連鎖があたえられたならば,その **n 重確率空間** $\Omega^{(n)}$ $(n \geq l)$ が,単純マルコフ連鎖のときと全く同様にして定義される.それには,まず,n 個の状態の組 $(\omega_{i_1}, \omega_{i_2}, \cdots, \omega_{i_n})$ の全体を $\Omega^{(n)}$ とし,

$$p(\{(\omega_{i_1}, \omega_{i_2}, \cdots, \omega_{i_n})\})$$
$$= p(i_1, i_2, \cdots, i_l) p(i_1, i_2, \cdots, i_l \to i_{l+1}) \times$$
$$\cdots \times p(i_{n-l}, i_{n-l+1}, \cdots, i_{n-1} \to i_n)$$

とおく.他の事象の確率は,このようなものの和とすればよい.

また,**無限多重確率空間** $\Omega^{(\infty)}$ も定義される.くわしくは,読者自ら考えてみられたい.

4. (*) $\quad\mathfrak{E}_1, \mathfrak{E}_2, \cdots, \mathfrak{E}_n, \cdots$

を記憶の長さ l のマルコフ系列,$\omega_1, \omega_2, \cdots, \omega_N$ をその状態とする.いま,$s > l$ なる任意の自然数 s をとろう.このとき,明らかに次の二つが成立する:

(A) $\mathfrak{E}_1, \mathfrak{E}_2, \cdots, \mathfrak{E}_s$ を一まとめにしたものは,次のよ

うな試行である．

(1) 根元事象は $(\omega_{i_1}, \omega_{i_2}, \cdots, \omega_{i_s})$ $(i_1, i_2, \cdots, i_s = 1, 2, \cdots, N)$ である．

(2) 指標は根元事象それ自身である．

(3) $p(\{(\omega_{i_1}, \omega_{i_2}, \cdots, \omega_{i_s})\})$
$= p(i_1, i_2, \cdots, i_l) \, p(i_1, i_2, \cdots, i_l \to i_{l+1}) \times$
$\cdots \times p(i_{s-l}, i_{s-l+1}, \cdots, i_{s-1} \to i_s).$

(B) $\mathfrak{E}_k$ $(k>s)$ に注目する．もし，$\mathfrak{E}_{k-s}, \mathfrak{E}_{k-s+1}, \cdots, \mathfrak{E}_{k-1}$ の結果 $\omega_{i_1}, \omega_{i_2}, \cdots, \omega_{i_s}$ がきまれば，もちろん，$\mathfrak{E}_{k-l}, \mathfrak{E}_{k-l+1}, \cdots, \mathfrak{E}_{k-1}$ の結果 $\omega_{i_{s-l+1}}, \omega_{i_{s-l+2}}, \cdots, \omega_{i_s}$ がその中にふくまれている．ところが，それがきまれば，$\mathfrak{E}_k$ は一つの試行となるのであった．したがって，$\mathfrak{E}_k$ は，$\mathfrak{E}_{k-s}, \mathfrak{E}_{k-s+1}, \cdots, \mathfrak{E}_{k-1}$ の結果 $\omega_{i_1}, \omega_{i_2}, \cdots, \omega_{i_s}$ がきまったとき，次のような試行と考えることができる．

(1) 根元事象は $\omega_1, \omega_2, \cdots, \omega_N$ である．

(2) 指標は根元事象それ自身である．

(3) $p(i_1, i_2, \cdots, i_s \to j) = p(i_{s-l+1}, i_{s-l+2}, \cdots, i_s \to j)$ とおけば

$$p(\{\omega_j\}) = p(i_1, i_2, \cdots, i_s \to j).$$

以上により，(*)はまた，記憶の長さ s のマルコフ系列とも考えることができる．これを根拠として，次の定義をおく：

定義． $\mathfrak{M} = \{\Omega, p(i_1, i_2, \cdots, i_l), p(i_1, i_2, \cdots, i_l \to j)\}$
を記憶の長さ l のマルコフ連鎖としたとき，次のような記憶の長さ s のマルコフ連鎖を，$\mathfrak{M}$ の **s-延長**といい，$\mathfrak{M}_s$ と

書く:
$$\{\Omega, p(i_1, i_2, \cdots, i_s), p(i_1, i_2, \cdots, i_s \to j)\},$$
ただし
$$p(i_1, i_2, \cdots, i_s) = p(i_1, i_2, \cdots, i_l) p(i_1, i_2, \cdots, i_l \to i_{l+1}) \times$$
$$\cdots \times p(i_{s-l}, i_{s-l+1}, \cdots, i_{s-1} \to i_s),$$
$$p(i_1, i_2, \cdots, i_s \to j) = p(i_{s-l+1}, i_{s-l+2}, \cdots, i_s \to j).$$

たやすく知られるように,$n \geq s$ならば,$\mathfrak{M}_s$のn重確率空間は,$\mathfrak{M}$のそれと同じ$\Omega^{(n)}$である.また,無限多重確率空間も相ひとしい.

問 1. マルコフ連鎖の無限多重確率空間を定義せよ.

問 2. マルコフ連鎖の多重確率空間($\Omega^{(n)}$あるいは$\Omega^{(\infty)}$)における
$$(\overbrace{\Omega, \cdots, \Omega}^{k}, \{\omega_{i_1}\}, \{\omega_{i_2}\}, \cdots, \{\omega_{i_r}\}, \Omega, \Omega, \cdots)$$
なる事象の確率は,どのようなものになるか.(この値を$p^{(k)}(i_1, i_2, \cdots, i_r)$と書く.)

問 3. 記憶の長さlのマルコフ連鎖の多重確率空間($\Omega^{(n)}$あるいは$\Omega^{(\infty)}$)において,
$$A = (\overbrace{\Omega, \cdots, \Omega}^{k}, \{\omega_{i_1}\}, \{\omega_{i_2}\}, \cdots, \{\omega_{i_l}\}, \Omega, \Omega, \cdots)$$
$$B = (\overbrace{\Omega, \cdots, \Omega}^{k+l}, \{\omega_j\}, \Omega, \Omega, \cdots)$$
とおけば,$p(A)>0$のとき,
$$p_A(B) = p(i_1, i_2, \cdots, i_l \to j)$$
となることを示せ.

問 4. 前問において
$$B' = (\overbrace{\Omega, \cdots, \Omega}^{k+l+r}, \{\omega_j\}, \Omega, \Omega, \cdots)$$

とおけば，$p(A)>0$ のとき，$p_A(B')$ は k に無関係な値をとることを示せ．（この値を $p^{(r+1)}(i_1, i_2, \cdots, i_l \to j)$ と書く．）

問 5. 記憶の長さ l のマルコフ連鎖の多重確率空間（$\Omega^{(n)}$ あるいは $\Omega^{(\infty)}$）において

$$A = (\Omega, \cdots, \overbrace{\Omega, \{\omega_{j_1}\}, \cdots, \{\omega_{j_l}\}}^{k}, \{\omega_{j_1}\}, \cdots, \{\omega_{i_l}\}, \Omega, \Omega, \cdots)$$
$$B = (\Omega, \cdots, \Omega, \Omega, \cdots, \Omega, \{\omega_{j_1}\}, \cdots, \{\omega_{i_l}\}, \Omega, \Omega, \cdots)$$
$$C = (\Omega, \cdots, \Omega, \Omega, \cdots, \Omega, \Omega, \cdots, \Omega, \{\omega_j\}, \Omega, \cdots)$$

とおけば，$p(A)>0$ のとき，k のいかんにかかわらず

$$p_A(C) = p_B(C) = p(i_1, i_2, \cdots, i_l \to j)$$

が成立することを示せ．

問 6. 記憶の長さ l のマルコフ連鎖 $\mathfrak{M}$ に対して $n \geq s > l$ なる自然数 n, s をとるとき，$\mathfrak{M}$ と $\mathfrak{M}_s$ の n 重確率空間，無限多重確率空間は同じものになることを確かめよ．

§5. エントロピー

1. トランプを切る実験の系列において，初期確率を

$$p(1) = p(2) = \cdots = p(N) = \frac{1}{N} \quad (N=52!)$$

とおけば，

$$p^{(2)}(j) = \sum_{i=1}^{N} p(i) p(i \to j) = \frac{1}{N} = p(j)$$

である．全く同様にして，いかなる r に対しても

$$p^{(r)}(j) = p(j)$$

であることが知られる．また，英文タイピストの作業の例では，常識から考えて，いかなる r に対しても

$$p^{(r)}(i_1, i_2, \cdots, i_{10}) = p(i_1, i_2, \cdots, i_{10})$$

となっているとしてよい（$p^{(r)}$については§4，問2を参照）．つまり，英文タイピストは，必ずしも原稿のはじめから打つことを命ぜられるとは限らないから，その作業のある特定の段階で，何らかの特定の文字があらわれやすいということはないであろう．

一般に，このように，記憶の長さ l のマルコフ連鎖が，r のいかんにかかわらず

$$p^{(r)}(i_1, i_2, \cdots, i_l) = p(i_1, i_2, \cdots, i_l)$$

なる条件をみたすとき，その連鎖は**定常**であるといわれる．また，一つのマルコフ系列に対応するマルコフ連鎖が定常であれば，その系列を定常であるという．

次の定理はたやすく確かめられる：

定理 1. 定常マルコフ連鎖のいかなる延長もまた定常である．

定理 2. 定常マルコフ連鎖においては，いかなる自然数 s に対しても

$$p^{(1)}(i_1, i_2, \cdots, i_s) = p^{(2)}(i_1, i_2, \cdots, i_s) = \cdots$$

が成立する．

注意 1. 定理2における等式の共通の値を $p(i_1, i_2, \cdots, i_s)$ と書く．

例 1. 一つの試行から得られる単純マルコフ連鎖は定常である．

例 2. 混合型の単純マルコフ連鎖において，初期確率 $p(i)$ を $p^{(\infty)}(i)$ でおきかえれば，つねに定常マルコフ連鎖が得られる．なぜならば，$q(i) = p^{(\infty)}(i)$ とおくとき，$\sum_{i=1}^{N} q(i) p(i \to j) = q(j)$ （§3，定理2）より $q^{(2)}(j) = q(j)$，一般に $q^{(r)}(j) = q(j)$ をうるか

2. 本節では，以後，定常マルコフ連鎖の"豊富さ"をはかる一つの方法について論じる．はじめに，具体的な定常マルコフ系列

$$\mathfrak{C}_1, \mathfrak{C}_2, \cdots, \mathfrak{C}_n, \cdots$$

をとりあげよう．

ところで，このような系列の"豊富さ"といっても，観点によっていろいろの規定の方法がある．しかし，ここでは，各 $\mathfrak{C}_n$ の結果を予測することの困難さ，という点を目安にとることにする．

それでは，これをどうやって測ったらよいか．

——じつは，これからわれわれの述べようとするのは，これを，"各 $\mathfrak{C}_n$ の結果を見て記録する人の費やす労力"に換算する，というやり方である．

実験の結果を見て記録する人は，各 $\mathfrak{C}_n$ が終るごとに，$\omega_1, \omega_2, \cdots, \omega_N$ というリストから，一つの状態を選択しなくてはならない．たとえば，われわれの英文タイピストは，一字読むごとに，27 個の鍵から，一つを選んで打たなくてはならない．その，一つの実験あたりの労力をもって，"各 $\mathfrak{C}_n$ の結果を予測することの困難さ"を表わそうというのである．

各 $\mathfrak{C}_n$ の結果を予測することが難しければ難しいほど，そのような労力はふえると考えることができる．したがって，この，労力をもって予測の困難さを測る方法は，それほど非常識なものではないことが了解せられるであろう．

かくして得られる概念が，次に述べる，定常マルコフ系列（ないしは連鎖）の"エントロピー"にほかならない．

3. 以下，簡単のために，対象とするマルコフ連鎖（系列）の初期確率，遷移確率は，すべて正であると仮定する．これは大した制限ではない．なぜならば：実際問題としては，0 とごく小さい正数とは区別できないのが普通である．よって，初期確率や遷移確率に 0 があらわれたならば，それを修正して，小さい正数におきかえたとしても，それによって大きな支障をきたすようなことは，おそらくないであろう．

さて，まず，系列が同じ一つの試行のくりかえしである場合を考えてみる．それに対応する連鎖 $\mathfrak{M}$ は，もちろん独立である：

$$\mathfrak{M} = \{\Omega, p(i), p(j)\} \quad (\Omega = \{\omega_1, \omega_2, \cdots, \omega_N\}, N>1).$$

これのエントロピーは，どのようなものでなければならないであろうか．

——このような系列は，$p(1), p(2), \cdots, p(N)$ なる N 個の確率をきめれば決定する．よって，いま，かかる系列に対して定義さるべきエントロピーを

$$H(p(1), p(2), \cdots, p(N))$$

と書くことに定めよう．このとき，次のような分析をすすめることができる：

（i） $H\left(\dfrac{1}{n}, \dfrac{1}{n}, \cdots, \dfrac{1}{n}\right)$ を $G(n)$ と書くことにすれば，
$$G(n) < G(n+1)$$
でなくてはならない．なんとなれば，いくつかの状態が同

程度の可能性をもって出てくるような実験では，状態の数が多くなればなる程，労力はふえるであろうからである．

（ii）　状態が r 組に分類され

　　　　第1組　　$\omega_{11}, \omega_{12}, \cdots, \omega_{1\nu(1)}$
　　　　第2組　　$\omega_{21}, \omega_{22}, \cdots, \omega_{2\nu(2)}$
　　　　……　　　　　……
　　　　第 r 組　　$\omega_{r1}, \omega_{r2}, \cdots, \omega_{r\nu(r)}$

となっているとする．簡単のために

$$p(\{\omega_{ij}\}) = p(i, j),$$
$$p(i, 1) + p(i, 2) + \cdots + p(i, \nu(i)) = q(i)$$

とおく．$q(i)$ は，第 i 組の起る確率にほかならない．

さて，このような実験の結果を記録する労力は，次の二つの部分の総和であると考えることができる：

（1）　組を選ぶ労力　$H(q(1), q(2), \cdots, q(r))$

（2）　第 i 組が選ばれたとき，その中から目的の状態を選ぶ労力

$$H\Bigl(\frac{p(i, 1)}{q(i)}, \frac{p(i, 2)}{q(i)}, \cdots, \frac{p(i, \nu(i))}{q(i)}\Bigr)$$

しかるに，第 i 組は確率 $q(i)$ をもって起るから，（2）の労力の平均は

$$\sum_{i=1}^{r} q(i) H\Bigl(\frac{p(i, 1)}{q(i)}, \frac{p(i, 2)}{q(i)}, \cdots, \frac{p(i, \nu(i))}{q(i)}\Bigr).$$

よって

$$H(p(1, 1), p(1, 2), \cdots, p(1, \nu(1)) ; p(2, 1), \cdots ;$$
$$\cdots ; p(r, 1), p(r, 2), \cdots, p(r, \nu(r)))$$

$$= H(q(1), q(2), \cdots, q(r))$$
$$+ \sum_{i=1}^{r} q(i) H\left(\frac{p(i, 1)}{q(i)}, \frac{p(i, 2)}{q(i)}, \cdots, \frac{p(i, \nu(i))}{q(i)}\right)$$

が成立すると考えるのが自然である.

（iii） 労力を測る単位が必要である. これは, かってにとればよいわけであるが, ここでは便宜上

$$H\left(\frac{1}{2}, \frac{1}{2}\right) = G(2) = 1$$

とおく. つまり, 二つの状態 ω_1, ω_2 が同程度の可能性をもってあらわれるような試行の系列を考え, そのようなものの結果を記録する労力を単位とするのである.

（iv） $H(p(1), p(2), \cdots, p(N))$ は, $p(1), p(2), \cdots, p(N)$ の連続な関数とみてよい. なぜならば, 状態の確率の変化がわずかであるにもかかわらず, 労力が急激に変化するというようなことは, まず考えられないであろうからである.

4. 3. の分析に基づいて, エントロピー $H(p(1), p(2), \cdots, p(N))$ が, いかなる式であたえられるかを考えてみる. 答は次の通りである:

定理 3. （i）—（iv）をみたすような $p(1), p(2), \cdots, p(N)$ の関数 $H(p(1), p(2), \cdots, p(N))$ は

$$-\sum_{i=1}^{N} p(i) \log_2 p(i)$$

に限る.

［証明］ まず

$$G(n^r) = H\Big(\frac{1}{n^r}, \frac{1}{n^r}, \cdots, \frac{1}{n^r}\Big)$$

$$= H\Big(\overbrace{\frac{1}{n^r}, \cdots, \frac{1}{n^r}}^{n^{r-1}}; \overbrace{\frac{1}{n^r}, \cdots, \frac{1}{n^r}}^{n^{r-1}}; \cdots; \overbrace{\frac{1}{n^r}, \cdots, \frac{1}{n^r}}^{n^{r-1}}\Big)$$

よって，(ii) により

$$= H\Big(\frac{1}{n}, \frac{1}{n}, \cdots, \frac{1}{n}\Big) + H\Big(\frac{1}{n^{r-1}}, \frac{1}{n^{r-1}}, \cdots, \frac{1}{n^{r-1}}\Big)$$

$$= G(n) + G(n^{r-1}).$$

これをくりかえし用いて

$$G(n^r) = rG(n)$$

をうる．いま，1よりも大きな任意の自然数 m, n をとり，n^r ($r \geq 1$) に対して

$$m^s \leq n^r < m^{s+1}$$

なる整数 s を選ぶ．このとき

$$s \log_2 m \leq r \log_2 n < (s+1) \log_2 m.$$

また，(i) により $G(m^s) \leq G(n^r) < G(m^{s+1})$ だから

$$sG(m) \leq rG(n) < (s+1)G(m).$$

よって

$$\frac{s}{r} \leq \frac{\log_2 n}{\log_2 m} < \frac{s}{r} + \frac{1}{r},$$

$$\frac{s}{r} \leq \frac{G(n)}{G(m)} < \frac{s}{r} + \frac{1}{r},$$

$$\Big|\frac{G(n)}{G(m)} - \frac{\log_2 n}{\log_2 m}\Big| \leq \frac{1}{r}.$$

ここで, $r \to \infty$ ならしめれば
$$\frac{G(n)}{G(m)} = \frac{\log_2 n}{\log_2 m}.$$

ゆえに, $G(n) = K \log_2 n$ なる定数 K のあることがわかる. しかるに, (iii) により $G(2) = K = 1$. よって
$$G(n) = \log_2 n.$$

次に, $H(p(1), p(2), \cdots, p(N))$ における $p(1)$, $p(2)$, $\cdots$, $p(N)$ がすべて有理数であれば, これを通分して $p(1) = \frac{n_1}{n}$, $p(2) = \frac{n_2}{n}$, $\cdots$, $p(N) = \frac{n_N}{n}$ とすることができる. このとき, (ⅱ) によって

$$G(n) = H\Big(\overbrace{\frac{1}{n}, \cdots, \frac{1}{n}}^{n_1} ; \overbrace{\frac{1}{n}, \cdots, \frac{1}{n}}^{n_2} ; \cdots ; \overbrace{\frac{1}{n}, \cdots, \frac{1}{n}}^{n_N}\Big)$$
$$= H(p(1), \cdots, p(N)) + \sum_{i=1}^{N} p(i) G(n_i).$$

ゆえに
$$\log_2 n = H(p(1), \cdots, p(N)) + \sum_{i=1}^{N} p(i) \log_2 n_i,$$
$$H(p(1), \cdots, p(N)) = -\sum_{i=1}^{N} p(i) \log_2 p(i).$$

最後に, $p(1)$, $p(2)$, $\cdots$, $p(N)$ のうちに有理数でないものがある場合には,
$$p_n(i) \to p(i) \quad (n \to \infty) \quad (i = 1, 2, \cdots, N)$$
なる有理数の列 $\{p_n(i)\}$ を構成する. もちろん, $\sum_{i=1}^{N} p_n(i) = 1$, $1 > p_n(i) > 0$ であるようにとる. そのときは, 上に述べたところによって

$$H(p_n(1), \cdots, p_n(N)) = -\sum_{i=1}^{N} p_n(i)\log_2 p_n(i).$$

ここで $n\to\infty$ ならしめれば，(iv)によって両辺は連続関数であるから

$$H(p(1), \cdots, p(N)) = -\sum_{i=1}^{N} p(i)\log_2 p(i).$$

逆に，$-\sum_{i=1}^{N} p(i)\log_2 p(i)$ が，(i)，(ii)，(iii)，(iv)の条件をみたすことは，たやすく確かめられる．読者は自らこころみてみられたい．

この定理を根拠として，次のように定義する：

定義1． 独立な定常マルコフ連鎖

$$\mathfrak{M} = \{\Omega, p(i), p(j)\} \quad (\Omega = \{\omega_1, \omega_2, \cdots, \omega_N\})$$

に対して，$-\sum_{i=1}^{N} p(i)\log_2 p(i)$ をその**エントロピー**といい，$H(p(1), p(2), \cdots, p(N))$ または $H(\mathfrak{M})$ で表わす．その単位を**ビット** (bit) という．

例3． サイコロ投げの試行から得られる独立なマルコフ連鎖においては，$p(1)=p(2)=\cdots=p(6)=\frac{1}{6}$．ゆえに，そのエントロピーは，$G(6)=\log_2 6$ ビット．

例4． 銅貨投げの試行から得られる独立なマルコフ連鎖において，$\omega_1=$表，$\omega_2=$裏とおけば $p(1)=p(2)=\frac{1}{2}$．よって，そのエントロピーは $G(2)=1$ ビットにひとしい．

5．一般の定常マルコフ系列

$$\mathfrak{E}_1, \mathfrak{E}_2, \cdots, \mathfrak{E}_n, \cdots$$

のエントロピーは，どのようになるであろうか．いま，それに対応するマルコフ連鎖を

$$\mathfrak{M} = \{\Omega, \, p(i_1, i_2, \cdots, i_l), \, p(i_1, i_2, \cdots, i_l \to j)\}$$

とする.このとき,各 $\mathfrak{E}_k$ $(k>l)$ は,その前の l 個の実験の結果 $\omega_{i_1}, \omega_{i_2}, \cdots, \omega_{i_l}$ が定まれば,$p(\{\omega_j\}) = p(i_1, i_2, \cdots, i_l \to j)$ となる試行である.よって,このような状勢の下では,結果を記録する労力は

$$H(p(i_1, \cdots, i_l \to 1), \cdots, p(i_1, \cdots, i_l \to N))$$
$$= -\sum_{j=1}^{N} p(i_1, \cdots, i_l \to j) \log_2 p(i_1, \cdots, i_l \to j)$$

にひとしいと考えることができる.しかるに,そのような状勢の起る確率,すなわち $\mathfrak{E}_k$ の前に $\omega_{i_1}, \omega_{i_2}, \cdots, \omega_{i_l}$ のあらわれる確率は $p(i_1, i_2, \cdots, i_l)$ にひとしい.それゆえ,結果を記録する労力は,平均して

$$\sum_{i_1,i_2,\cdots,i_l=1}^{N} p(i_1, \cdots, i_l) H(p(i_1, \cdots, i_l \to 1), \cdots,$$
$$p(i_1, \cdots, i_l \to N))$$
$$= -\sum_{i_1,i_2,\cdots,i_l,j=1}^{N} p(i_1, \cdots, i_l, j) \log_2 p(i_1, \cdots, i_l \to j)$$

である.これを根拠として,次のように定義する:

定義 2. 定常マルコフ連鎖

$$\mathfrak{M} = \{\Omega, \, p(i_1, i_2, \cdots, i_l), \, p(i_1, i_2, \cdots, i_l \to j)\}$$
$$(\Omega = \{\omega_1, \omega_2, \cdots, \omega_N\})$$

に対して,$-\sum_{i_1,i_2,\cdots,i_l,j=1}^{N} p(i_1, \cdots, i_l, j) \log_2 p(i_1, \cdots, i_l \to j)$ をその**エントロピー**といい,$H(\mathfrak{M})$ で表わす.単位はやはりビットである.

定理 4. $H(\mathfrak{M}) = H(\mathfrak{M}_s)$ $(s \geq l)$.

§5. エントロピー

証明は読者自らこころみてみられたい．

注意2. エントロピーはいろいろの興味ある性質をもっているが，これに深入りすることは本書の目的ではないから省略する．しかし，どうしてもふれておかなくてはならない事項が一つある．それを以下に説明することにしよう．

いま，

(*) $\qquad \mathfrak{E}_1, \mathfrak{E}_2, \cdots, \mathfrak{E}_n, \cdots$

を記憶の長さ l の定常マルコフ系列とする．このとき (*) の各実験の結果を，0と1との列に符号化して記録することを考える．すなわち，一定の自然数 s を定め，長さ s の結果の列

$\qquad a_1, a_2, \cdots, a_s \quad (a_i は \omega_1, \omega_2, \cdots, \omega_N のうちの一つ)$

がくるごとに，定められたルールで，これを 0110…01 のような列に翻訳して記録するのである．ただし，0,1 の列の長さはまちまちでもよい．しかし，あとでその翻訳を一つなぎにしたもの：

$\qquad \varepsilon_1 \varepsilon_2 \cdots \varepsilon_n \cdots \quad (\varepsilon_i は 0 または 1)$

を見たとき，それからもとの列がただ一通りに復元できるようなルールでなければならないことは，いうまでもないであろう．一方，長さ s のとり方は自由である．

さて，いま，一つの翻訳のルールがあたえられたとし，$\Omega^{(s)}$ の元 $a = (\omega_{i_1}, \cdots, \omega_{i_s})$ に対応する 0,1 の列の長さを $X(a)$ とする．X は一つの確率変数である．このとき，

$$\frac{M(X)}{s}$$

は，$\Omega^{(s)}$ の元 $(\omega_{i_1}, \cdots, \omega_{i_s})$ に対応する 0,1 の列の長さの平均を s で割ったものである．すなわち，それは，一つの結果 ω_i ごとに，0,1 が平均して幾つ必要であるか，という数を表わしている．これが小さければ小さいほど，そのルールは"うまい"ルールであ

るということができよう．

ところが，証明は省略するが，$\dfrac{M(X)}{s}$ の下限は，ちょうど系列(*)のエントロピーに等しいことが示されるのである．これをシャノン (Shannon) の**定理**という．

つまり，エントロピーは，系列(*)の各実験の結果を記録する場合，平均して 0, 1 が最小限何個必要であるかというその数と，まさに一致するのである．

注意 3. 一つの言語をタイピストが打つ場合，それに対応するマルコフ系列のエントロピーを，その**言語のエントロピー**という．言語は，エントロピーが大きければ大きいほど，豊富につまった言語である．反対に，小さければ小さいほど，無駄な部分の多い冗長な言語である．諸説紛々としていてあまり信用はできないのであるが，英語，フランス語，ドイツ語のエントロピーは，それぞれだいたい 2 ビット位，3 ビット位，1 ビット位であろうと思われる．ただし，念のためにつけ加えておくが，言語に無駄が多いとか少ないとかいう上の説明は，純粋に数量的な立場から成されるものである．したがって，それに，文学的あるいは哲学的な意味をみだりにあたえてはならない．しかし，言語を書く方式――かな書き，ローマ字書き，かなづかいなど――の利害得失を論ずる上からは，エントロピーの概念は大いに参考になるであろう．

問 1. 定理 1 を証明せよ．

問 2. 定理 2 を証明せよ．

問 3. $-\sum_{i=1}^{N} p(i)\log_2 p(i)$ が (i), (ii), (iii), (iv) を満足することを確かめよ．

問 4. 定理 4 を証明せよ．

§6. 術語に対する注意

1. これまで,われわれはマルコフ系列,マルコフ連鎖なる術語を用いてきたが,これらに対するわれわれの定義は,普通おこなわれるものにくらべ,実はやや狭いのである.ここで,そのことについて,少し説明を加えておこう.

まず,普通おこなわれるマルコフ系列の定義は次の通りである:

実験の系列

(*) $\mathfrak{E}_1, \mathfrak{E}_2, \cdots, \mathfrak{E}_n, \cdots$

の状態を $\omega_1, \omega_2, \cdots, \omega_N$ とする.このとき,次の条件をみたすような数

$p(i_1, i_2, \cdots, i_l)$, $p_k(i_1, i_2, \cdots, i_l \to j)$

$(i_1, i_2, \cdots, i_l, j=1, 2, \cdots, N; k=l+1, l+2, \cdots)$

が存在するならば,(*)を**記憶の長さ l のマルコフ系列**という:

(A) $\mathfrak{E}_1, \mathfrak{E}_2, \cdots, \mathfrak{E}_l$ はひとまとめにすれば,次のような試行である.

(1) 根元事象は $(\omega_{i_1}, \omega_{i_2}, \cdots, \omega_{i_l})$ $(i_1, i_2, \cdots, i_l=1, 2, \cdots, N)$ である.

(2) 指標は根元事象それ自身である.

(3) $p(((\omega_{i_1}, \omega_{i_2}, \cdots, \omega_{i_l}))) = p(i_1, i_2, \cdots, i_l)$
$(i_1, i_2, \cdots, i_l=1, 2, \cdots, N).$

(B) 各 $\mathfrak{E}_k$ $(k>l)$ は,$\mathfrak{E}_{k-l}, \mathfrak{E}_{k-l+1}, \cdots, \mathfrak{E}_{k-1}$ の結果 $\omega_{i_1}, \omega_{i_2}, \cdots, \omega_{i_l}$ がきまれば,次のような試行である.

(1) 根元事象は $\omega_1, \omega_2, \cdots, \omega_N$ である.

(2) 指標は根元事象それ自身である.

(3) $p(\{\omega_j\}) = p_k(i_1, i_2, \cdots, i_l \to j)$ $(j=1, 2, \cdots, N)$.

とくに,$p_k(i_1, i_2, \cdots, i_l \to j)$ が k のいかんにかかわらずひとしいとき,(*)を**均等**であるという.

すなわち,われわれの意味のマルコフ系列は,普通いうところの均等なマルコフ系列にほかならないわけである.

2. マルコフ連鎖の普通の定義は次のごとくである:

集合 $\Omega = \{\omega_1, \omega_2, \cdots, \omega_N\}$ に対して,次の条件をみたすような数

$$p(i_1, i_2, \cdots, i_l), \quad p_k(i_1, i_2, \cdots, i_l \to j)$$
$$(k = l+1, l+2, \cdots)$$

が付随せしめられたならば,その総体

(**) $\{\Omega, p(i_1, i_2, \cdots, i_l), p_k(i_1, i_2, \cdots, i_l \to j)\}$

を**記憶の長さ l のマルコフ連鎖**という:

(1) $\sum_{i_1,\cdots,i_l=1}^{N} p(i_1, i_2, \cdots, i_l) = 1,$
    $1 \geq p(i_1, i_2, \cdots, i_l) \geq 0.$

(2) $\sum_{j=1}^{N} p_k(i_1, i_2, \cdots, i_l \to j) = 1,$
    $1 \geq p_k(i_1, i_2, \cdots, i_l \to j) \geq 0.$

とくに,$p_k(i_1, i_2, \cdots, i_l \to j)$ が k のいかんにかかわらずひとしいならば,(**)を**均等**であるという.

つまり,われわれの意味のマルコフ連鎖は,普通いうところの均等なマルコフ連鎖に相当しているわけである.

われわれは,もっぱら均等なマルコフ系列,均等なマル

コフ連鎖のみを対象とする関係から，簡単のために，"均等な"という形容辞を故意に省略したのである．それゆえ，他の書物を読まれるときは十分に注意していただきたい．

一般のマルコフ連鎖（ないしは系列）に対しても，多重確率空間 $\Omega^{(n)}$, $\Omega^{(\infty)}$ が全く同様に定義できることは，ほとんど明らかであろう．

問． 一般のマルコフ連鎖に対し，$\Omega^{(n)}$, $\Omega^{(\infty)}$ を構成せよ．

§7. 確率過程

1. 本章を終るに際し，確率過程なる概念にちょっとふれておく：

$$\mathfrak{M} = \{\Omega,\ p(i_1, i_2, \cdots, i_l),\ p_k(i_1, i_2, \cdots, i_l \to j)\}$$
$$(\Omega = \{\omega_1, \omega_2, \cdots, \omega_N\})$$

を（一般の）マルコフ連鎖とし，Ω の各元 ω_k に対して k を対応せしめるルールを X としよう：$X(\omega_k) = k$．このとき，$\Omega^{(\infty)}$ における次のようなルール X' を，X の $\Omega^{(\infty)}$ における**第 i 番目の複写**といい，$X_i^{(\infty)}$ で表わす：

$$X'(a_1, a_2, \cdots, a_n, \cdots) = X(a_i).$$

これが，$\Omega^{(\infty)}$ の上の確率変数であることはいうまでもない．そして，次の定理が成立することは，たやすく確かめられる．証明は，読者自ら考えて見られたい．

定理 1. $A = \{X_{k-s}^{(\infty)} = j_1\} \cap \cdots \cap \{X_{k-1}^{(\infty)} = j_s\} \cap B$,
$B = \{X_k^{(\infty)} = i_1\} \cap \cdots \cap \{X_{k+l-1}^{(\infty)} = i_l\}$

とおけば，$p(A) > 0$ のとき

$$p_A(\{X_{k+l}^{(\infty)} = j\}) = p_B(\{X_{k+l}^{(\infty)} = j\})$$

が成立する.（実際は $p_{k+l}(i_1, i_2, \cdots, i_l \to j)$ にひとしい.）

定理2. $\mathfrak{M}$ が均等であれば，前定理の $p_B(\{X_{k+l}^{(\infty)}=j\})$ は k に無関係である.（実際は $p(i_1, i_2, \cdots, i_l \to j)$ にひとしい.）

定理3. $\mathfrak{M}$ が均等かつ定常であれば
$$p(\{X_k^{(\infty)}=i_1\} \cap \{X_{k+1}^{(\infty)}=i_2\} \cap \cdots \cap \{X_{k+s-1}^{(\infty)}=i_s\})$$
は k に無関係である.（実際は $p(i_1, i_2, \cdots, i_s)$ にひとしい.）

2. 一般に，確率空間 Ω' の上の確率変数の列
$$X_1, X_2, \cdots, X_n, \cdots$$
のことを，Ω' の上の**確率過程**といい，$\{X_n\}_{n=1}^{\infty}$ あるいは $\{X_n\}$ などで表わす．これに関しては，次のような定義がおかれる：

定義1. 確率過程 $\{X_n\}$ は，次に述べるような条件をみたすとき，**記憶の長さ l のマルコフ過程**であるといわれる：

$\alpha_1, \cdots, \alpha_l, \beta_1, \cdots, \beta_s$ を任意の定数とし
$$A = \{X_{k-s}=\beta_1\} \cap \cdots \cap \{X_{k-1}=\beta_s\} \cap B,$$
$$B = \{X_k=\alpha_1\} \cap \cdots \cap \{X_{k+l-1}=\alpha_l\}$$
とおくとき，$p(A)>0$ ならば，いかなる実数 α に対しても
$$p_A(\{X_{k+l}=\alpha\}) = p_B(\{X_{k+l}=\alpha\}).$$
とくに，$p_B(\{X_{k+l}=\alpha\})$ が k に無関係ならば，マルコフ過程は**均等**であるという．

定義2. 確率過程 $\{X_n\}$ が次の条件をみたすならば，それは**定常**であるといわれる：

いかなる自然数 s, いかなる実数 $\alpha_1, \alpha_2, \cdots, \alpha_s$ に対しても

$$p(\{X_k=\alpha_1\}\cap\{X_{k+1}=\alpha_2\}\cap\cdots\cap\{X_{k+s-1}=\alpha_s\})$$

は k に無関係である.

定常なマルコフ過程が均等であることはいうまでもない.

定理1によって, 1.で述べた確率過程 $\{X_n^{(\infty)}\}$ が, 記憶の長さ l のマルコフ過程であることは明らかである. また, 定理2, 3 によって, $\mathfrak{M}$ が均等であれば $\{X_n^{(\infty)}\}$ も均等, さらに $\mathfrak{M}$ が均等かつ定常であれば $\{X_n^{(\infty)}\}$ も定常である.

マルコフ連鎖 $\mathfrak{M}$ からつくられるこのような確率過程 $\{X_n^{(\infty)}\}$ を, $\mathfrak{M}$ の確率過程という.

上のことからも知られるように, $\mathfrak{M}$ のあらゆる性質は, その確率過程にそのまま反映する. 事実, $\mathfrak{M}$ の研究は, すべてその確率過程に関連した言葉でいい表わすことができるのである.

それゆえ, 確率過程なる概念が, きわめて重要なものであることが了解せられるであろう. しかし, ここでは, これ以上深入りはしないことにする.

問 1. 定理1を証明せよ.
問 2. 定理2を証明せよ.
問 3. 定理3を証明せよ.

演習問題V

1. 遺伝型は, 二つの遺伝子 X, Y の集まり XY である. ただ

し，XY と YX とは相ひとしい．一つの個体の遺伝型が XY であれば，それは，遺伝子 X をもつ配偶子と Y をもつ配偶子とを，同じ確率でうみ出すといわれている．子供は，両親のうみ出した配偶子を一つずつ受け取って，自己の遺伝型を形成するのである．いま，二つの個体を交配せしめ，その子供のうちの2個をとり，それを交配せしめ，以下同様にすることにしよう．このとき，もし A, B という二つの遺伝子があるものとすれば，各世代の両親のもつ遺伝型の組合せは，次の6通りである：$\omega_1 = (AA, AA)$, $\omega_2 = (AA, AB)$, $\omega_3 = (AB, AB)$, $\omega_4 = (AB, BB)$, $\omega_5 = (BB, BB)$, $\omega_6 = (AA, BB)$．これらを世代の状態という．各世代の状態を観察する実験の系列は一つの単純マルコフ系列であるが，その遷移行列はどのようなものになるか．

2. 単純マルコフ連鎖において，一般に

$$f^{(1)}(i) = p(i \to i),$$
$$f^{(n)}(i) = p^{(n)}(i \to i) - f^{(1)}(i) p^{(n-1)}(i \to i) - f^{(2)}(i) p^{(n-2)}(i \to i) - \cdots - f^{(n-1)}(i) p^{(1)}(i \to i),$$
$$g^{(n)}(i) = \sum_{j=1}^{n} f^{(j)}(i) \quad (i = 1, 2, \cdots, N; n = 1, 2, \cdots)$$

なるものを定義する．これらの意味を考えよ．状態 ω_i は，$\lim_{n \to \infty} g^{(n)}(i) = 1$ なるとき**回帰的な状態**，しからざるとき**一時的な状態**といわれる．次のことを示せ：ω_i が一時的な状態であるための必要十分な条件は，級数 $\sum_{n=1}^{\infty} p^{(n)}(i \to i)$ が収束することである．（ヒント：$U(x) = \sum_{n=1}^{\infty} f^{(n)}(i) x^n$, $V(x) = \sum_{n=1}^{\infty} p^{(n)}(i \to i) x^n$ なる巾級数を定義し，その関係を考察する．）

3. ω_j が一時的な状態であれば，いかなる $i (1 \leq i \leq N)$ に対しても

$$\lim_{n \to \infty} p^{(n)}(i \to j) = 0$$

が成立することを示せ．

4. ω_i, ω_j に対して $p^{(n)}(i \to j) > 0$ なる自然数 n があれば，ω_i か

ら ω_j へうつりうるという．回帰的な状態 ω_i からうつりうる状態 ω_j はまた回帰的であることを示せ．さらに，このとき，ω_j から ω_i へもうつりうることを証明せよ．

5. 状態の部分集合 A は，次の条件をみたすとき，マルコフ連鎖の**エルゴード部分**といわれる：

(1) $\omega_i, \omega_j \in A$ ならば，ω_i から ω_j へうつることができる．

(2) A の元からうつりうる状態はまた A の元である．

このとき，次の三つを証明せよ：

(a) 回帰的な状態は，ある一つのエルゴード部分に属する．

(b) 二つのエルゴード部分は共通元をもたない．

(c) 一般に，状態 ω_i に対して $p^{(n)}(i \to i) > 0$ なる n があれば，その最大公約数を $d(i)$ とおく．同じエルゴード部分 A に属する状態 ω_i は必ず $d(i)$ をもち，それらはすべて相ひとしい．（この共通の数を A の**周期**という．）

6. エルゴード部分 A の周期が d であれば，A のいかなる元 ω_i, ω_j に対しても

$$\lim_{n \to \infty} p^{(nd)}(i \to j), \ \lim_{n \to \infty} p^{(nd+1)}(i \to j),$$
$$\cdots, \lim_{n \to \infty} p^{(nd+(d-1))}(i \to j)$$

が存在し，かつそのうちのただ一つだけが正であることを示せ．（これと 3. とを合わせれば，エルゴード部分に属する状態はすべて回帰的であることがわかる．）

7. 1. の 6 個の状態を回帰的なものと一時的なものとに分類し，エルゴード部分を全部求めよ．

8. 単純マルコフ連鎖が混合型であるための必要かつ十分な条件は，次の三つが成立することである：

(1) 一時的な状態はない．

(2) エルゴード部分はただ一つ．

(3) その周期は 1．

9. N 個の状態をもつマルコフ連鎖のうちで,エントロピーが最大になるようなものを求めよ.

10. 確率分布 $i \to p(i)$ $(i=1, 2, \cdots, N)$;$i \to q(i)$ $(i=1, 2, \cdots, N)$ の間に,次のような関係があるとする:
$$q(i) = \sum_{j=1}^{N} a_{ij} p(j) \quad (i=1, 2, \cdots, N)$$
ただし,$\sum_{i=1}^{N} a_{ij} = \sum_{j=1}^{N} a_{ij} = 1$;$a_{ij} \geq 0$ $(i, j=1, 2, \cdots, N)$. このとき,
$$H(p(1), p(2), \cdots, p(N)) \leq H(q(1), q(2), \cdots, q(N))$$
が成立することを示せ.

VI. ボレル型の確率空間

前章までに述べたのは，"古典確率論"とよばれるものの最も本質的な部分を，近代的な方法でもって再編成したものにほかならない．現代の確率論は，このような理論を根幹として，種々の方向に発展していくのである．

本章では，この現代の確率論のごくはじめの部分を，できるだけ重点的に解説したいと思う．これによって，前章までの理論が，どのような手法で発展せしめられるかを，十分に理解していただきたい．

§1. 確率事象拡張の必要性

1. 有限個の確率事象 $E_1, E_2, \cdots, E_n$ の和事象や積事象

$$\bigcup_{r=1}^{n} E_r, \quad \bigcap_{r=1}^{n} E_r$$

はまた確率事象である．しかし，容易に知られるように，無限に多くの確率事象の列 $E_1, E_2, \cdots, E_n, \cdots$ の和事象や積事象

$$\bigcup_{r=1}^{\infty} E_r, \quad \bigcap_{r=1}^{\infty} E_r$$

は必ずしも確率事象ではない．

例1. I章，§8，例4の確率空間において

$$E_r = \left[\frac{\pi}{2^{2r+1}}, \frac{\pi}{2^{2r}} \right] \quad (r=1, 2, \cdots, n, \cdots)$$

とおけば，$\bigcup_{r=1}^{\infty} E_r$ は確率事象ではない．

例2. 任意の確率空間 Ω において，$E \neq \emptyset$, $E \neq \Omega$ なる確率事

象 E をとれば,無限多重確率空間 $\Omega^{(\infty)}$ における筒確率事象

$$F_r = (\overset{r}{\overbrace{\Omega, \cdots, \Omega, E}}, \Omega, \cdots) \quad (r=1, 2, \cdots, n, \cdots)$$

の和事象や積事象

$$\bigcup_{r=1}^{\infty} F_r, \quad \bigcap_{r=1}^{\infty} F_r \ (=(E, E, \cdots, E, \cdots))$$

は,確率事象ではない.たとえば,銅貨投げの試行の無限多重試行においては,"少なくとも1回表が出る","永久に表が出る"という事柄に対応する事象はいずれも確率事象ではない.

2. しかしながら,確率事象,すなわち確率をあたえられる事象の範囲を拡張して,その結果,新しい意味の確率事象の無限列 $\{E_n\}$ の和事象や積事象が,すべてまた確率事象であるようにしておくと,いろいろと便利なことがある.

たとえば,上に述べた二つの例における $\bigcup_{r=1}^{\infty} E_r$ や $\bigcup_{r=1}^{\infty} F_r, \bigcap_{r=1}^{\infty} F_r$ などについても,その確率がどのくらいになるかが問題になることがないとはいえない.

また,$\{X_n\}$ を一つの確率空間 Ω の上の確率過程とするとき,極限値 $\lim_{n\to\infty} X_n(a)$ がある一定数 α にひとしいような a 全体のつくる事象

$$\{\lim_{n\to\infty} X_n = \alpha\} = \{a | \lim_{n\to\infty} X_n(a) = \alpha\}$$

の確率を考えたいことがある.ところが,このようなものを考える場合,やはり,確率事象の無限列の和事象や積事象がまた確率事象となるようでないと,ちょっとぐあいがわるいのである:

§1. 確率事象拡張の必要性

よく知られているように，$\lim_{n\to\infty} X_n(a) = \alpha$ なる条件は，次のようにいい表わすことができる.

(1) いかなる $\varepsilon > 0$ に対しても，適当に自然数 n_0 をとれば，$n \geq n_0$ なるすべての n に対して $|X_n(a) - \alpha| < \varepsilon$.

しかし，明らかに，ε としては $\dfrac{1}{m}$（m は自然数）という形の正数だけを考えれば十分である．すなわち，(1) は次のようにもいいかえることができる.

(2) いかなる自然数 m に対しても，適当に自然数 n_0 をとれば，$n \geq n_0$ なるすべての n に対して $|X_n(a) - \alpha| < \dfrac{1}{m}$.

ところで，$n \geq n_0$ なるすべての n に対して $|X_n(a) - \alpha| < \dfrac{1}{m}$ となるような a 全体のつくる事象は

$$E_{n_0, m} = \bigcap_{n=n_0}^{\infty} \left\{ a \,\middle|\, |X_n(a) - \alpha| < \frac{1}{m} \right\}$$

である．よって，ある n_0 をとるとき，$n \geq n_0$ なるすべての n に対して $|X_n(a) - \alpha| < \dfrac{1}{m}$ となるような a 全体の事象は

$$\bigcup_{n_0=1}^{\infty} E_{n_0, m}$$

にひとしい．これより，(2) を満足する a 全体の事象，すなわち $\{\lim_{n\to\infty} X_n = \alpha\}$ は

$$\bigcap_{m=1}^{\infty} \bigcup_{n_0=1}^{\infty} E_{n_0, m}$$
$$= \bigcap_{m=1}^{\infty} \bigcup_{n_0=1}^{\infty} \bigcap_{n=n_0}^{\infty} \left\{ a \,\middle|\, |X_n(a) - \alpha| < \frac{1}{m} \right\}$$

と表わされることがわかる．したがって，$\{\lim_{n\to\infty} X_n = \alpha\}$ な

る型の事象の確率を考えうるためには，どうしても，確率をあたえられる事象，すなわち確率事象の無限列の和事象や積事象が，また確率事象となっていなくては困るのである．

そこで，われわれは，以下に，確率事象の範囲をおしひろめ，上のような要求にこたえることを試みることにする．

§2. 連続性の公理

1. われわれは，これから，確率をあたえられるような事象の範囲をおしひろめようというのであるが，その新しい範囲に入ってくる事象のことを，**広義の確率事象**という．

確率空間 Ω における本来の確率事象の全体を $\mathfrak{A}$，広義の確率事象の全体を $\mathfrak{B}$ とおくとき，これらが次の条件を満足しなければならないことはいうまでもない：

(1) $\mathfrak{A} \subseteq \mathfrak{B}$；すなわち，本来の確率事象はすべて広義の確率事象である．

(2) $E_n \in \mathfrak{B}$ ($n=1, 2, \cdots$) ならば，$\bigcup_{n=1}^{\infty} E_n$, $\bigcap_{n=1}^{\infty} E_n \in \mathfrak{B}$.

また，次の要求も不自然ではないであろう：

(3) $E \in \mathfrak{B}$ ならば $E^c \in \mathfrak{B}$.

$\mathfrak{A}$ があたえられた場合，この(1), (2), (3)を満足するような範囲 $\mathfrak{B}$ は，少なくとも一つ存在する．たとえば，Ω におけるあらゆる事象の全体 $\mathfrak{X}$ は，たしかに(1), (2), (3)を

満足する.一般に,このように(1),(2),(3)の三条件をみたすような範囲 $\mathfrak{B}$ を, $\mathfrak{A}$ の **σ-拡大** という.

しかしながら,いくら $\mathfrak{A}$ だけでは不足だからといって, $\mathfrak{B}$ をむやみに広くとる必要もない.考察の中心はなんといっても $\mathfrak{A}$ なのであるから,できるだけ小さい σ-拡大をとる方が経済的と考えられるであろう.これについては次の定理が成立する:

定理 1. $\mathfrak{A}$ のあらゆる σ-拡大 $\mathfrak{B}$, $\mathfrak{B}'$, $\mathfrak{B}''$, … の共通部分
$$\mathfrak{B}_0 = \mathfrak{B} \cap \mathfrak{B}' \cap \mathfrak{B}'' \cap \cdots$$
は,また $\mathfrak{A}$ の σ-拡大である.

[証明] $\mathfrak{B}_0$ が上の(1),(2),(3)をみたすことをいえばよい. (1): $\mathfrak{A} \subseteq \mathfrak{B}$, $\mathfrak{A} \subseteq \mathfrak{B}'$, $\mathfrak{A} \subseteq \mathfrak{B}''$, … より $\mathfrak{A} \subseteq \mathfrak{B}_0$. (2): $E_n \in \mathfrak{B}_0$ ($n=1, 2, \cdots$) とすれば, $\mathfrak{B}_0 \subseteq \mathfrak{B}$ より $E_n \in \mathfrak{B}$ ($n=1, 2, \cdots$). よって $\bigcup_{n=1}^{\infty} E_n \in \mathfrak{B}$. 同様にして $\bigcup_{n=1}^{\infty} E_n \in \mathfrak{B}'$, $\mathfrak{B}''$, …. ゆえに $\bigcup_{n=1}^{\infty} E_n \in \mathfrak{B}_0$. 同じく $\bigcap_{n=1}^{\infty} E_n \in \mathfrak{B}_0$. (3): (2)と同様にして示される.

$\mathfrak{B}_0$ が $\mathfrak{A}$ の最小の σ-拡大であることはいうまでもない.これを $\mathfrak{A}$ の **ボレル (Borel) 拡大** といい, $B(\mathfrak{A})$ で表わす.上に述べたところによって,広義の確率事象は, $B(\mathfrak{A})$ の元で十分である.

注意 1. §1, 例1, 例2の $\bigcup_{r=1}^{\infty} E_r$, $\bigcup_{r=1}^{\infty} F_r$, $\bigcap_{r=1}^{\infty} F_r$; および §1, 2. で述べた事象 $\{\lim_{n\to\infty} X_n = \alpha\}$ が, $B(\mathfrak{A})$ に属することはもはや明らかであろう.

2. $B(\mathfrak{A})$ の元 E にあたえられるべき確率が

(a) $E \in \mathfrak{A}$ ならば, $p(E)$ は元来の確率とひとしい.

(b) $1 \geq p(E) \geq 0$.

をみたすべきことは当然である．また，次の要求も穏当なものであろう：

(c) $E_n \in B(\mathfrak{A})$ $(n=1, 2, \cdots)$ で，かつこれらが互いに排反ならば

$$p\left(\bigcup_{n=1}^{\infty} E_n\right) = \sum_{n=1}^{\infty} p(E_n).$$

ところが，残念なことに，いつでもこのように確率を定めうるとはかぎらないのである：

例 1. 次のような確率空間 Ω を考えてみよう．

(i) $\Omega = \{1, 2, 3, \cdots, n, \cdots\}$.

(ii) 確率事象のリストは次の通りである．

 (イ) 有限集合（空集合をふくむ．）

 (ロ) $\{n \mid n \geq n_0\}$ なる形の集合（n_0 は任意である．）

 (ハ) (イ), (ロ) の形の事象の和事象．

(iii) 確率の定め方は次の通りである．

 (イ) E が有限集合ならば $p(E) = 0$.

 (ロ) E が無限集合ならば $p(E) = 1$.

いま，Ω の任意の無限部分集合を $A = \{n_1, n_2, \cdots, n_i, \cdots\}$ とすれば，$A = \bigcup_{i=1}^{\infty} \{n_i\}$. よって $A \in B(\mathfrak{A})$. 一方，Ω の有限部分集合は，(ii) の (イ) より $\mathfrak{A}$, したがって，$B(\mathfrak{A})$ に属している．ゆえに，Ω のいかなる部分集合も，広義の確率事象でなくてはならない．さて

$$A_1 = \{1, 3, 5, \cdots, 2n+1, \cdots\},$$
$$A_2 = \{2, 4, 6, \cdots, 2n, \cdots\}$$

としよう．このとき，もし $B(\mathfrak{A})$ のすべての元に (a), (b), (c) をみたすように確率が定義できたものとすれば，(iii) の (イ) によっ

て
$$p(A_1) = p(\{1\})+p(\{3\})+\cdots+p(\{2n+1\})+\cdots = 0,$$
$$p(A_2) = p(\{2\})+p(\{4\})+\cdots+p(\{2n\})+\cdots \quad = 0.$$
しかるに,$A_1 \cup A_2 = \Omega$ であるから
$$1 = p(\Omega) = p(A_1)+p(A_2) = 0.$$
これは矛盾である.よって,この場合,$B(\mathfrak{A})$ の元に,(a),(b),(c)をみたすような確率を定義することは不可能である.

3. 一般に,広義の確率事象,すなわち $B(\mathfrak{A})$ の元に,(a),(b),(c)をみたすような確率を定義しうるためには,(c)より,まずもって次の条件のみたされることが必要である:

$E_n \in \mathfrak{A}$ ($n=1, 2, \cdots$) で,かつこれらの事象が互いに排反であるとき,もし $\bigcup_{n=1}^{\infty} E_n = \Omega$ ならば,$\sum_{n=1}^{\infty} p(E_n) = 1$.

これを **連続性の公理** という.

ところが,おもしろいことに,この公理は,われわれの目的のためには,また十分条件でもあることが知られるのである.すなわち,

定理 2. 確率空間 Ω が連続性の公理をみたせば,$B(\mathfrak{A})$ の各元に(a),(b),(c)をみたすような確率を定義することができる.しかも,その仕方はただ一通りである.

これを **カラテオドリ**(Carathéodory)**の定理** という.その証明は付録 §3 に述べられるであろう.

注意 2. 例 1 の確率空間は,もちろん連続性の公理をみたさない.たとえば:$E_n = \{n\}$ ($n=1, 2, \cdots$) とおけば,これらは互いに排反であってかつ $\bigcup_{n=1}^{\infty} E_n = \Omega$.しかるに

$$\sum_{n=1}^{\infty} p(E_n) = \sum_{n=1}^{\infty} p(\{n\}) = 0 \neq 1.$$

注意 3. 連続性の公理は, 次の命題と同等である：

$\mathfrak{A}$ の元の列 $\{F_n\}$ が, $F_1 \supseteq F_2 \supseteq \cdots \supseteq F_n \supseteq \cdots$, $\bigcap_{n=1}^{\infty} F_n = \emptyset$ をみたせば

$$\lim_{n \to \infty} p(F_n) = 0.$$

その同等性の証明はたやすくできるから, 読者は自らこころみてみられたい.

4. 連続性の公理をみたす空間の例をあげよう：

例 2. 確率事象, すなわち $\mathfrak{A}$ の元が有限個しかないような確率空間 Ω は連続性の公理を満足する.

証明：$\mathfrak{A}$ の元の列 $\{E_n\}$ が

(1) $\bigcup_{n=1}^{\infty} E_n = \Omega$, (2) 互いに排反

の二条件をみたすとする. そのとき, $\mathfrak{A}$ の元は有限個しかないのであるから, 列 $\{E_n\}$ における事象は, 有限個のものをのぞいてはすべて空事象にひとしい. いま, 空事象ならざる E_n を E_{n_1}, E_{n_2}, $\cdots$, E_{n_r} とすれば, $E_{n_1} \cup E_{n_2} \cup \cdots \cup E_{n_r} = \Omega$. よって, $p(E_{n_1}) + p(E_{n_2}) + \cdots + p(E_{n_r}) = 1$. しかるに, 他の E_n の確率は 0 であるから

$$\sum_{n=1}^{\infty} p(E_n) = 1.$$

ゆえに, Ω は連続性の公理を満足する.

根元事象が有限個しかないような Ω が, この例にあてはまることはいうまでもない. また, この例のような Ω においては, $B(\mathfrak{A}) = \mathfrak{A}$ となっている.

例 3. 実確率空間において, その分布が離散型：

$$\alpha_i \to p(i) \quad (i=1, 2, \cdots, n, \cdots)$$

であるとする．このとき，$\mathfrak{A}$ の元の列 $\{E_n\}$ で

(1) $\bigcup_{n=1}^{\infty} E_n = \Omega$，　(2) 互いに排反

の二条件をみたすようなものをとろう．各 E_n にふくまれる α_i を

$$\alpha_{i(1,n)},\ \alpha_{i(2,n)},\ \cdots,\ \alpha_{i(\nu(n),n)}$$

とおけば，

$$\alpha_{i(1,1)},\ \cdots,\ \alpha_{i(\nu(1),1)},\ \alpha_{i(1,2)},\ \cdots,\ \alpha_{i(1,n)},\ \cdots,\ \alpha_{i(\nu(n),n)},\ \cdots$$

は列 $\alpha_1,\ \alpha_2,\ \cdots,\ \alpha_m,\ \cdots$ と全体として一致する．よって

$$\sum_{n=1}^{\infty} p(E_n) = \sum_{n=1}^{\infty} \sum_{j=1}^{\nu(n)} p(i(j,\ n))$$
$$= \sum_{m=1}^{\infty} p(m) = 1.$$

ゆえに，この確率空間は，連続性の公理を満足することがわかる．α_i の数が有限個の場合も全く同様である．

例 4. 実確率空間において，その分布が連続型であるとする．このとき，この空間が連続性の公理をみたすことを示そう：

はじめに，次の定理に注目する．

閉区間 $[a,\ b]$ が開区間の列 $\{I_n\}$ の和集合 $\bigcup_{n=1}^{\infty} I_n$ にふくまれていれば，うまく有限個の I_n を選んで

$$[a,\ b] \subseteq I_{n_1} \cup I_{n_2} \cup \cdots \cup I_{n_r}$$

とすることができる．

これを**ハイネ-ボレル**（Heine-Borel）**の定理**という．その証明は次の通り：

もし，$[a,\ b]$ がどの有限個の I_n の和集合にもふくまれないならば，$\left[a,\ \dfrac{a+b}{2}\right]$ か $\left[\dfrac{a+b}{2},\ b\right]$ かの少なくとも一方は，どの有限個の I_n の和集合にもふくまれない．その一つを $[a_1,\ b_1]$ とする．そうすると今度は，$\left[a_1,\ \dfrac{a_1+b_1}{2}\right]$ か $\left[\dfrac{a_1+b_1}{2},\ b_1\right]$ かのいずれかが，有限個の I_n の和集合にふくまれないことになる．その一方を，$[a_2,\ b_2]$ とおく．以下同様．明らかに

(1) $a \leq a_1 \leq a_2 \leq \cdots \leq a_r \leq \cdots \leq b_r \leq \cdots \leq b_2 \leq b_1 \leq b$,

(2) $b_r - a_r = \dfrac{b-a}{2^r}$.

よって，$\lim_{r\to\infty} a_r = \lim_{r\to\infty} b_r = c$．しかるに，$c$ は $[a, b]$ の元であるから，ある I_n にふくまれる．これを $I_{n_0} =]\alpha, \beta[$ とおく．もちろん $\alpha < c < \beta$．しかるに，a_r, b_r の性質から，十分大きな r をとれば $\alpha < a_r \leq c \leq b_r < \beta$．よって $[a_r, b_r]$ は，ただ一つの $I_{n_0} =]\alpha, \beta[$ にふくまれることになる．しかしこれは，$[a_r, b_r]$ が，有限個の I_n の和集合にふくまれないことに矛盾する．以上．

さて，いま，連続型の分布をもつ実確率空間の確率密度を $f(x)$ とする．また，$\mathfrak{A}$ の元の列 $\{E_n\}$ で

(1) $\bigcup_{n=1}^{\infty} E_n = \Omega$，　(2) 互いに排反である

なる二条件をみたすものをとる．もちろん，各 E_n はすべて幾つかの区間（点区間，無限区間をふくむ）の和集合である．ここで，ε を任意の正数とし

$$p([a, b]) = \int_a^b f(x)dx > 1 - \frac{\varepsilon}{2}$$

なる a, b を選ぼう．明らかに $\bigcup_{n=1}^{\infty} E_n \supseteq [a, b]$．次に

$$E_n = I_{n,1} \cup I_{n,2} \cup \cdots \cup I_{n,\nu(n)}$$

とし，各 $I_{n,i}$ に対して次のような開区間 $J_{n,i}$ を考える：

(1) $I_{n,i}$ が $[\alpha, \beta]$, $]\alpha, \beta]$, $[\alpha, \beta[$, $]\alpha, \beta[$ なる形の区間ならば，$J_{n,i}$ としては，$]\alpha-\delta, \beta+\delta[$ $(\delta > 0)$ なる形の区間で，$p(J_{n,i}) - p(I_{n,i}) < \dfrac{\varepsilon}{2^{n+1}\nu(n)}$ となるようなものをとる．

(2) $I_{n,i}$ が点区間 $\{c\}$ ならば，$J_{n,i}$ としては，$]c-\delta, c+\delta[$ $(\delta > 0)$ なる形で，$p(J_{n,i}) - p(I_{n,i}) = p(J_{n,i}) < \dfrac{\varepsilon}{2^{n+1}\nu(n)}$ となるようなものをとる．

(3) $I_{n,i}$ が $]-\infty, \beta]$, $]-\infty, \beta[$ なる無限区間ならば，$J_{n,i}$ としては $]\alpha-\delta, \beta+\delta[$ $(\delta > 0)$ なる形で，$p(J_{n,i}) - p(I_{n,i}) < \dfrac{\varepsilon}{2^{n+1}\nu(n)}$ となるようなものをとる．

(4) $I_{n,i}$ が $[\alpha, \infty[,\ ]\alpha, \infty[$ なる無限区間ならば，$J_{n,i}$ としては $]\alpha-\delta,\ b+\delta[\ (\delta>0)$ なる形で，$p(J_{n,i})-p(I_{n,i})<\dfrac{\varepsilon}{2^{n+1}\nu(n)}$ となるようなものをとる．

このとき，明らかに $\bigcup_{n,i}J_{n,i}\supseteq[a,b]$．ゆえに，ハイネ－ボレルの定理により

$$\bigcup_{n=1}^{n_0}\bigcup_{i=1}^{\nu(n)}J_{n,i}\supseteq[a,b]$$

なる n_0 が存在する．よって

$$\sum_{n=1}^{n_0}\sum_{i=1}^{\nu(n)}p(J_{n,i})>1-\frac{\varepsilon}{2}$$
$$\sum_{n=1}^{n_0}\sum_{i=1}^{\nu(n)}p(I_{n,i})+\sum_{n=1}^{n_0}\frac{\varepsilon}{2^{n+1}}>1-\frac{\varepsilon}{2}$$
$$1\geq\sum_{n=1}^{n_0}p(E_n)>1-\varepsilon$$
$$1\geq\sum_{n=1}^{\infty}p(E_n)>1-\varepsilon.$$

これより，$\varepsilon\to0$ ならしめて $\sum_{n=1}^{\infty}p(E_n)=1$ をうる．

注意 4. 実確率空間における確率事象の全体を $\mathfrak{A}$ とするとき，$B(\mathfrak{A})$ の元を**ボレル集合**という．これは，あらゆる実確率空間に対して共通である．

例 5. 例4と全く同様にして，I章，§8，例4の確率空間も，連続性の公理をみたすことが示される．

問 1. 注意3を証明せよ．

問 2. 例5の推論を実際におこなってみよ．また，この場合の $B(\mathfrak{A})$ の元は，区間 $[0,2\pi[$ にふくまれるボレル集合と同じであることを示せ．

§3. ボレル型の確率空間

1. 今後は，連続性の公理を満足する確率空間のみを考える．そして，単に確率事象といえば，広義の確率事象を

さすものと約束する．すなわち，これからは，確率空間は常に次の条件を満足するとするのである：

(1) E_n ($n=1, 2, \cdots$) が確率事象ならば，$\bigcup_{n=1}^{\infty} E_n$, $\bigcap_{n=1}^{\infty} E_n$ はまた確率事象である．

(2) 確率事象 E_n ($n=1, 2, \cdots$) が互いに排反ならば

$$p\left(\bigcup_{n=1}^{\infty} E_n\right) = \sum_{n=1}^{\infty} p(E_n).$$

一般に，(1)，(2)を満足する確率空間を**ボレル型の確率空間**という．確率空間がはじめからボレル型であれば，$\mathfrak{A} = B(\mathfrak{A})$ であることはいうまでもない．したがって，このようなときは，新しくふえる確率事象はないわけである．

ボレル型の確率空間に対し，古い意味の確率空間を**ジョルダン（Jordan）型の確率空間**ということがある．

注意 1. 上のような規約の設定にともない，今後は，**実確率空間**といえば，ボレル集合全体が確率事象として採用されているものと考える．また，各ボレル集合に確率をあたえるルールを**実確率分布**という．

前節の例 3，例 4 によって，離散型や連続型の（古い意味の）実確率分布があたえられたならば，必然的に新しい意味の実確率空間が構成される．それゆえ，これらの古い意味の実確率分布は，新しい意味での実確率分布ともみなすことができる．したがって今後も，離散型あるいは連続型の実確率分布という言葉を用いることがある．

注意 2. 一般に，一つの集合 M において，その部分集合の次のような集まり $\mathfrak{M}$ があたえられたとする：

(1) $E_n \in \mathfrak{M}$ ($n=1, 2, \cdots$) ならば $\bigcup_{n=1}^{\infty} E_n$, $\bigcap_{n=1}^{\infty} E_n \in \mathfrak{M}$,

(2) $E \in \mathfrak{M}$ ならば $E^c \in \mathfrak{M}$,

(3) $M, \emptyset \in \mathfrak{M}$.

このとき, $\mathfrak{M}$ の各元 E に一つずつ実数 $\mu(E)$ が付随せしめられ, 次の条件がみたされるならば, M を**有界測度空間**, $\mathfrak{M}$ の元を**可測集合**, $\mu(E)$ を E の**測度**という:

(a) $\mu(E) \geqq 0$,

(b) $E_n \in \mathfrak{M}$ $(n=1, 2, \cdots)$ で, かつ $i \neq j$ ならば $E_i \cap E_j = \emptyset$ であるとき,

$$\mu\left(\bigcup_{n=1}^{\infty} E_n\right) = \sum_{n=1}^{\infty} \mu(E_n).$$

以上の用語を用いれば, Ω がボレル型の確率空間であるとは, それが, "全空間 Ω の測度 $=1$" をみたすような有界測度空間であるということにほかならない.

2. ボレル型の確率空間は, もちろんジョルダン型の確率空間でもある. よって, ボレル型の確率空間 Ω があたえられたならば, その多重確率空間 $\Omega^{(n)}, \Omega^{(\infty)}$ をつくることができる. しかし, これらは一般にはボレル型ではない.

ところが, 幸いなことに, 次の定理が成立するのである:

定理 1. ボレル型の確率空間 Ω の多重確率空間 $\Omega^{(n)}$, $\Omega^{(\infty)}$ は連続性の公理を満足する. (証明は付録 §2 に述べられるであろう.)

それゆえ, $\Omega^{(n)}, \Omega^{(\infty)}$ においても, その広義の確率事象を確率事象の仲間に入れ, ボレル型確率空間として取り扱うことができる. 今後は, $\Omega^{(n)}, \Omega^{(\infty)}$ といえば, いつでも, こうしてえられるボレル型の確率空間をさすことに規約する.

注意 3. マルコフ連鎖の n 重確率空間 $\Omega^{(n)}$ は，前節例 2 によって連続性の公理を満足する．また，$\Omega^{(\infty)}$ もそれをみたすのであるが，以下に必要はないから省略する．

3. 定理 2. （ボレル型の）確率空間においては，次の二つが成立する：

(1) $E_1 \subseteq E_2 \subseteq \cdots \subseteq E_n \subseteq \cdots$ ならば

$$p\left(\bigcup_{n=1}^{\infty} E_n\right) = \lim_{n\to\infty} p(E_n),$$

(2) $E_1 \supseteq E_2 \supseteq \cdots \supseteq E_n \supseteq \cdots$ ならば

$$p\left(\bigcap_{n=1}^{\infty} E_n\right) = \lim_{n\to\infty} p(E_n).$$

［証明］ (1)の証明だけをかかげておく：
$F_1 = E_1,\ F_2 = E_2 - F_1,\ \cdots,\ F_n = E_n - F_{n-1},\ \cdots$ とおけば，$F_n\ (n=1, 2, \cdots)$ は互いに排反である．また，$\bigcup_{n=1}^{r} F_n = \bigcup_{n=1}^{r} E_n = E_r$，$\bigcup_{n=1}^{\infty} F_n = \bigcup_{n=1}^{\infty} E_n$．よって

$$\begin{aligned}p\left(\bigcup_{n=1}^{\infty} E_n\right) &= p\left(\bigcup_{n=1}^{\infty} F_n\right) = \sum_{n=1}^{\infty} p(F_n) = \lim_{r\to\infty} \sum_{n=1}^{r} p(F_n)\\&= \lim_{r\to\infty} p\left(\bigcup_{n=1}^{r} F_n\right) = \lim_{r\to\infty} p(E_r).\end{aligned}$$

定理 3. $p(\bigcup_{n=1}^{\infty} E_n) \leq \sum_{n=1}^{\infty} p(E_n)$．

［証明］ $F_r = \bigcup_{n=1}^{r} E_n$ とおけば，$F_1 \subseteq F_2 \subseteq \cdots \subseteq F_n \subseteq \cdots$ で，かつ $\bigcup_{n=1}^{\infty} F_n = \bigcup_{n=1}^{\infty} E_n$．よって，前定理により

$$\begin{aligned}p\left(\bigcup_{n=1}^{\infty} E_n\right) &= \lim_{n\to\infty} p(F_n)\\&\leq \lim_{n\to\infty} (p(E_1) + p(E_2) + \cdots + p(E_n))\\&= \sum_{n=1}^{\infty} p(E_n).\end{aligned}$$

問.　定理 2 の (2) を証明せよ.

§4.　大数の強法則

1.　本節以降は, ボレル型の確率空間にしてはじめて考えられる二つの話題の説明である. 本節では, そのうちの確率過程の極限の問題を取り扱うことにする.

まず, Ⅳ章, §6 の問 1 (大数の法則) を再録すれば次のごとくである:

X を確率空間 Ω の上の確率変数とすれば,

$$\lim_{n\to\infty} p\left(\left\{\left|\frac{X_1^{(\infty)}+X_2^{(\infty)}+\cdots+X_n^{(\infty)}}{n}-M(X)\right|<\varepsilon\right\}\right)=1.$$

($M(X)$ は X の平均値[1])

すなわち, $S_0^{(n)}=\dfrac{1}{n}(X_1^{(\infty)}+X_2^{(\infty)}+\cdots+X_n^{(\infty)})$ とおけば, いかなる $\varepsilon>0$ をとっても, $|S_0^{(n)}(a)-M(X)|<\varepsilon$ なる a 全体のつくる事象 E_n の確率は, $n\to\infty$ とともに 1 に近づいていく. つまり, $\Omega^{(\infty)}$ の元

$$a=(a_1, a_2, \cdots, a_n, \cdots)$$

における, $X(a_1)$, $X(a_2)$, $\cdots$, $X(a_n)$ の算術平均 $S_0^{(n)}(a)$ は, n が十分大きいとき, $M(X)$ に近いことがきわめてたしかなのである.

それでは, いったい

$$\{\lim_{n\to\infty} S_0^{(n)}=M(X)\}=\{a\,|\,\lim_{n\to\infty} S_0^{(n)}(a)=M(X)\}$$

---

[1]　156 ページを参照.

なる事象の確率はどうなるであろうか.

――実は,これは次の形に答えられるのである:

定理 1. $p(\{\lim_{n\to\infty} S_0^{(n)} = M(X)\}) = 1$.

これを,**大数の強法則**という.以下に,この定理の証明をあたえることにしよう.

2. はじめに,二つの補助定理を証明する.

補助定理 1. $X_1, X_2, \cdots, X_n$ をある確率空間 Ω の上の独立な確率変数とし

$$M(X_i) = 0 \quad (i=1, 2, \cdots, n)$$

とする.このとき,$Y_k = X_1 + X_2 + \cdots + X_k$ ($k=1, 2, \cdots, n$) とおけば

$$p(\{\max(|Y_1|, \cdots, |Y_n|) > \varepsilon\}) \leq \frac{V(Y_n)}{\varepsilon^2}$$

($V(Y_n)$ は Y_n の分散[2]).

ただし,$\max(|Y_1|, \cdots, |Y_n|)$ は次のような確率変数である:

$$\{\max(|Y_1|, \cdots, |Y_n|)\}(a)$$
$$= \max(|Y_1(a)|, \cdots, |Y_n(a)|)^{[3]}$$

この定理の不等式を,**コルモゴロフ (Kolmogorov) の不等式**という.

[証明] $A = \{\max(|Y_1|, |Y_2|, \cdots, |Y_n|) > \varepsilon\}$
$A_i = \{|Y_1| \leq \varepsilon\} \cap \cdots \cap \{|Y_{i-1}| \leq \varepsilon\} \cap \{|Y_i| > \varepsilon\}$

---

2) 161 ページを参照.
3) このようなルールが確率変数であることは,たやすくたしかめられる.

$$(i=1, 2, \cdots, n)$$

とおけば，$A=\bigcup_{i=1}^{n}A_i$, $A_i\cap A_j=\emptyset$ $(i\neq j)$. 次に，$X_A=W$, $X_{A_i}=W_i$ $(i=1, 2, \cdots, n)$ とおこう[4]. 当然，$W=W_1+W_2+\cdots+W_n$. また，確率変数 Y_iW_i と X_k $(k>i)$ とは独立である．なんとなれば：Y_i, W_i の性質から，いかなる $a(\in\Omega)$ に対しても，$X_1(a)$, $X_2(a)$, $\cdots$, $X_i(a)$ がわかれば，その値だけから $(Y_iW_i)(a)$ を計算することができる．よって，Ω を

$$A_{\alpha_1\alpha_2\cdots\alpha_i}=\{X_1=\alpha_1\}\cap\{X_2=\alpha_2\}\cap\cdots\cap\{X_i=\alpha_i\}$$

なる形の確率事象に分割すれば，$A_{\alpha_1\alpha_2\cdots\alpha_i}$ の各元に対する Y_iW_i の値は一定である．それゆえ，$\{Y_iW_i=\beta\}$ なる形の事象は，このような $A_{\alpha_1\alpha_2\cdots\alpha_i}$ をいくつか集めたものにひとしい：

$$\{Y_iW_i=\beta\}=\bigcup_{j=1}^{s}(\{X_1=\alpha_1^{(j)}\}\cap\cdots\cap\{X_i=\alpha_i^{(j)}\}).$$

これより，$X_1, X_2, \cdots, X_n$ の独立性を用いて

$$p(\{Y_iW_i=\beta\}\cap\{X_k=\gamma\})$$
$$=\sum_{j=1}^{s}p(\{X_1=\alpha_1^{(j)}\}\cap\cdots\cap\{X_i=\alpha_i^{(j)}\}\cap\{X_k=\gamma\})$$
$$=\left(\sum_{j=1}^{s}p(\{X_1=\alpha_1^{(j)}\}\cap\cdots\cap\{X_i=\alpha_i^{(j)}\})\right)p(\{X_k=\gamma\})$$
$$=p(\{Y_iW_i=\beta\})p(\{X_k=\gamma\}).$$

つまり，Y_iW_i と X_k $(k>i)$ とは独立である．

さて，$M(Y_n)=M(X_1)+\cdots+M(X_n)=0$ より

---

[4] X_A, X_{A_i} はそれぞれ，A, A_i の定義確率変数．140 ページを参照．

$$V(Y_n) = M((Y_n - M(Y_n))^2) = M(Y_n^2).$$

しかるに,$W(a)$ は 1 または 0 であるから,$Y_n^2(a) \geq Y_n^2(a)W(a) = (Y_n^2 W)(a)$;すなわち $Y_n^2 \geq Y_n^2 W$. よって

$$V(Y_n) = M(Y_n^2) \geq M(Y_n^2 W)$$
$$= M\Big(Y_n^2 \sum_{i=1}^n W_i\Big) = \sum_{i=1}^n M(Y_n^2 W_i).$$

一方,
$$Y_n^2 = \Big(Y_i + \sum_{k=i+1}^n X_k\Big)^2$$
$$= Y_i^2 + 2Y_i \sum_{k=i+1}^n X_k + \Big(\sum_{k=i+1}^n X_k\Big)^2.$$

ゆえに
$$V(Y_n) \geq \sum_{i=1}^n \Big\{ M(Y_i^2 W_i) + 2M\Big(Y_i W_i \sum_{k=i+1}^n X_k\Big)$$
$$+ M\Big(\Big(\sum_{k=i+1}^n X_k\Big)^2 W_i\Big)\Big\}$$
$$= \sum_{i=1}^n M(Y_i^2 W_i) + 2\sum_{i=1}^n \sum_{k=i+1}^n M((Y_i W_i) X_k)$$
$$+ \sum_{i=1}^n M\Big(\Big(\sum_{k=i+1}^n X_k\Big)^2 W_i\Big)$$
$$= \sum_{i=1}^n M(Y_i^2 W_i) + 2\sum_{i=1}^n \sum_{k=i+1}^n M(Y_i W_i) M(X_k)$$
$$+ \sum_{i=1}^n M\Big(\Big(\sum_{k=i+1}^n X_k\Big)^2 W_i\Big).$$

しかるに,中央の項は $M(X_k) = 0$ より 0;最後の項は負ではないから

$$V(Y_n) \geq \sum_{i=1}^n M(Y_i^2 W_i).$$

ここで,$(Y_i^2 W_i)(a) \geq \varepsilon^2 W_i(a)$ を用いれば

$$V(Y_n) \geq \varepsilon^2 \sum_{i=1}^{n} M(W_i) = \varepsilon^2 \sum_{i=1}^{n} p(A_i) = \varepsilon^2 p(A).$$

これより，ただちに定理をうる．

補助定理 2. $\{E_n\}$ を確率事象の列とするとき，$\sum_{i=1}^{\infty} p(E_i) < \infty$ ならば

$$p\Big(\bigcap_{n=1}^{\infty}\bigcup_{k=n}^{\infty} E_k\Big) = 0, \quad p\Big(\bigcup_{n=1}^{\infty}\bigcap_{k=n}^{\infty} E_k{}^c\Big) = 1.$$

これを，**ボレル – カンテリ**（Borel-Cantelli）**の定理**という．

［証明］ 前節定理 3 によって

$$p\Big(\bigcup_{k=n}^{\infty} E_k\Big) \leq \sum_{k=n}^{\infty} p(E_k)$$

また，$F_n = \bigcup_{k=n}^{\infty} E_k$ とおけば，$F_1 \supseteq F_2 \supseteq \cdots \supseteq F_n \supseteq \cdots$. ゆえに，前節定理 2 によって

$$p\Big(\bigcap_{n=1}^{\infty}\bigcup_{k=n}^{\infty} E_k\Big) = \lim_{n\to\infty} p\Big(\bigcup_{k=n}^{\infty} E_k\Big) \leq \lim_{n\to\infty} \sum_{k=n}^{\infty} p(E_k).$$

ところが，この式の最右辺は，収束級数の剰余の極限であるから 0. よって

$$p\Big(\bigcap_{n=1}^{\infty}\bigcup_{k=n}^{\infty} E_k\Big) = 0.$$

また

$$p\Big(\bigcup_{n=1}^{\infty}\bigcap_{k=n}^{\infty} E_k{}^c\Big) = p\Big(\Big(\bigcap_{n=1}^{\infty}\bigcup_{k=n}^{\infty} E_k\Big)^c\Big)$$
$$= 1 - p\Big(\bigcap_{n=1}^{\infty}\bigcup_{k=n}^{\infty} E_k\Big) = 1.$$

注意 1. $\bigcap_{n=1}^{\infty}\bigcup_{k=n}^{\infty} E_k$ は，無限に多くの E_k に属するような a

全体の事象である．また $\bigcup_{n=1}^{\infty}\bigcap_{k=n}^{\infty}E_k{}^c$ は，適当な n_0 を選ぶとき，いかなる E_n ($n \geqq n_0$) にも属さないようになる a 全体の事象にひとしい．読者は，その理由を考えてみられたい．

3. ［定理1の証明］ 必要とあれば，X のかわりに $X-M(X)$ をあらためて X とおけばよいから，$M(X)=0$ としてもよい．すなわち，$M(X)=0$ のとき，

$$p(\{\lim_{n\to\infty} S_0^{(n)}=0\}) = 1$$

となることがいえればよい．

まず，$X_1^{(\infty)}$, $X_2^{(\infty)}$, $\cdots$, $X_n^{(\infty)}$, $\cdots$ なる確率過程は独立である（154ページ，注意，問3を参照）．また

$$Y_n = X_1^{(\infty)}+\cdots+X_n^{(\infty)}, \quad Z_n = \max(|Y_1|, \cdots, |Y_n|)$$
$$(n=1, 2, \cdots)$$

とおけば，$V(Y_n)=nV(X)$ であるから，コルモゴロフの不等式によって

$$p(\{Z_n>\varepsilon\}) \leqq \frac{nV(X)}{\varepsilon^2},$$

$$p\left(\left\{\frac{Z_n}{n}>\frac{\varepsilon}{n}\right\}\right) \leqq \frac{nV(X)}{\varepsilon^2}.$$

ここで，$\varepsilon=n^{\frac{3}{4}}$ とおけば

$$p\left(\left\{\frac{Z_n}{n}>\frac{1}{\sqrt[4]{n}}\right\}\right) \leqq \frac{V(X)}{\sqrt{n}}.$$

また，$n=4^k$ とおけば

$$p\left(\left\{\frac{Z_{4^k}}{4^k}>\frac{1}{\sqrt{2^k}}\right\}\right) \leqq \frac{V(X)}{2^k}.$$

よって

$$\sum_{k=1}^{\infty} p\left(\left\{\frac{Z_{4^k}}{4^k} > \frac{1}{\sqrt{2^k}}\right\}\right)$$

$$\leq \sum_{k=1}^{\infty} \frac{V(X)}{2^k} = V(X) < \infty.$$

それゆえ, $\Omega' = \bigcup_{l=1}^{\infty} \bigcap_{k=l}^{\infty} \left\{\frac{Z_{4^k}}{4^k} \leq \frac{1}{\sqrt{2^k}}\right\}$ とおけば, ボレル -カンテリの定理によって, $p(\Omega')=1$ でなければならない.

さて, $a \in \Omega'$ ならば, ある l に対して $a \in \bigcap_{k=l}^{\infty}\left\{\frac{Z_{4^k}}{4^k} \leq \frac{1}{\sqrt{2^k}}\right\}$. よって

$$\varlimsup_{k\to\infty}\frac{Z_{4^k}}{4^k}(a) \leq \lim_{k\to\infty}\frac{1}{\sqrt{2^k}} = 0.$$

したがって

$$\lim_{k\to\infty}\frac{Z_{4^k}}{4^k}(a) = 0.$$

次に, n を任意の自然数とし, $4^{k-1} \leq n < 4^k$ なる k をとれば

$$\frac{Z_n}{n}(a) \leq \frac{Z_{4^k}}{4^{k-1}}(a) = 4 \cdot \frac{Z_{4^k}}{4^k}(a) \to 0 \quad (n\to\infty).$$

ゆえに, $\lim_{n\to\infty}\frac{Z_n}{n}(a)=0$. したがって, もちろん

$$\lim_{n\to\infty}\left|\frac{Y_n(a)}{n}\right| = 0.$$

これより, $a \in \Omega'$ ならば $a \in \{\lim_{n\to\infty} S_0^{(n)}=0\}$ であることがわかる. よって $\Omega' \subseteq \{\lim_{n\to\infty} S_0^{(n)}=0\}$. それゆえ,

$$p(\{\lim_{n\to\infty} S_0^{(n)} = 0\}) = 1$$

でなくてはならない．

4. 大数の強法則より，ただちに次の定理が得られる：

定理 2. E を確率空間 Ω の確率事象とし，$X = X_E$ とおく．このとき，$S_0^{(n)} = \dfrac{1}{n}(X_1^{(\infty)} + \cdots + X_n^{(\infty)})$ とおけば

$$p(\{\lim_{n\to\infty} S_0^{(n)} = p(E)\}) = 1.$$

これを**ボレルの法則**という．

ボレルの法則は，$\Omega^{(\infty)}$ の各元

$$a = (a_1, a_2, \cdots, a_n, \cdots)$$

における E の相対頻度

$$S_0^{(n)}(a) = \frac{1}{n}(X_E(a_1) + \cdots + X_E(a_n))$$

をつくるとき，$\lim_{n\to\infty} S_0^{(n)}(a)$ が $p(E)$ とひとしくなるような a が，確率 1 の事象を構成することを示している．

問 1. $\{X_n\}$ を独立な確率過程とし，各 X_n はすべて同じ分布をもつとする．このとき，その分布の平均値を M とすれば

$$p\left(\left\{\lim_{n\to\infty} \frac{X_1 + X_2 + \cdots + X_n}{n} = M\right\}\right) = 1$$

が成立することを示せ．（これをも**大数の強法則**という．上に述べた大数の強法則は，これの特別の場合にほかならない．）

問 2. 大数の強法則を用いて，大数の法則（Ⅳ章，§6，問 1）

$$\lim_{n\to\infty} p(\{|S_0^{(n)} - M(X)| < \varepsilon\}) = 1$$

を証明せよ．（このように，大数の強法則は大数の法則よりも強

力である．そのゆえに強法則とよばれるのである.)

§5. 確率変数の拡張

1. 以下三節では，確率変数の概念を拡張することを考える．

これまでに，われわれが取り扱った確率変数は，そのとりうる値が有限個のものであった．そこで，以下では，これを無限に多くの値をとりうるものにまで，おしひろめようというのである．

これまでの確率変数 X においては，いかなる実数 α をとっても，$\{X \leq \alpha\}$ なる事象は確率事象となった．逆に，各根元事象に有限個の値 α_1, α_2, $\cdots$, α_n のうちのいずれかを対応せしめるルールであって，いかなる実数 α をとっても $\{X \leq \alpha\}$ が確率事象となるようなものは，一つの確率変数である．（Ⅳ章，§1，問2）．そこで，これを見本にして次のように定義する：

定義. 確率空間 Ω の各元 a に1つずつ実数を対応せしめるルール X に対して，いかなる実数 α をとっても

$$(*) \qquad \{X \leq \alpha\} = \{a \mid X(a) \leq \alpha\}$$

が確率事象となるならば，この X を **広義の確率変数** という．

これまでの確率変数がまた広義の確率変数でもあることは，いうまでもない．

定理 1. X が広義の確率変数ならば

$\{X=\alpha\}$, $\{X<\alpha\}$, $\{X \geq \alpha\}$, $\{X>\alpha\}$, $\{|X|<\alpha\}$, $\cdots$

などはすべて確率事象である．（これらの記号の意味は，(*)と同じ方法で解釈する．）

[証明] まず，$\{X<\alpha\}$ が確率事象であることを証明する：$a\in\{X<\alpha\}$ ならば，$X(a)<\alpha$．よって，$X(a)\leq\alpha-\dfrac{1}{n}$ なる自然数 n がある．ゆえに，$a\in\bigcup_{n=1}^{\infty}\left\{X\leq\alpha-\dfrac{1}{n}\right\}$．逆に，$a\in\bigcup_{n=1}^{\infty}\left\{X\leq\alpha-\dfrac{1}{n}\right\}$ ならば，$a\in\left\{X\leq\alpha-\dfrac{1}{n}\right\}$ なる n がある．よって，$X(a)\leq\alpha-\dfrac{1}{n}<\alpha$．ゆえに $a\in\{X<\alpha\}$．これより $\{X<\alpha\}=\bigcup_{n=1}^{\infty}\left\{X\leq\alpha-\dfrac{1}{n}\right\}$；したがって $\{X<\alpha\}$ は確率事象であることがわかる．$\{X\geq\alpha\}$，$\{X>\alpha\}$，…などが，確率事象であることは，次の等式より明らかであろう：

$$\{X\geq\alpha\}=\{X<\alpha\}^c,\quad \{X>\alpha\}=\{X\leq\alpha\}^c,$$
$$\{X=\alpha\}=\{X\leq\alpha\}\cap\{X\geq\alpha\},$$
$$\{|X|<\alpha\}=\{X<\alpha\}\cap\{X>-\alpha\},\quad\cdots$$

注意 1. M を一つの有界測度空間とし，その各元に一つずつ実数を対応せしめるルールを f とする．このとき，いかなる実数 α に対しても，$\{a|f(a)\leq\alpha\}$ なる集合が可測集合となるならば，f は M の上の**可測関数**であるといわれる．

この用語を用いれば，X が Ω の上の広義の確率変数であるとは，Ω を有界測度空間と見た場合，それが Ω の上の可測関数であるということにほかならない．

可測関数に対しても，$\{f\leq\alpha\}$，$\{f<\alpha\}$，$\{f\geq\alpha\}$，…などのような記号を用いることがある．これらはすべて可測集合である．

2. 今後は，単に確率変数といえば，広義の確率変数を

さすことに規約する．これに対して，これまでの確率変数を"有限個の値をとる確率変数"という．

以下に，この新しい意味の確率変数に対して，その分布の概念を導入することにしよう．

まず，定理1は次のように拡張される：

定理 2. X を確率変数，A をボレル集合とすれば，
$$\{X \in A\} = \{a \mid X(a) \in A\}$$
なる事象は確率事象である．

[証明] 区間（点区間[5]，無限区間をふくむ）全体の集まりを $\mathfrak{A}_0$ とおく．また，$\{X \in A\}$ が確率事象となるような A 全体の集まりを $\mathfrak{M}$ とする．このとき次の三つが成立する．

(1) $\mathfrak{A}_0 \subseteq \mathfrak{M}$：なんとなれば；$A \in \mathfrak{A}_0$ ならば A は区間である．それがたとえば，$[a, b]$ ならば $\{X \in [a, b]\} = \{a \leq X \leq b\}$．ゆえに，定理1より，$\{X \in [a, b]\}$ は確率事象でなくてはならない．ゆえに $A \in \mathfrak{M}$．他の型の区間についても同様である．したがって $\mathfrak{A}_0 \subseteq \mathfrak{M}$．

(2) $A_n \in \mathfrak{M}$ $(n=1, 2, \cdots)$ ならば $\bigcup_{n=1}^{\infty} A_n$, $\bigcap_{n=1}^{\infty} A_n \in \mathfrak{M}$：これは，$\{X \in \bigcup_{n=1}^{\infty} A_n\} = \bigcup_{n=1}^{\infty} \{X \in A_n\}$, $\{X \in \bigcap_{n=1}^{\infty} A_n\} = \bigcap_{n=1}^{\infty} \{X \in A_n\}$ より明らかである．

(3) $A \in \mathfrak{M}$ ならば $A^c \in \mathfrak{M}$：これも $\{X \in A^c\} = \{X \in A\}^c$ より明らかである．

さて，有限個の区間の和集合となるようなものの全体を

---

5) 56ページを参照．

$\mathfrak{A}$ とおけば，(1)，(2)によって，$\mathfrak{A} \subseteq \mathfrak{M}$. ゆえに，(2)，(3)によって，$\mathfrak{M}$ は $\mathfrak{A}$ の σ-拡大である．しかるに，ボレル集合の全体 $B(\mathfrak{A})$ は，$\mathfrak{A}$ の最小の σ-拡大であった．ゆえに $B(\mathfrak{A}) \subseteq \mathfrak{M}$. これすなわち，いかなるボレル集合 A も $\mathfrak{M}$ の元ということ，つまり $\{X \in A\}$ が確率事象ということにほかならない．

この定理により，いかなるボレル集合 A に対しても，$p(\{X \in A\})$ なる実数の定まることが知られる．これに関して，次の定理が成立する：

定理 3. 各ボレル集合 A に $p(\{X \in A\})$ を対応せしめるルールは，一つの実確率分布である．

証明は読者自らこころみてみられたい．

かくして得られる実確率分布を，**X の分布**といい，$p(\{X \in A\})$ を記号 $p(A; X)$ で表わす．

X の分布が連続型あるいは離散型のときは，X をそれぞれ連続型，離散型の確率変数という．また，任意の確率変数 X に対して，
$$f(x) = p(]-\infty, x[\,;X)$$
なる関数をその**分布関数**といい，$F(x;X)$ と書く．これは，たやすく確かめられるように，次の性質をもっている：

定理 4.　(1)　$\lim_{x \to -\infty} F(x;X) = 0$,

(2)　$\lim_{x \to \infty} F(x;X) = 1$,

(3)　$\lim_{x \to a-0} F(x;X) = F(a;X)$.

定理 5. 二つの確率変数 X, Y が，ひとしい分布をもつための必要かつ十分な条件は，$F(x;X) \equiv F(x;Y)$ が成立することである．

例 1. X の分布が (m, σ)-ガウス分布であれば
$$F(x;X) = p(]-\infty, x[\,;X) = p(\{X<x\})$$
$$= \int_{-\infty}^{x} \frac{1}{\sqrt{2\pi}\sigma} e^{-\frac{(x-m)^2}{2\sigma^2}} dx.$$

例 2. X の分布が α-ポアソン分布であれば
$$F(x;X) = \sum_{k<x} \frac{\alpha^k}{k!} e^{-\alpha}.$$

注意 2. X を Ω の上の任意の確率変数とするとき，有限個の値をとる確率変数の場合と同様にして，X の $\Omega^{(n)}$, $\Omega^{(\infty)}$ の上の複写 $X_i^{(n)}$ ($i=1, 2, \cdots, n$), $X_i^{(\infty)}$ ($i=1, 2, \cdots, n, \cdots$) を定義することができる．これらが，$X$ と同じ分布をもつことは，ほとんど明らかであろう．

問 1. 定理 3 を証明せよ．
問 2. 定理 4 を証明せよ．
問 3. 定理 5 を証明せよ．
問 4. $X_i^{(n)}$, $X_i^{(\infty)}$ が X と同じ分布をもつことを確かめよ．

§6. 可測関数の理論から

1. 一般の確率変数の理論を展開するには，可測関数およびそのルベグ積分の理論から，若干の知識を援用しなくてはならない．そこで，われわれは，ここでいくらかの頁をさき，その理論からぜひとも必要な事項を抜粋することにする．ただし，定理の証明の多くは，簡単のために省略することにしたい．

以下，M を有界測度空間とし，可測集合 A の測度を $\mu(A)$ で表わす．

f, g が M の上の可測関数であるとき，M の各元 a に，それぞれ $f(a)+g(a)$, $f(a)-g(a)$, $f(a)g(a)$ を対応せしめるルールを，f, g の**和**，**差**，**積**といい，$f+g$, $f-g$, fg で表わす．このとき，次の定理が成立する：

定理 1. $f+g$, $f-g$, fg はまた可測である．

いかなる $a\ (\in M)$ に対しても同じ一つの値 α を対応せしめるようなルールは，一つの可測関数である．これを**定数値関数**，または**定数**といい，単に α で表わす．

$\{f_n\}$ を可測関数の列とするとき，M のいかなる元 a に対しても有限な極限値 $\lim\limits_{n\to\infty} f_n(a)$ が存在するならば，a にこの極限値を対応せしめるルールを，$\{f_n\}$ の**極限**といい，$\lim\limits_{n\to\infty} f_n$ と書く．

定理 2. $\lim\limits_{n\to\infty} f_n$ はまた可測である．

定理 3. f を負の値をとらない任意の可測関数とすれば，次のような可測関数の列 $\{f_n\}$ を構成することができる：

(1) $f_n\ (n=1, 2, \cdots)$ のとりうる値はそれぞれ有限個である．

(2) $0 \leqq f_1(a) \leqq f_2(a) \leqq \cdots \leqq f_n(a) \leqq \cdots \leqq f(a)\ (a \in M)$.

(3) $\lim\limits_{n\to\infty} f_n = f$.

［証明］　たとえば

$$f_n(a) = \begin{cases} \dfrac{m}{2^n} & \left(\dfrac{m}{2^n} \leq f(a) < \dfrac{m+1}{2^n} \leq n \text{ なる } m \text{ があるとき}\right) \\ n & (\text{しからざるとき}) \end{cases}$$

とおけばよい．くわしくは，読者自ら考えてみられたい．

2. f が，$\alpha_1, \alpha_2, \cdots, \alpha_n$ なる有限個の値しかとらない可測関数であるとき，

$$\int f = \sum_{i=1}^{n} \alpha_i \mu((f = \alpha_i))$$

とおいて，これを **f のルベグ積分**という．

次に，f が，負の値をとらない一般の可測関数であれば，定理 3 に述べられたような列 $\{f_n\}$ が存在する．このとき，もし，有限な極限値 $\lim_{n \to \infty} \int f_n$ があるならば，それを **f のルベグ積分**といい

$$\int f$$

と書く．

定理 4. f を負の値をとらない可測関数とするとき，定理 3 におけるような一つの列 $\{f_n\}$ に対して有限な極限値 $\lim_{n \to \infty} \int f_n$ があれば，他のいかなる列 $\{f'_n\}$ に対しても有限な極限値 $\lim_{n \to \infty} \int f'_n$ があって，

$$\lim_{n \to \infty} \int f_n' = \lim_{n \to \infty} \int f_n.$$

これにより，f のルベグ積分 $\int f$ の定義は，列 $\{f_n\}$ のとり方に依存せず，一意に決定することが知られる．

f が負の値をもとるような場合には，次のような f^+, f^-

を利用する：

$$f^+(a) = \begin{cases} f(a) & (f(a) \geqq 0) \\ 0 & (f(a) < 0), \end{cases}$$

$$f^-(a) = \begin{cases} 0 & (f(a) \geqq 0) \\ -f(a) & (f(a) < 0). \end{cases}$$

明らかに，これらは負の値をとらない可測関数であって，かつ，$f = f^+ - f^-$. そこで，この f^+, f^- に対して $\int f^+$, $\int f^-$ があれば，$\int f^+ - \int f^-$ を $\int f$ とおき，これを **f のルベグ積分**というのである．

ルベグ積分をもつような可測関数は，**ルベグ積分可能な関数**といわれる．

定理 5. (1) f, g がルベグ積分可能で，かつ $f(a) \leqq g(a)$ ($a \in M$) ならば

$$\int f \leqq \int g.$$

(2) $\mu(\{f \neq 0\}) = 0$ ならば $\int f = 0$.

(3) f が負の値をとらない可測関数のとき，次の条件を満足するルベグ積分可能な関数の列 $\{f_n\}$ があるならば，f もルベグ積分可能で，$\int f = \lim_{n \to \infty} \int f_n$:

(i) $0 \leqq f_n(a) \leqq f(a)$ ($n = 1, 2, \cdots; a \in M$),
(ii) $\lim_{n \to \infty} f_n = f$,
(iii) $\lim_{n \to \infty} \int f_n$ が存在して有限である．

(4) f, g がルベグ積分可能ならば，いかなる定数 α, β に対しても，$\alpha f + \beta g$ はまたルベグ積分可能となって，かつ

$$\int (\alpha f + \beta g) = \alpha \int f + \beta \int g.$$

3. M の任意の可測集合 A をとれば，その中にふくまれる可測集合の全体 $\mathfrak{N}$ は，§3，注意 2 の (1)，(2)，(3) を満足する．（ただし，(2) の E^c は，E の A に関する余集合の意味にとる.）また，$\mathfrak{N}$ の元 B の測度 $\mu(B)$ は，そこにおける (a)，(b) をみたしている．よって，A は一つの有界測度空間と考えることができる．

f を M の上の可測関数とすれば，A のいかなる元 a に対しても，$f(a)$ という値が対応せしめられる．かくして得られる A の上のルールを f_A と書く．明らかに

$$\{f_A \leq \alpha\} = \{f \leq \alpha\} \cap A \quad （可測）$$

よって，f_A は A の上の可測関数である．

f_A がルベグ積分可能のとき，f は **A の上でルベグ積分可能**であるといい，$\int f_A$ を，**f の A の上のルベグ積分**という．これは

$$\int_A f$$

としるされる．このとき，次の定理が成立する：

定理 6. (1) $\int f = \int_M f$.

(2) f がルベグ積分可能ならば，それはいかなる可測集合の上でもルベグ積分可能である．

(3) f がルベグ積分可能であって，かつ，$A \cap B = \emptyset$ ならば

$$\int_{A\cup B} f = \int_A f + \int_B f.$$

問. 定理3の証明を完結せよ.

§7. 確率変数の性質

1. 一般の確率変数 X, Y の和, 差, 積: $X+Y$, $X-Y$, XY は, X, Y を可測関数とみなした場合の和, 差, 積として定義される. これが, 有限個の値をとる確率変数の和, 差, 積の概念のそのままの拡張であることはいうまでもない. $X+Y$, $X-Y$, XY は, §6, 定理1により, また確率変数である.

確率過程——確率変数の列—— $\{X_n\}$ の**極限** $\lim_{n\to\infty} X_n$ の概念も, §6を利用して定義することができる. これも, もちろん確率変数である.

2. 確率変数 X_1, X_2, $\cdots$, X_n は, いかなる実数 α_1, α_2, $\cdots$, α_n をとっても次の等式が成立するとき, **独立**であるといわれる (Ⅳ章, §3, 問2を参照):

$$p(\{X_1 \leq \alpha_1\} \cap \cdots \cap \{X_n \leq \alpha_n\})$$
$$= p(\{X_1 \leq \alpha_1\}) \cdots p(\{X_n \leq \alpha_n\}).$$

定理1. X_1, X_2, $\cdots$, X_n が独立ならば, その一部分 X_{i_1}, X_{i_2}, $\cdots$, X_{i_r} も独立である.

[証明] X_1, X_2, $\cdots$, X_{n-1} の独立性だけを証明する. 他の一部分についても同様である. まず

$$\{X_1 \leq \alpha_1\} \cap \cdots \cap \{X_{n-1} \leq \alpha_{n-1}\}$$
$$= \bigcup_{m=1}^{\infty} [\{X_1 \leq \alpha_1\} \cap \cdots \cap \{X_{n-1} \leq \alpha_{n-1}\} \cap \{X_n \leq m\}].$$

よって
$$\begin{aligned}
&p(\{X_1 \leq \alpha_1\} \cap \cdots \cap \{X_{n-1} \leq \alpha_{n-1}\}) \\
&= \lim_{m \to \infty} p(\{X_1 \leq \alpha_1\} \cap \cdots \cap \{X_{n-1} \leq \alpha_{n-1}\} \cap \{X_n \leq m\}) \\
&= p(\{X_1 \leq \alpha_1\}) \cdots p(\{X_{n-1} \leq \alpha_{n-1}\}) \lim_{m \to \infty} p(\{X_n \leq m\}) \\
&= p(\{X_1 \leq \alpha_1\}) \cdots p(\{X_{n-1} \leq \alpha_{n-1}\}) p\left(\bigcup_{m=1}^{\infty} \{X_n \leq m\}\right) \\
&= p(\{X_1 \leq \alpha_1\}) \cdots p(\{X_{n-1} \leq \alpha_{n-1}\}) p(\Omega) \\
&= p(\{X_1 \leq \alpha_1\}) \cdots p(\{X_{n-1} \leq \alpha_{n-1}\}).
\end{aligned}$$
ゆえに, X_1, X_2, $\cdots$, X_{n-1} は独立である.

確率過程 $\{X_n\}$ は, そのうちのどの有限個の項をとっても独立であるとき, 独立であるといわれる.

例1. Ω の上の確率変数 X の $\Omega^{(n)}$ の上の複写 $X_1^{(n)}$, $X_2^{(n)}$, $\cdots$, $X_n^{(n)}$ は独立である. また, $\Omega^{(\infty)}$ の上の複写から成る確率過程 $\{X_n^{(\infty)}\}$ も独立である. 理由を考えてみられたい.

3. X が α_1, α_2, $\cdots$, α_n なる有限個の値しかとらない確率変数ならば, 平均値 $M(X)$ が定義され, それは $\sum_{i=1}^{n} \alpha_i p(\{X = \alpha_i\})$ であたえられた. これは, §6 の 2. によれば, X のルベグ積分

$$\int X$$

にほかならない. 次に, このことを利用して, もっと一般な確率変数に対しても, その平均値を定義することをこころみよう.

まず, X を, 負の値をとらない確率変数とする. このとき, §6, 定理 3 の証明におけるような確率過程 $\{X_n\}$ を選

べば, X_n は, n を大きくするに従い, X に限りなく近づいていく. したがって, もし極限値 $\lim_{n\to\infty} M(X_n)$ が存在して有限ならば, これをもって $M(X)$ と定義するのが常識的であろう. また, 一般な確率変数 X に対し, X^+, X^- に平均値 $M(X^+)$, $M(X^-)$ が定義されたならば, $X = X^+ - X^-$ より, $M(X) = M(X^+) - M(X^-)$ とおくのが自然である.

しかるに, これらは, X のルベグ積分 $\int X$ をもって $M(X)$ と定めた方がよい, ということにほかならない. よって, 次のように定義する:

定義 1. 確率変数 X がルベグ積分可能ならば, そのルベグ積分 $\int X$ を X の**平均値**といい, $M(X)$ と書く. また, X の平均値を, X の**分布の平均値**ともいう.

定理 2. (1) X, Y が平均値をもてば, $\alpha X + \beta Y$ も平均値をもち

$$M(\alpha X + \beta Y) = \alpha M(X) + \beta M(Y).$$

(2) X, Y が独立で, かつ平均値をもてば, XY も平均値をもち

$$M(XY) = M(X)M(Y).$$

[証明] (1) は §6, 定理 5 の (4) より明らかである. 次に (2) を示そう:

はじめに, X, Y が負の値をとらない場合を考える. これらに対して, §6, 定理 3 の証明におけるごとき確率過程 $\{X_n\}$, $\{Y_n\}$ をとれば

$\{X_n \leqq \alpha\}$

$$= \begin{cases} \left\{X < \dfrac{l+1}{2^n}\right\} & \left(0 \leq \dfrac{l}{2^n} \leq \alpha < \dfrac{l+1}{2^n} \leq n \text{ なる } l \text{ があるとき}\right) \\ \Omega & (\alpha \geq n \text{ のとき}) \\ \emptyset & (\alpha < 0 \text{ のとき}). \end{cases}$$

$\{Y_n \leq \beta\}$ についても同様である．よって，たとえば $\{X_n \leq \alpha\} = \left\{X < \dfrac{l+1}{2^n}\right\}$, $\{Y_n \leq \beta\} = \left\{Y < \dfrac{m+1}{2^n}\right\}$ ならば

$\quad p(\{X_n \leq \alpha\} \cap \{Y_n \leq \beta\})$
$\quad\quad = p\left(\left\{X < \dfrac{l+1}{2^n}\right\} \cap \left\{Y < \dfrac{m+1}{2^n}\right\}\right)$
$\quad\quad = p\left(\bigcup_{r=1}^{\infty}\left[\left\{X \leq \dfrac{l+1}{2^n} - \dfrac{1}{r}\right\} \cap \left\{Y \leq \dfrac{m+1}{2^n} - \dfrac{1}{r}\right\}\right]\right)$
$\quad\quad = \lim_{r \to \infty} p\left(\left\{X \leq \dfrac{l+1}{2^n} - \dfrac{1}{r}\right\} \cap \left\{Y \leq \dfrac{m+1}{2^n} - \dfrac{1}{r}\right\}\right)$
$\quad\quad = \lim_{r \to \infty} p\left(\left\{X \leq \dfrac{l+1}{2^n} - \dfrac{1}{r}\right\}\right) p\left(\left\{Y \leq \dfrac{m+1}{2^n} - \dfrac{1}{r}\right\}\right)$
$\quad\quad = p\left(\left\{X < \dfrac{l+1}{2^n}\right\}\right) p\left(\left\{Y < \dfrac{m+1}{2^n}\right\}\right)$
$\quad\quad = p(\{X_n \leq \alpha\}) p(\{Y_n \leq \beta\}).$

$\{X_n \leq \alpha\}$ や $\{Y_n \leq \beta\}$ が Ω あるいは $\emptyset$ にひとしい場合も同様である．ゆえに，X_n, Y_n は独立でなくてはならない．しかるに，これらは有限個の値しかとらないから，$M(X_n Y_n) = M(X_n) M(Y_n)$．よって，$\lim_{n \to \infty} M(X_n Y_n) = M(X) M(Y)$．一方，

$0 \leq (X_n Y_n)(a) = X_n(a) Y_n(a) \leq X(a) Y(a) = (XY)(a),$
$\lim_{n \to \infty}(X_n Y_n)(a) = \lim_{n \to \infty} X_n(a) Y_n(a) = X(a) Y(a) = (XY)(a).$

ゆえに，§6, 定理5の(3)によって，XY も平均値をもち

$$M(XY) = \lim_{n\to\infty} M(X_n Y_n) = M(X)M(Y).$$

X, Y が負の値をもつ場合には, X^+, X^-, Y^+, Y^- を利用する. まず, X^+ と Y^+, X^+ と Y^-, X^- と Y^+, X^- と Y^- がすべて独立であることは, たやすく示される. 一方, $XY = (XY)^+ - (XY)^- = X^+Y^+ + X^-Y^- - X^+Y^- - X^-Y^+$. よって, 上に述べたことを用いれば, XY も平均値をもち,

$M(XY)$
$$= M(X^+Y^+) + M(X^-Y^-) - M(X^+Y^-) - M(X^-Y^+)$$
$$= M(X^+)M(Y^+) + M(X^-)M(Y^-)$$
$$\qquad - M(X^+)M(Y^-) - M(X^-)M(Y^+)$$
$$= M(X^+ - X^-)M(Y^+ - Y^-)$$
$$= M(X)M(Y).$$

例 2. $M(X_1^{(n)} + \cdots + X_n^{(n)}) = nM(X)$, $M(X_1^{(\infty)} + \cdots + X_n^{(\infty)}) = nM(X)$, $M(X_i^{(n)} X_j^{(n)}) = M(X)^2$ $(i \neq j)$, $M(X_i^{(\infty)} X_j^{(\infty)}) = M(X)^2$ $(i \neq j)$.

例 3. 密度 $f(x)$ をもつ連続型の実確率分布が平均値をもてば, それは $\int_{-\infty}^{\infty} xf(x)dx$ にひとしい: そのような分布をもつ確率変数を X とする. まず, X^+ に対して, 次のような確率変数 $Y^{(\rho)}$ $(\rho = 1, 2, \cdots)$ を考えよう:

$$Y^{(\rho)}(a) = \begin{cases} X^+(a) & (X^+(a) < \rho \text{ のとき}) \\ 0 & (X^+(a) \geq \rho \text{ のとき}). \end{cases}$$

明らかに, $0 \leq Y^{(1)}(a) \leq Y^{(2)}(a) \leq \cdots \leq Y^{(\rho)}(a) \leq \cdots \leq X^+(a)$, $\lim_{\rho \to \infty} Y^{(\rho)} = X^+$. いま, $Y^{(\rho)}$ に対して, §6, 定理 3 の証明におけるごとき確率過程 $\{Y_n^{(\rho)}\}$ をつくれば, $Y_n^{(\rho)}$ は, $0 \leq \dfrac{\nu}{2^n} < \rho$ (ν は自然数または 0) なる値のみをとり, かつ

$$p\left(\left\{Y_n^{(\rho)} = \frac{\nu}{2^n}\right\}\right) = \begin{cases} p\left(\left\{X < \frac{1}{2^n}\right\} \cup \{X \geq \rho\}\right) & (\nu = 0 \text{ のとき}) \\ p\left(\left\{\frac{\nu}{2^n} \leq X < \frac{\nu+1}{2^n}\right\}\right) & (\text{しからざるとき}). \end{cases}$$

よって,

(1) $$\int Y_n^{(\rho)} = \sum_{\nu=1}^{\rho 2^n - 1} \frac{\nu}{2^n} \int_{\frac{\nu}{2^n}}^{\frac{\nu+1}{2^n}} f(x) dx.$$

しかるに, 積分の平均値の定理により,

$$\int_{\frac{\nu}{2^n}}^{\frac{\nu+1}{2^n}} f(x) dx = f(\eta_\nu) \frac{1}{2^n}, \quad \frac{\nu}{2^n} < \eta_\nu < \frac{\nu+1}{2^n}$$

なる η_ν がある. したがって, (1)の右辺は

$$\sum_{\nu=1}^{\rho 2^n - 1} \eta_\nu f(\eta_\nu) \frac{1}{2^n} + \sum_{\nu=1}^{\rho 2^n - 1} \left(\frac{\nu}{2^n} - \eta_\nu\right) \int_{\frac{\nu}{2^n}}^{\frac{\nu+1}{2^n}} f(x) dx$$

にひとしい. ここで, $n \to \infty$ ならしめれば,

$$\text{第1項} \to \int_0^\rho x f(x) dx,$$

$$|\text{第2項}| \leq \sum_{\nu=1}^{\rho 2^n - 1} \left|\frac{\nu}{2^n} - \eta_\nu\right| \int_{\frac{\nu}{2^n}}^{\frac{\nu+1}{2^n}} f(x) dx$$

$$\leq \frac{1}{2^n} \int_0^\infty f(x) dx \to 0.$$

ゆえに

$$M(Y^{(\rho)}) = \lim_{n \to \infty} \int Y_n^{(\rho)} = \int_0^\rho x f(x) dx$$

$$M(X^+) = \lim_{\rho \to \infty} M(Y^{(\rho)}) = \int_0^\infty x f(x) dx.$$

全く同様にして

$$M(X^-) = -\int_{-\infty}^0 x f(x) dx.$$

よって

$$M(X) = \int_{-\infty}^\infty x f(x) dx.$$

以上の証明により,分布が平均値をもつための必要かつ十分な条件は,連続関数 $xf(x)$ が区間 $]-\infty, +\infty[$ で積分可能なことであることがわかる.とくに,分布が (m, σ)-ガウス分布のときは,平均値が存在して

$$\int_{-\infty}^{\infty} xf(x)dx = \frac{1}{\sqrt{2\pi}\sigma}\int_{-\infty}^{\infty} xe^{-\frac{(x-m)^2}{2\sigma^2}}dx$$

$$= \frac{1}{\sqrt{2\pi}}\int_{-\infty}^{\infty}(\sigma\eta+m)e^{-\frac{\eta^2}{2}}d\eta = m.$$

例 4. 離散型の実確率分布 $\alpha_i \to p_i$ $(i=1, 2, \cdots)$ が平均値をもつための必要十分な条件は,級数 $\sum_i \alpha_i p_i$ が絶対収束することである.そして,この場合,平均値はその級数の和にひとしい.読者は,その証明を考えてみられたい.

とくに,分布が α-ポアソン分布であれば,平均値が存在して

$$\sum_{i=0}^{\infty} i \frac{\alpha^i}{i!}e^{-\alpha} = \sum_{i=0}^{\infty}\frac{\alpha^{i+1}}{i!}e^{-\alpha}$$

$$= \alpha\sum_{i=0}^{\infty}\frac{\alpha^i}{i!}e^{-\alpha} = \alpha.$$

4. 有限個の値をとる確率変数の場合を手本にして,一般の確率変数の分散や標準偏差を次のように定義する:

定義 2. $(X-M(X))^2$ が平均値 $M((X-M(X))^2)$ をもつならば,これを X の**分散**といい,$V(X)$ と書く.また,その正の平方根は X の**標準偏差**とよばれ,$\sigma(X)$ としるされる.さらに,X の分散や標準偏差を,X の**分布の分散**,**標準偏差**ということがある.

次の定理はたやすく示される:

定理 3. (1) X が分散をもてば,αX も分散をもち,
$$V(\alpha X) = \alpha^2 V(X).$$

(2) $X_1, X_2, \cdots, X_n$ が独立ならば,
$$V(X_1+X_2+\cdots+X_n) = V(X_1)+V(X_2)+\cdots+V(X_n).$$
証明は読者自ら考えてみられたい.

例 5.
$$V(X_1^{(n)}+\cdots+X_n^{(n)})=nV(X),$$
$$V(X_1^{(\infty)}+\cdots+X_n^{(\infty)})=nV(X).$$

例 6. 密度 $f(x)$ をもつ連続型の実確率分布が平均値 m をもつとする. このとき, その分布が, 分散をもつための必要十分な条件は, 関数 $(x-m)^2 f(x)$ が積分可能なことである. また, その場合, 分散は

$$\int_{-\infty}^{\infty}(x-m)^2 f(x)dx$$

にひとしい. これより, (m, σ)-ガウス分布は分散 σ^2 を有することが知られる. 証明の方法は例 3 と同じである.

例 7. 離散型の実確率分布 $\alpha_i \to p_i$ ($i=1, 2, \cdots$) が平均値 m をもつとき, それが分散を有するための必要十分な条件は, 級数 $\sum_i (\alpha_i-m)^2 p_i$ が収束することである. この場合, その分散はこの級数の和にひとしい. これより, α-ポアソン分布は分散 α をもつことが知られる. 読者は, これらのことを確かめてみられたい.

5. チェビシェフの不等式は, そのままに拡張される:

定理 4. $p(\{|X-M(X)|<\varepsilon\}) \geq 1 - \dfrac{V(X)}{\varepsilon}$.

[証明] $A=\{|X-M(X)|\geq \varepsilon\}$, $B=A^c=\{|X-M(X)|<\varepsilon\}$ とおけば, $A\cap B=\emptyset$ であるから, §6, 定理 6 の (3) によって

$$V(X) = \int (X-M(X))^2$$
$$= \int_A (X-M(X))^2 + \int_B (X-M(X))^2$$

$$\geq \int_A (X-M(X))^2 \qquad (*)$$

しかるに，A の元 a に対しては $(X-M(X))^2(a) \geq \varepsilon$ であるから

$$(*) \geq \int_A \varepsilon = \varepsilon p(A) = \varepsilon p(\{|X-M(X)| \geq \varepsilon\}).$$

よって

$$V(X) \geq \varepsilon(1-p(\{|X-M(X)| < \varepsilon\})).$$

これより，ただちに定理をうる．

チェビシェフの不等式より，大数の法則の次のような拡張がみちびかれる：

定理 5. X を Ω の上の確率変数とし，$M(X)$, $V(X)$ が存在するとする．このとき，

$$S_0^{(n)} = (X_1^{(n)}+\cdots+X_n^{(n)})/n \text{ あるいは}$$
$$(X_1^{(\infty)}+\cdots+X_n^{(\infty)})/n$$

とおけば

$$\lim_{n\to\infty} p(\{|S^{(n)}-M(X)| < \varepsilon\}) = 1.$$

これをも**大数の法則**という．証明は容易であるから，読者は自らこころみてみられたい．

6. 証明は省略するが，**ラプラスの定理**，および**大数の強法則**もそのままに拡張される：

定理 6. X を Ω の上の確率変数とし，$M(X)$, $V(X)$ (>0) が存在するとする．このとき，$\widetilde{S}_0^{(n)} = \dfrac{S_0^{(n)}-M(X)}{\sigma(X)}$ ($S_0^{(n)}$ は定理 5 におけると同じ) とおけば

$$\lim_{n\to\infty} p(\{\alpha \leq \widetilde{S}_0{}^{(n)} \leq \beta\}) = \int_\alpha^\beta \frac{1}{\sqrt{2\pi}} e^{-\frac{x^2}{2}} dx.$$

定理7. X を Ω の上の確率変数とし,$M(X)$,$V(X)$ が存在するとする.このとき,$S_0{}^{(n)} = \frac{1}{n}(X_1{}^{(\infty)} + \cdots + X_n{}^{(\infty)})$ とおけば

$$p(\{\lim_{n\to\infty} S_0{}^{(n)} = M(X)\}) = 1.$$

注意1. これらの定理の $\{X_n{}^{(\infty)}\}$ に関する部分は,実は,もっと一般な確率過程に対しても成立することが知られている.定理6 の $\{X_n{}^{(\infty)}\}$ に関する部分,およびその拡張を,一般に**中心極限定理**という.

注意2. 定理7は,演習問題VI の 9. としてあげられている.

7. 最後に,ガウス分布について一言しよう.

証明は読者の演習問題とするが,次の命題が成立する(演習問題VI,8.):

(1) X_r $(r=1, 2, \cdots, n)$ を独立な確率変数とし,その分布はそれぞれ (m_r, σ_r)-ガウス分布であるとする.このとき,$a_1 X_1 + a_2 X_2 + \cdots + a_n X_n$ の分布は $(a_1 m_1 + a_2 m_2 + \cdots + a_n m_n, \sqrt{a_1^2 \sigma_1^2 + a_2^2 \sigma_2^2 + \cdots + a_n^2 \sigma_n^2})$-ガウス分布である.

これより次のことがわかる.:X を,その分布が (m, σ)-ガウス分布であるような確率変数とすれば,

$$S_0{}^{(n)} = \frac{X_1{}^{(n)} + X_2{}^{(n)} + \cdots + X_n{}^{(n)}}{n}$$

の分布は $\left(m, \frac{\sigma}{\sqrt{n}}\right)$-ガウス分布である.

また,直接の計算によって,次の事実を確かめることが

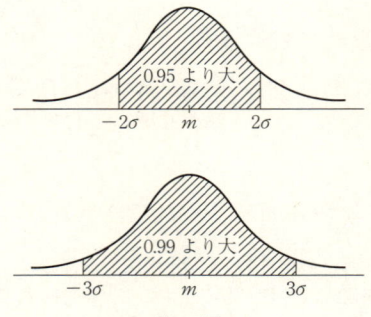

第 15 図

できる：

(2) $$f(\lambda) = \int_{m-\lambda\sigma}^{m+\lambda\sigma} \frac{1}{\sqrt{2\pi}\sigma} e^{-\frac{(x-m)^2}{2\sigma^2}} dx$$

とおけば

$$f(2) > 0.95, \quad f(3) > 0.99.$$

以上から，統計数学の一つの手法がみちびかれる：

一つの試行を考え，それに対応する確率空間を Ω とする．X を Ω の上の確率変数としよう．いま，X の分布がガウス分布であることはわかっており，またその標準偏差 σ は知られているが，平均値 m は未知であるとする．

ここで，なんらかの観点から，未知の平均値 m が数 m_0 にひとしい，という仮説が立てられたとしよう．そのときは，この仮説はまちがったものであるか，それとも，なお検討に値するものであるか，を調べたいという要求が起る

のは当然であるが，それにはいったいどうすればよいであろうか．——解答は次の通り：

まず，$m=m_0$ ならば

$$p\left(\left\{|S_0^{(n)}-m_0|\leq 3\frac{\sigma}{\sqrt{n}}\right\}\right) = p\left(\left\{|S_0^{(n)}-m|\leq 3\frac{\sigma}{\sqrt{n}}\right\}\right)$$
$$= p\left(\left\{m-3\frac{\sigma}{\sqrt{n}}\leq S_0^{(n)}\leq m+3\frac{\sigma}{\sqrt{n}}\right\}\right)$$
$$= \int_{m-3(\sigma/\sqrt{n})}^{m+3(\sigma/\sqrt{n})} \frac{1}{\sqrt{2\pi}(\sigma/\sqrt{n})}e^{-\frac{(x-m)^2}{2(\sigma/\sqrt{n})^2}}dx$$
$$> 0.99.$$

よって，

$$p\left(\left\{|S_0^{(n)}-m_0|>3\frac{\sigma}{\sqrt{n}}\right\}\right) < 0.01.$$

それゆえ，もし $m=m_0$ ならば，n 重試行をおこない，その結果：$(a_1, a_2, \cdots, a_n)$ における $S_0^{(n)}$ の値 $S_0^{(n)}(a_1, a_2, \cdots, a_n)$ を計算したとき，それが

(1) $\quad |S_0^{(n)}(a_1, a_2, \cdots, a_n)-m_0| > 3\dfrac{\sigma}{\sqrt{n}}$

をみたすことは，100 回に 1 回もないくらいまれである．よって，もしこのようなことが起れば，上の仮説はまちがっていると判断してもたいした支障はないであろう．なぜならば，そのようにしても，正しい仮説をそうでないと判断する機会は，100 回に 1 回もない道理だからである．この種の判断を，"仮説は危険率 0.01 ですてられる" といい表わす．

(1) が起らなければ,むろん別の方向から検討をおこなうことになる.ただし,(1)が起らなかったからといって,必ずしもその仮説が正しいことにならないのはいうまでもない.

例 8. ある会社でつくった製品をでたらめにとり出して,その重さをはかる,という試行を考える.根元事象は実数である.いま,各根元事象 a に対して $X(a)=a$ とおけば,X は,経験上,平均値 20,標準偏差 1 のガウス分布をもつ確率変数であることが知られているとしよう.ところがその会社では,最近,機械の調整が悪いのか,どうもその分布が狂ってきたように思われた.そこで,ためしに,でたらめに 10 個の製品をとってその重さを調べたところ,その算術平均は 22 であった.このとき,X の分布はいぜんとして (20, 1)-ガウス分布であるといいうるであろうか:

X の分布が変わらないものとすれば,その標準偏差はいぜんとして 1 であるはずである.そこで,その平均値が 20 である,という仮説を調べてみる.すると,$m_0=20$, $S_0^{(n)}=22$ であるから

$$|S_0^{(n)}-m_0| = 2 > 3\cdot\frac{1}{\sqrt{10}} = 3\cdot\frac{\sigma}{\sqrt{n}}.$$

よって,$m_0=20$ という仮説は,危険率 0.01 ですてられる.それゆえ,X の分布は変わった,と判断しても,まちがう確率は 0.01 よりも小さいであろう.

現実にあらわれる確率変数には,ガウス分布をもつ,とみなされるものが非常に多い.したがって,上の手法に類するものが数多くくふうされ,実用に供されている.その基礎が,いずれも確率論にあることはいうまでもない.ボレル型の確率空間を考えることによる利益は,このようなところにもあるのである.

問 1. 例 1,例 2,例 4,例 5,例 6,例 7 を証明せよ.
問 2. 定理 5 を証明せよ.

演習問題VI

1. E を一つの試行における確率事象とするとき,その試行の無限多重試行の根元事象 $(a_1, a_2, \cdots, a_n, \cdots)$ にふくまれる部分列 $a_i, a_{i+1}, \cdots, a_{i+(\rho-1)}$ は,次の条件をみたすとき,E の,長さ ρ の連といわれる:

(a) $a_i, a_{i+1}, \cdots, a_{i+(\rho-1)} \in E$;
(b) $i > 1$ ならば $a_{i-1} \notin E$;
(c) $a_{i+\rho} \notin E$.

これに関し,次の問に答えよ.

(1) 長さ β 以上の E^c の連があらわれる前に,長さ α 以上の E の連があらわれる確率はいくらか.

(2) 長さ α 以上の E の連も,長さ β 以上の E^c の連もあらわれない確率はいくらか.

(3) $p(E) = \dfrac{1}{6}$ とするとき,長さ β 以上の E^c の連があらわれる前に,長さ 3 以上の E の連のあらわれる確率が,最も $\dfrac{1}{2}$ に近くなるのは,β がいくつの場合か.

2. サイコロ投げの試行の無限多重試行において,第 2^n 番目の結果と第 2^{n+1} 番目の結果との間に,1 の目の,長さ n 以上の連があらわれるという事象を A_n とおく.このとき,せいぜい有限個の A_n の起る確率はいくらになるか.(ヒント:ボレル-カンテリの定理を用いる.)

3. n 個の実数の組 $(a_1, a_2, \cdots, a_n)$ の全体を,**n 次元のユークリッド**(Euclid)**空間**といい,R^n で表わす.実確率空間の n 重確率空間は,n 次元のユークリッド空間にほかならない.そのいかなる部分集合が確率事象となるかは,もとの実確率空間の確率分布のいかんにかかわらず一定である.R^n の部分集合のうちで,このように,R^n を実確率空間の n 重確率空間と見なすとき確率事象となるようなものを,**n 次元のボレル**(Borel)**集合**という.

一般に, n 次元の各ボレル集合 E に確率 $p(E)$ をあたえて得られる確率空間を, **n 次元の確率空間**とよぶ. また, 各 E に $p(E)$ をあたえるルールを, **n 次元の確率分布**と称する. 実確率分布は, 1 次元の確率分布にほかならない. さて, いま, 任意の確率空間を Ω とし, $X_1, X_2, \cdots, X_n$ をその上の確率変数とする. このとき, いかなる n 次元のボレル集合 E に対しても

$$\{(X_1, X_2, \cdots, X_n) \in E\} = \{a \mid (X_1(a), X_2(a), \cdots, X_n(a)) \in E\}$$

なる Ω の事象は確率事象となることを示せ. また, n 次元の各ボレル集合 E に, $p(\{(X_1, X_2, \cdots, X_n) \in E\})$ をあたえるルールは, n 次元の確率分布であることを証明せよ. (この確率分布を, **組 $(X_1, X_2, \cdots, X_n)$ の分布**という.)

4. R^n の各元 $(x_1, x_2, \cdots, x_n)$ に一つずつ実数を対応せしめるルールは, もちろん n 変数の関数 $f(x_1, x_2, \cdots, x_n)$ と同じものである. n 変数の関数は, R^n を n 次元の確率空間にしたとき確率変数となるならば, **n 次元のベール** (Baire) **関数**といわれる. これはもちろん, 確率分布のとり方にかかわらない. いま, $X_1, X_2, \cdots, X_n$ をある確率空間 Ω の上の確率変数とし, $f(x_1, x_2, \cdots, x_n)$ を n 次元のベール関数とする. このとき, Ω の各元 a に $f(X_1(a), X_2(a), \cdots, X_n(a))$ を対応せしめるルールは, Ω の上の確率変数となることを示せ. (これを $f(X_1, X_2, \cdots, X_n)$ で表わす: $f(X_1, X_2, \cdots, X_n)(a) = f(X_1(a), X_2(a), \cdots, X_n(a))$.)

5. n 変数の連続関数は n 次元のベール関数であることを示せ.

6. 4. における確率変数 $f(X_1, X_2, \cdots, X_n)$ の平均値は, $(X_1, X_2, \cdots, X_n)$ の分布を確率分布とする n 次元確率空間における, $f(x_1, x_2, \cdots, x_n)$ の平均値とひとしい.

7. $X_1, X_2, \cdots, X_r; Y_1, Y_2, \cdots, Y_s$ を一つの確率空間 Ω の上の独立な確率変数とし, $f(x_1, x_2, \cdots, x_r), g(y_1, y_2, \cdots, y_s)$ をそれぞれ r 次元, s 次元のベール関数とする. このとき, 確率変数

$f(X_1, X_2, \cdots, X_r)$, $g(Y_1, Y_2, \cdots, Y_s)$ はまた独立となることを証明せよ．

8. $X_1, X_2, \cdots, X_n$ を確率空間 Ω の上の独立な確率変数とし，X_r は (m_r, σ_r)-ガウス分布をもつとする $(1 \leq r \leq n)$．このとき，$a_1 X_1 + a_2 X_2 + \cdots + a_n X_n$ の分布は $(a_1 m_1 + a_2 m_2 + \cdots + a_n m_n, \sqrt{a_1^2 \sigma_1^2 + a_2^2 \sigma_2^2 + \cdots + a_n^2 \sigma_n^2})$-ガウス分布であることを示せ（ヒント：$n$ に関する数学的帰納法）．

9. X を任意の確率変数とすれば
$$p\left(\left\{\lim_{n\to\infty} \frac{X_1^{(\infty)} + X_2^{(\infty)} + \cdots + X_n^{(\infty)}}{n} = M(X)\right\}\right) = 1$$
が成立することを証明せよ．（これは，§7 の定理 7，すなわち，一般の確率変数に対する大数の強法則にほかならない．証明には，まず，コルモゴロフの不等式を一般の確率変数の場合に拡張し，それを利用する．）

10. 確率空間 Ω の各元に一つずつ複素数を対応せしめるルールを Z とする．このような Z は，$Z(a)$ を $X(a) + iY(a)$ $(X(a), Y(a)$ は実数) という形に書いたとき，X, Y がいずれも確率変数となるならば，**複素確率変数**といわれる．また，その平均値 $M(Z)$ は，$M(X) + iM(Y)$ と定義される．t が実定数，X が確率変数ならば，$a (\in \Omega)$ に $e^{itX(a)}$ を対応せしめるルールは，複素確率変数であることを示せ．さらに，それは平均値をもつことを証明せよ．（この複素確率変数を e^{itX} と書く．）

11. 前問における複素確率変数の平均値 $M(e^{itX})$ は t の関数である．これを，X の**特性関数**といい，$\varphi(t; X)$ で表わす．これに関し，次の事項を証明せよ：

(1) $\varphi(0; X) = 1$；

(2) $|\varphi(t; X)| \leq 1$；

(3) $\varphi(-t; X) = \overline{\varphi(t; X)}$；

(4) $\varphi(t; X)$ は一様連続な関数である；

(5) X, Y が独立ならば $\varphi(t;X+Y)=\varphi(t;X)\varphi(t;Y)$. ($X$ と Y との分布がひとしければ，もちろん $\varphi(t;X)\equiv\varphi(t;Y)$. ところが，このことの逆も成立することが知られている．つまり，$\varphi(t;X)\equiv\varphi(t;Y)$ ならば X と Y との分布はひとしいのである．)

付　録

§1. ガウス分布とスターリングの公式

ここでは，次の二つの定理を証明する：

定理 1. $\dfrac{1}{\sqrt{2\pi}}\displaystyle\int_{-\infty}^{+\infty} e^{-\frac{x^2}{2}}dx=1.$

定理 2. $n!=\sqrt{2\pi}\,n^{n+\frac{1}{2}}e^{-n}e^{\rho(n)}$ とおけば，$\rho(n)\to 0$ $(n\to\infty)$.

はじめに，次の補助定理を示そう：

補助定理. n を自然数とし

$$S_n = \int_0^{\frac{\pi}{2}} \sin^n x\, dx$$

とおけば

$$\lim_{n\to\infty} \sqrt{n}\, S_n = \sqrt{\frac{\pi}{2}}.$$

［証明］　部分積分法によって，$S_n=\dfrac{n-1}{n}S_{n-2}$ $(n\geq 2)$. また，$S_0=\dfrac{\pi}{2}$, $S_1=1$.

ゆえに

$$S_{2m} = \frac{(2m-1)(2m-3)\cdots 3\cdot 1}{2m(2m-2)\cdots 4\cdot 2}\cdot\frac{\pi}{2},$$

$$S_{2m+1} = \frac{2m(2m-2)\cdots 4\cdot 2}{(2m+1)(2m-1)\cdots 3\cdot 1}.$$

$0<x<\dfrac{\pi}{2}$ ならば，$0<\sin^{2m+1}x<\sin^{2m}x<\sin^{2m-1}x$ であるから，$0<S_{2m+1}<S_{2m}<S_{2m-1}$. よって

$$1 < \frac{S_{2m}}{S_{2m+1}} < \frac{S_{2m-1}}{S_{2m+1}} = \frac{2m+1}{2m},$$

$$\lim_{m\to\infty}\frac{S_{2m}}{S_{2m+1}} = \lim_{m\to\infty}\frac{S_{2m+1}}{S_{2m}} = 1.$$

これより

$$\lim_{m\to\infty}\sqrt{2m}S_{2m} = \lim_{m\to\infty}\sqrt{2m}S_{2m}\sqrt{\frac{S_{2m+1}}{S_{2m}}}$$

$$= \lim_{m\to\infty}\sqrt{2m}\sqrt{S_{2m}S_{2m+1}}$$

$$= \lim_{m\to\infty}\sqrt{2m}\sqrt{\frac{\pi}{2(2m+1)}} = \sqrt{\frac{\pi}{2}},$$

$$\lim_{m\to\infty}\sqrt{2m+1}S_{2m+1} = \lim_{m\to\infty}\sqrt{\frac{2m+1}{2m}}\frac{S_{2m+1}}{S_{2m}}\sqrt{2m}S_{2m}$$

$$= \sqrt{\frac{\pi}{2}}.$$

したがって

$$\lim_{n\to\infty}\sqrt{n}S_n = \sqrt{\frac{\pi}{2}}.$$

[定理 1 の証明] S_{2m+1} において $\cos x = y$, S_{2m} において $\cot x = y$ とおけば

$$S_{2m+1} = \int_0^1 (1-y^2)^m dy,$$

$$S_{2m} = \int_0^\infty \frac{dy}{(1+y^2)^{m+1}}.$$

一方, $e^x = 1 + x + \frac{x^2}{2}e^{\theta x}$ ($0 < \theta < 1$) なる θ があるから, こ

の式の x のところへ y^2 または $-y^2$ を代入することによって

$$1-y^2 < e^{-y^2} < \frac{1}{1+y^2},$$

$$(1-y^2)^m < e^{-my^2} < \frac{1}{(1+y^2)^m},$$

$$\int_0^1 (1-y^2)^m dy < \int_0^1 e^{-my^2} dy$$
$$< \int_0^\infty e^{-my^2} dy < \int_0^\infty \frac{dy}{(1+y^2)^m}.$$

ゆえに,

$$I = \int_0^\infty e^{-y^2} dy = \sqrt{m} \int_0^\infty e^{-my^2} dy$$

とおけば

$$\sqrt{m} S_{2m+1} < I < \sqrt{m} S_{2m-2}.$$

しかるに

$$\lim_{m\to\infty} \sqrt{m} S_{2m+1} = \lim_{m\to\infty} \sqrt{2m+1} S_{2m+1} \sqrt{\frac{m}{2m+1}} = \frac{\sqrt{\pi}}{2},$$

$$\lim_{m\to\infty} \sqrt{m} S_{2m-2} = \lim_{m\to\infty} \sqrt{2m-2} S_{2m-2} \sqrt{\frac{m}{2m-2}} = \frac{\sqrt{\pi}}{2}.$$

したがって, $I = \frac{\sqrt{\pi}}{2}$. よって

$$\frac{1}{\sqrt{2\pi}} \int_{-\infty}^\infty e^{-\frac{x^2}{2}} dx = \frac{1}{\sqrt{\pi}} \int_{-\infty}^\infty e^{-x^2} dx = \frac{2}{\sqrt{\pi}} I = 1.$$

［定理 2 の証明］ 第 16 図において

$$\delta_n = \alpha_1 - \beta_1 + \alpha_2 - \beta_2 + - \cdots + \alpha_{n-1} - \beta_{n-1}$$

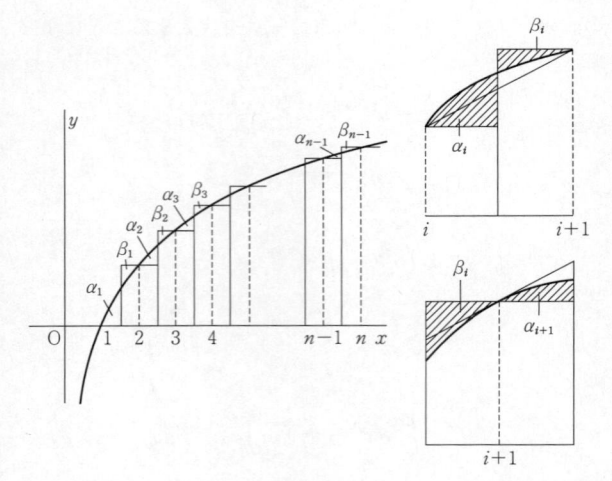

第 16 図

とおけば

$$\log 2 + \log 3 + \cdots + \log(n-1) + \frac{1}{2}\log n + \delta_n$$
$$= \int_1^n \log x\, dx = n\log n - n + 1,$$
$$\log(n!) = \left(n + \frac{1}{2}\right)\log n - n + 1 - \delta_n.$$

しかるに,級数

$$\alpha_1 - \beta_1 + \alpha_2 - \beta_2 + - \cdots + \alpha_n - \beta_n + - \cdots$$

は交番級数で,かつ第 16 図の右から知られるように $\alpha_1 > \beta_1 > \alpha_2 > \beta_2 > \cdots > \alpha_n > \beta_n > \cdots$. よって,それは収束する.

いま，その和を δ とし，$\delta - \delta_n = \rho(n)$，$e^{1-\delta} = \alpha$ とおけば

(1) $\quad n! = \alpha n^{n+\frac{1}{2}} e^{-n} e^{\rho(n)}, \quad \rho(n) \to 0 \ (n \to \infty)$.

一方，補助定理により

$$\sqrt{\pi} = \lim_{n \to \infty} 2\sqrt{n} S_{2n+1} = \lim_{n \to \infty} \frac{(n!)^2 2^{2n}}{(2n)! \sqrt{n}}.$$

この最右辺へ(1)を代入すれば

$$\sqrt{\pi} = \lim_{n \to \infty} \frac{\alpha^2 n^{2n+1} e^{-2n} e^{2\rho(n)} 2^{2n}}{\alpha 2^{2n+\frac{1}{2}} n^{2n+\frac{1}{2}} e^{-2n} e^{\rho(2n)} \sqrt{n}} = \frac{\alpha}{\sqrt{2}}.$$

よって

$$n! = \sqrt{2\pi} n^{n+\frac{1}{2}} e^{-n} e^{\rho(n)}, \quad \rho(n) \to 0 \ (n \to \infty).$$

§2. 多重確率空間

ここでは，多重確率空間に関連した四つの定理を取り扱う．

定理 1. A を $\Omega^{(n)}$ の確率事象とし，

$$\Delta = \{(E_1^{(i)}, \cdots, E_n^{(i)}) | i = 1, 2, \cdots, r\},$$
$$\Delta' = \{(F_1^{(j)}, \cdots, F_n^{(j)}) | j = 1, 2, \cdots, s\}$$

をその分割とする．このとき

$$\sum_{i=1}^{r} p(E_1^{(i)}) \cdots p(E_n^{(i)}) = \sum_{j=1}^{s} p(F_1^{(j)}) \cdots p(F_n^{(j)}).$$

[証明] 方法は全く同様であるから，$n=2$ の場合について述べる．幾つかの段階に分けて進もう．

(ⅰ) E_1，E_2 を Ω の確率事象とし，$\{B_i | i = 1, 2, \cdots, p\}$，$\{C_j | j = 1, 2, \cdots, q\}$ をそれぞれ E_1，E_2 の分割とする．このとき，たやすく確かめられるように，$\{(B_i, C_j) | i = 1, 2, \cdots,$

第17図

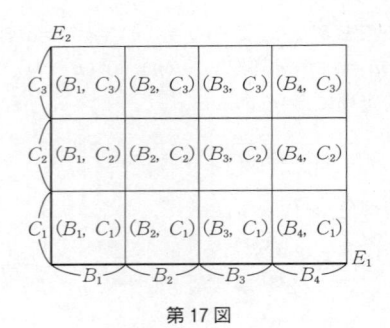

p; $j=1, 2, \cdots, q$) は (E_1, E_2) の分割である．かくして得られる (E_1, E_2) の分割をその**網目**という．明らかに

$$\sum_{i,j} p(B_i)p(C_j) = \sum_{i=1}^{p} p(B_i) \sum_{j=1}^{q} p(C_j) = p(E_1)p(E_2).$$

(ⅱ) 方確率事象 (E_1, E_2) の分割を

(1) $\qquad \{(E_1^{(i)}, E_2^{(i)}) | i=1, 2, \cdots, r\}$

とすれば，

$$p(E_1)p(E_2) = \sum_{i=1}^{r} p(E_1^{(i)})p(E_2^{(i)}):$$

まず，$F_1 \cap F_2 \cap \cdots \cap F_r \cap E_1$ なる形の事象で，$F_i = E_1^{(i)}$ または $E_1^{(i)c}$ ($i=1, 2, \cdots, r$) となるようなものをすべて考え，これらに適当に番号をつけて $B_1, B_2, \cdots, B_p$ とすれば，$\{B_i | i=1, 2, \cdots, p\}$ は明らかに E_1 の分割である．同様にして，$G_1 \cap G_2 \cap \cdots \cap G_r \cap E_2$ なる形の事象で，$G_i = E_2^{(i)}$

または $E_2^{(i)c}$ ($i=1, 2, \cdots, r$) となるようなものを $C_1, C_2, \cdots, C_p$ とすれば, $\{C_i | i=1, 2, \cdots, p\}$ は E_2 の分割となる. このとき, $\{(B_i, C_j) | i, j=1, 2, \cdots, p\}$ が (E_1, E_2) の網目であることはいうまでもない. よって

(2) $$p(E_1)p(E_2) = \sum_{i,j} p(B_i)p(C_j).$$

一方, $\{(B_i, C_j) | i, j=1, 2, \cdots, p\}$ は(1)の細分であるから, これは, 各 $(E_1^{(i)}, E_2^{(i)})$ の網目をよせあつめたものにひとしい. したがって, 和 $\sum_{i,j} p(B_i)p(C_j)$ を, 各 $(E_1^{(i)}, E_2^{(i)})$ の網目ごとに区切って計算すれば, (i)により

(3) $$\sum_{i,j} p(B_i)p(C_j) \\ = p(E_1^{(1)})p(E_2^{(1)}) + \cdots + p(E_1^{(r)})p(E_2^{(r)}).$$

ゆえに, (2), (3)より

$$p(E_1)p(E_2) = \sum_{i=1}^{r} p(E_1^{(i)})p(E_2^{(i)})$$

が得られる.

(iii) A を $\Omega^{(2)}$ の確率事象とし
$$\Delta = \{(E_1^{(i)}, E_2^{(i)}) | i=1, 2, \cdots, r\},$$
$$\Delta' = \{(F_1^{(j)}, F_2^{(j)}) | j=1, 2, \cdots, s\}$$
をその分割とする. このとき, Δ' が Δ の細分であれば

$$\sum_{i=1}^{r} p(E_1^{(i)})p(E_2^{(i)}) = \sum_{j=1}^{s} p(F_1^{(j)})p(F_2^{(j)}):$$

Δ' は Δ の細分であるから, Δ' は各 $(E_1^{(i)}, E_2^{(i)})$ の分割をよせあつめたものになっている. よって, 和

$\sum_{j=1}^{s} p(F_1^{(j)}) p(F_2^{(j)})$ を，各 $(E_1^{(i)}, E_2^{(i)})$ の分割ごとに区切って計算すれば，(ii) によって

$$\sum_{j=1}^{s} p(F_1^{(j)}) p(F_2^{(j)})$$
$$= p(E_1^{(1)}) p(E_2^{(1)}) + \cdots + p(E_1^{(r)}) p(E_2^{(r)}).$$
$$= \sum_{i=1}^{r} p(E_1^{(i)}) p(E_2^{(i)}).$$

(iv) Δ' が Δ の細分でない場合には，Δ と Δ' との共通の細分を

$$\Delta'' = \{(G_1^{(k)}, G_2^{(k)}) | k=1, 2, \cdots, t\}$$

とおく．そうすれば，(iii) によって

$$\sum_{i=1}^{r} p(E_1^{(i)}) p(E_2^{(i)}) = \sum_{k=1}^{t} p(G_1^{(k)}) p(G_2^{(k)})$$
$$= \sum_{j=1}^{s} p(F_1^{(j)}) p(F_2^{(j)}).$$

定理は，これで証明された．

定理 2. A を $\Omega^{(\infty)}$ の確率事象とし，

$$\Delta = \{(E_1^{(i)}, \cdots, E_{n(i)}^{(i)}, \Omega, \Omega, \cdots) | i=1, 2, \cdots, r\},$$
$$\Delta' = \{(F_1^{(j)}, \cdots, F_{m(j)}^{(j)}, \Omega, \Omega, \cdots) | j=1, 2, \cdots, s\}$$

をその分割とする．このとき

(*) $\quad \sum_{i=1}^{r} p(E_1^{(i)}) \cdots p(E_{n(i)}^{(i)}) = \sum_{j=1}^{s} p(F_1^{(j)}) \cdots p(F_{m(j)}^{(j)}).$

［証明］ $n(1), n(2), \cdots, n(r); m(1), m(2), \cdots, m(s)$ の最大のものを l とし

$$\Delta_1 = \{(E_1^{(i)}, \cdots, E_{n(i)}^{(i)}, \overbrace{\Omega, \cdots, \Omega}^{l-n(i)}) | i=1, 2, \cdots, r\},$$

$$\varDelta_1' = \{(F_1^{(j)}, \cdots, F_{m(j)}^{(j)}, \overset{l-m(j)}{\overline{\varOmega, \cdots, \varOmega}})|j=1, 2, \cdots, s\}$$

とおけば，$\varDelta_1$，$\varDelta_1'$ の元はそれぞれ互いに排反で，かつ

$$\bigcup_{i=1}^{r}(E_1^{(i)}, \cdots, E_{n(i)}^{(i)}, \varOmega, \cdots, \varOmega)$$
$$= \bigcup_{j=1}^{s}(F_1^{(j)}, \cdots, F_{m(j)}^{(j)}, \varOmega, \cdots, \varOmega).$$

よって，この共通の値を B とおけば，$\varDelta_1$，$\varDelta_1'$ は（$\varOmega^{(l)}$ の元であるところの）B の分割である．これより，定理1を用いて(*)をうる．

定理3．$\varOmega$ がボレル型の確率空間ならば，$\varOmega^{(n)}$ は連続性の公理を満足する．

定理4．$\varOmega$ がボレル型の確率空間ならば，$\varOmega^{(\infty)}$ は連続性の公理を満足する．

いずれも同様であるから，定理4のみを証明する．

［定理4の証明］ $\varOmega^{(\infty)}$ における確率事象の列 $\{A_n\}$ が，条件 $A_1 \supseteq A_2 \supseteq \cdots \supseteq A_n \supseteq \cdots$，$\bigcap_{n=1}^{\infty} A_n = \emptyset$ をみたせば，$\lim_{n\to\infty} p(A_n) = 0$ となることをいう．そのためには，$A_1 \supseteq A_2 \supseteq \cdots \supseteq A_n \supseteq \cdots$ かつ $\lim_{n\to\infty} p(A_n) = \alpha > 0$ ならば，$\bigcap_{n=1}^{\infty} p(A_n) \neq \emptyset$ となることをいえばよい．幾つかの段階に分けて述べよう．

（i） A が $\varOmega^{(\infty)}$ の確率事象，a が $\varOmega$ の根元事象であるとき

$$A(a) = \{(x_1, x_2, \cdots)|(a, x_1, x_2, \cdots) \in A\}$$

とおく．明らかに，$A \supseteq B$ ならば $A(a) \supseteq B(a)$．

また，$\{(E_1^{(i)}, \cdots, E_{n(i)}^{(i)}, \varOmega, \cdots)|i=1, 2, \cdots, r\}$ を A の分

割とすれば，族

(1) $\quad \{(E_2^{(i)}, \cdots, E_{n(i)}^{(i)}, \Omega, \cdots) | a \in E_1^{(i)}\}$

の和集合は $A(a)$ にひとしい．よって，$A(a)$ は一個の確率事象である．(1)が $A(a)$ の分割であることも，たやすく確かめることができる．

(ⅱ) $\Delta = \{F_1 \cap F_2 \cap \cdots \cap F_r | F_i = E_1^{(i)}$ または $E_1^{(i)c}$ $(i=1, 2, \cdots, r)\}$ とおけば，これは Ω の分割である．また(ⅰ)により，各 $F_1 \cap F_2 \cap \cdots \cap F_r$ の中の a, b に対しては，$A(a) = A(b)$. ゆえに，$X(a) = p(A(a))$ とおけば，X は一つの確率変数である．$A \supseteq B$ ならば $A(a) \supseteq B(a)$ であるから，A, B に対応する確率変数 X, Y が $X(a) \geq Y(a)$ $(a \in \Omega)$，すなわち $X \geq Y$ をみたすことはいうまでもない．

(ⅲ) $E_1^{(i)}$ は Δ の元の幾つかの和集合である．よって，いま，簡単のために，$\Delta = \{G_i | i = 1, 2, \cdots, p\}$ とおけば，$E_1^{(i)}$ は $G_{j_1} \cup G_{j_2} \cup \cdots \cup G_{j_q}$ なる形をとる．それゆえ

$$(E_1^{(i)}, E_2^{(i)}, \cdots, E_{n(i)}^{(i)}, \Omega, \cdots)$$
$$= \bigcup_{k=1}^{q} (G_{j_k}, E_2^{(i)}, \cdots, E_{n(i)}^{(i)}, \Omega, \cdots).$$

これより，A は，ともかくも

$$\bigcup_{i=1}^{p} \bigcup_{j=1}^{m(i)} (G_i, E_{i,1}^{(j)}, \cdots, E_{i,\rho(i,j)}^{(j)}, \Omega, \Omega, \cdots)$$

なる形に書けることがわかる．明らかに，$a \in G_i$ ならば

$$A(a) = \bigcup_{j=1}^{m(i)} (E_{i,1}^{(j)}, \cdots, E_{i,\rho(i,j)}^{(j)}, \Omega, \Omega, \cdots).$$

次に，$p(A) \geq \alpha$ とし，$\left\{X \geq \dfrac{\alpha}{2}\right\} = G_1 \cup \cdots \cup G_s$, $\left\{X < \dfrac{\alpha}{2}\right\} =$

$G_{s+1} \cup \cdots \cup G_p$ とおく. このとき, $a_i \in G_i$ $(i=1, 2, \cdots, p)$ なる a_i を任意にとれば

$$\alpha \leq p(A) = \sum_{i=1}^{p} \sum_{j=1}^{m(i)} p(G_i) p(E_{i,1}^{(j)}) \cdots p(E_{i,\rho(i,j)}^{(j)})$$
$$= \sum_{i=1}^{p} p(G_i) \sum_{j=1}^{m(i)} p(E_{i,1}^{(j)}) \cdots p(E_{i,\rho(i,j)}^{(j)})$$
$$= \sum_{i=1}^{p} p(G_i) p(A(a_i))$$
$$< \sum_{i=1}^{s} p(G_i) + \sum_{i=s+1}^{p} p(G_i) \frac{\alpha}{2}$$
$$\leq p\left(\left\{X \geq \frac{\alpha}{2}\right\}\right) + \frac{\alpha}{2}.$$

ゆえに, $p\left(\left\{X \geq \frac{\alpha}{2}\right\}\right) \geq \frac{\alpha}{2}$.

(iv) $A_1 \supseteq A_2 \supseteq \cdots \supseteq A_n \supseteq \cdots$ かつ $\lim_{n \to \infty} p(A_n) = \alpha > 0$ とすれば, $p(A_n) \geq \alpha$. よって, 各 A_n に対応する上のような X を X_n とし, $A_n^{(1)} = \left\{X_n \geq \frac{\alpha}{2}\right\}$ とおけば, (iii) により, $p(A_n^{(1)}) \geq \frac{\alpha}{2}$. また (ii) により, $A_1^{(1)} \supseteq A_2^{(1)} \supseteq \cdots \supseteq A_n^{(1)} \supseteq \cdots$. しかるに, Ω は連続性の公理をみたすから, $\bigcap_{n=1}^{\infty} A_n^{(1)} \neq \emptyset$. よって, $a_1 \in \bigcap_{n=1}^{\infty} A_n^{(1)}$ なる a_1 がある. いうまでもなく, $p(A_n(a_1)) = X_n(a_1) \geq \frac{\alpha}{2}$. また, (i) より $A_1(a_1) \supseteq A_2(a_1) \supseteq \cdots \supseteq A_n(a_1) \supseteq \cdots$.

(v) 上の議論において, $\{A_n\}$ の代りに $\{A_n(a_1)\}$, α の代りに $\frac{\alpha}{2}$ をとれば, $p(A_n(a_1)(a_2)) \geq \frac{\alpha}{2^2}$, $A_1(a_1)(a_2) \supseteq A_2(a_1)(a_2) \supseteq \cdots \supseteq A_n(a_1)(a_2) \supseteq \cdots$ なる a_2 がある. 以下同様. すなわち, いかなる自然数 ν に対しても

$$p(A_n(a_1)(a_2)\cdots(a_\nu)) \geq \frac{\alpha}{2^\nu},$$

$$A_1(a_1)(a_2)\cdots(a_\nu) \supseteq A_2(a_1)(a_2)\cdots(a_\nu) \supseteq$$
$$\cdots \supseteq A_n(a_1)(a_2)\cdots(a_\nu) \supseteq \cdots$$

なる a_ν を見出すことができる．明らかに

$A_n(a_1)(a_2)\cdots(a_\nu)$
$= \{(x_1, x_2, \cdots) | (a_\nu, x_1, x_2, \cdots) \in A_n(a_1)\cdots(a_{\nu-1})\}$
$= \{(x_1, x_2, \cdots) | (a_{\nu-1}, a_\nu, x_1, x_2, \cdots) \in A_n(a_1)\cdots(a_{\nu-2})\}$
$= \cdots \cdots$
$= \{(x_1, x_2, \cdots) | (a_1, a_2, \cdots, a_\nu, x_1, x_2, \cdots) \in A_n\}.$

(vi) $(a_1, a_2, \cdots, a_\nu, \cdots) \in A_n$ $(n=1, 2, \cdots)$:
$(a_1, a_2, \cdots, a_\nu, \cdots) \notin A_{n_0}$ ならば，

$$A_{n_0} = \bigcup_{i=1}^{r}(E_1^{(i)}, \cdots, E_{n(i)}^{(i)}, \Omega, \cdots),$$
$$\max(n(1), n(2), \cdots, n(r)) = t$$

とおくとき，$x_1, x_2, \cdots$ が何であっても $(a_1, a_2, \cdots, a_t, x_1, x_2, \cdots) \notin A_{n_0}$．よって

$A_{n_0}(a_1)(a_2)\cdots(a_t)$
$= \{(x_1, x_2, \cdots) | (a_1, a_2, \cdots, a_t, x_1, x_2, \cdots) \in A_{n_0}\}$
$= \emptyset.$

これは矛盾である．したがって，$(a_1, a_2, \cdots, a_\nu, \cdots) \in A_n$ $(n=1, 2, \cdots)$.

こうして，$\bigcap_{n=1}^{\infty} A_n \neq \emptyset$ が証明された．

§3. カラテオドリの定理

ここでは，次のカラテオドリの定理を証明する：

定理. Ω を連続性の公理を満足する（ジョルダン型の）確率空間とし，確率事象の全体を $\mathfrak{A}$ とおく．このとき，$B(\mathfrak{A})$ の各元 A に一つずつ実数 $p'(A)$ を対応せしめ，次の条件がみたされるようにすることができる：

(a) $A \in \mathfrak{A}$ ならば $p'(A) = p(A)$（A の元来の確率），

(b) $0 \leq p'(A) \leq 1$,

(c) $A_n \in B(\mathfrak{A})$ ($n=1, 2, \cdots$) で，かつこれらが互いに排反ならば

$$p'\Big(\bigcup_{n=1}^{\infty} A_n\Big) = \sum_{n=1}^{\infty} p'(A_n).$$

また，このような $p'(A)$ の定め方はただ一通りである．

[証明] 幾つかの段階に分けて述べる．

（i） $\mathfrak{A}$ の元の列 $\{E_n\}$ の和集合 $\bigcup_{n=1}^{\infty} E_n$ が X をふくむ——$\bigcup_{n=1}^{\infty} E_n \supseteq X$——とき，$\{E_n\}$ は X を**おおう**といわれる．事象 X に対して，それをおおう任意の列 $\{E_n\}$ をとり，和 $\sum_{n=1}^{\infty} p(E_n)$ を計算する．そして，X に対するこのような和の下限を $p^*(X)$ で表わす．明らかに

(1) $\qquad\qquad p^*(\emptyset) = 0.$

$X \supseteq Y$ ならば，X をおおう列 $\{E_n\}$ が Y をもおおうことはいうまでもない．よって，X に対する和 $\sum_{n=1}^{\infty} p(E_n)$ はまた Y に対する和にもなっている．ゆえに，X に対する和の集まりは，Y に対するそれの一部分である．つまり

(2) $\qquad X \supseteq Y$ ならば $p^*(X) \geq p^*(Y)$.

$X \subseteq \bigcup_{r=1}^{\infty} X_r$ とし,各 X_r に対して,それをおおう列 $\{E_n^{(r)}\}$ で,$\sum_{n=1}^{\infty} p(E_n^{(r)}) \leq p^*(X_r) + \dfrac{\varepsilon}{2^r}$ となるようなものをとる.ε は任意の正数である.$E_n^{(r)}$ ($r, n = 1, 2, \cdots$) を一列に並べたもの $\{E_1^{(1)}, E_2^{(1)}, E_1^{(2)}, E_3^{(1)}, E_2^{(2)}, E_1^{(3)}, E_1^{(4)}, \cdots\}$ を $\{F_1, F_2, \cdots\}$ と書けば,これは X をおおっている.よって

$$p^*(X) \leq \sum_{n=1}^{\infty} p(F_n)$$
$$= \sum_{r=1}^{\infty} \sum_{n=1}^{\infty} p(E_n^{(r)}) \leq \sum_{r=1}^{\infty} p^*(X_r) + \varepsilon.$$

ε は任意であるから

(3) $\quad X \subseteq \bigcup_{r=1}^{\infty} X_r$ ならば $p^*(X) \leq \sum_{r=1}^{\infty} p^*(X_r)$.

とくに,$X_{s+1} = X_{s+2} = \cdots = \emptyset$ とおけば

(3′) $\quad X \subseteq \bigcup_{r=1}^{s} X_r$ ならば $p^*(X) \leq \sum_{r=1}^{s} p^*(X_r)$.

(ii) Ω の事象 A のうち,いかなる X に対しても

(α) $\quad p^*(X) = p^*(X \cap A) + p^*(X \cap A^c)$

をみたすようなものを全部集め,この集合を $\mathfrak{B}$ と書く.(3′) により,$p^*(X) \leq p^*(X \cap A) + p^*(X \cap A^c)$ はつねに成り立つから,(α) は

(β) $\quad p^*(X) \geq p^*(X \cap A) + p^*(X \cap A^c)$

と同等である.以下に,$\mathfrak{B}$ が $\mathfrak{A}$ の σ-拡大であることを示そう.

(iii) いかなる X に対しても,$X \cap \emptyset = \emptyset$, $X \cap \emptyset^c = X$

$\cap \Omega = X$ であるから，$p^*(X) = p^*(\emptyset) + p^*(X) = p^*(X \cap \emptyset) + p^*(X \cap \emptyset^c)$．よって，$\emptyset \in \mathfrak{B}$．

(iv) $A \in \mathfrak{B}$ ならば，$p^*(X \cap A^c) + p^*(X \cap (A^c)^c) = p^*(X \cap A^c) + p^*(X \cap A) = p^*(X)$．よって，$A^c \in \mathfrak{B}$．

(v) $A, B \in \mathfrak{B}$ ならば，$(A \cap B)^c = A^c \cup (A \cap B^c)$ であるから，$p^*(X) = p^*(X \cap A) + p^*(X \cap A^c) = p^*((X \cap A) \cap B) + p^*((X \cap A) \cap B^c) + p^*(X \cap A^c) \geq p^*(X \cap (A \cap B)) + p^*(X \cap (A \cap B)^c)$．ゆえに，$A \cap B \in \mathfrak{B}$．これより，また，$A, B \in \mathfrak{B}$ ならば，$A \cup B = (A \cup B)^{cc} = (A^c \cap B^c)^c \in \mathfrak{B}$ であることも知られる．

(vi) $A_n \in \mathfrak{B}$ $(n = 1, 2, \cdots)$ で，かつこれらが互いに排反ならば，$A = \bigcup_{n=1}^{\infty} A_n \in \mathfrak{B}$：まず，$\bigcup_{n=1}^{k} A_n = B_k$ とおき，k に関する帰納法で，

$$(\gamma) \quad p^*(X) \geq \sum_{n=1}^{k} p^*(X \cap A_n) + p^*(X \cap B_k^c)$$

であることを証明する．$k = 1$ ならば，(γ) は $p^*(X) \geq p^*(X \cap A_1) + p^*(X \cap A_1^c)$ であるから，当然成り立っている．$k = r$ のとき成立すると仮定して，$r+1$ のときも成立することを示そう．$A_{r+1}^c \supseteq B_r$，$A_{r+1}^c \cap B_r^c = (A_{r+1} \cup B_r)^c = B_{r+1}^c$ であるから

$$\begin{aligned}
p^*(X) &\geq p^*(X \cap A_{r+1}) + p^*(X \cap A_{r+1}^c) \\
&= p^*(X \cap A_{r+1}) + p^*((X \cap A_{r+1}^c) \cap B_r) \\
&\quad + p^*((X \cap A_{r+1}^c) \cap B_r^c) \\
&= p^*(X \cap A_{r+1}) + p^*(X \cap B_r) + p^*(X \cap B_{r+1}^c) \quad (*)
\end{aligned}$$

しかるに，$k = r$ のとき (γ) は成立するから

$$p^*(X \cap B_r) + p^*(X \cap B_r^c)$$
$$= p^*(X) \geq \sum_{n=1}^{r} p^*(X \cap A_n) + p^*(X \cap B_r^c),$$
$$p^*(X \cap B_r) \geq \sum_{n=1}^{r} p^*(X \cap A_n).$$

よって

$$(*) \geq \sum_{n=1}^{r+1} p^*(X \cap A_n) + p^*(X \cap B_{r+1}^c).$$

これで, 帰納法は完結した. (γ) により, $p^*(X) \geq \sum_{n=1}^{k} p^*(X \cap A_n) + p^*(X \cap A^c)$. $k \to \infty$ ならしめれば

(δ) $\quad p^*(X) \geq \sum_{n=1}^{\infty} p^*(X \cap A_n) + p^*(X \cap A^c)$
$$\geq p^*(X \cap A) + p^*(X \cap A^c) \geq p^*(X).$$

よって, $A \in \mathfrak{B}$.

なお, (δ) において, $X = A$ とおけば

(ε) $\qquad p^*(A) = \sum_{n=1}^{\infty} p^*(A_n)$

が得られることに注意しておこう.

(vii) $A_n \in \mathfrak{B}$ ($n=1, 2, \cdots$) ならば, $B_1 = A_1$, $B_2 = A_2 - B_1$, $\cdots$, $B_n = A_n - \bigcup_{r=1}^{n-1} B_r$, $\cdots$ とおくとき, $B_n \in \mathfrak{B}$ ($n=1, 2, \cdots$), $\bigcup_{n=1}^{\infty} B_n = \bigcup_{n=1}^{\infty} A_n$, かつ B_n ($n=1, 2, \cdots$) は互いに排反である. よって, $\bigcup_{n=1}^{\infty} A_n \in \mathfrak{B}$.

(viii) $E \in \mathfrak{A}$ とし, 任意の事象 X をおおう列 $\{E_n\}$ を

(1) $\qquad \sum_{n=1}^{\infty} p(E_n) \leq p^*(X) + \varepsilon$

となるようにとる. 明らかに, $\{E_n \cap E\}$, $\{E_n \cap E^c\}$ はそれ

それ $X\cap E$, $X\cap E^c$ をおおうから

(2) $\displaystyle\sum_{n=1}^{\infty} p(E_n) = \sum_{n=1}^{\infty}(p(E_n\cap E)+p(E_n\cap E^c))$
$\displaystyle = \sum_{n=1}^{\infty} p(E_n\cap E) + \sum_{n=1}^{\infty} p(E_n\cap E^c)$
$\geq p^*(X\cap E)+p^*(X\cap E^c).$

(1), (2)より $p^*(X)+\varepsilon \geq p^*(X\cap E)+p^*(X\cap E^c)$. これより, $\varepsilon\to 0$ ならしめれば, (β), したがって $E\in\mathfrak{B}$ が得られる.

(ix) 以上で, $\mathfrak{B}$ は $\mathfrak{A}$ の σ-拡大であることが知られた. ゆえに, $\mathfrak{B}\supseteq B(\mathfrak{A})$. そこで, $A\in B(\mathfrak{A})$ なる A に対して $p'(A)=p^*(A)$ とおく. これが, 定理の(a), (b), (c)をみたすことを示そう. まず, (b)はいうまでもない. (c)は, (vi)の(ε)より明らかである. 以下に(a)を証明する:

$E\in\mathfrak{A}$ ならば, $E_1=E$, $E_2=E_3=\cdots=\varnothing$ なる列 $\{E_n\}$ は E をおおっている. よって,

(3) $\displaystyle p'(E) = p^*(E) \leq \sum_{n=1}^{\infty} p(E_n) = p(E).$

次に, E をおおう列 $\{F_n\}$ で, $\sum_{n=1}^{\infty} p(F_n)\leq p'(E)+\varepsilon$ となるようなものをとる. $G_1=F_1$, $G_2=F_2-G_1$, $\cdots$, $G_n=F_n-\bigcup_{r=1}^{n-1}G_r$, $\cdots$ とおけば, $\{G_n\}$ は E をおおい, かつそれらは互いに排反である. ゆえに,

$\displaystyle p'(E)+\varepsilon \geq \sum_{n=1}^{\infty} p(F_n) \geq \sum_{n=1}^{\infty} p(G_n)$
$\displaystyle = \lim_{k\to\infty} p\Big(\bigcup_{n=1}^{k} G_n\Big) \geq p(E).$

これより, $\varepsilon \to 0$ ならしめて $p'(E) \geq p(E)$ をうる. したがって, (3) とあわせて $p'(E) = p(E)$.

（x） 最後に, $B(\mathfrak{A})$ の各元 A に実数を対応せしめ, (a), (b), (c) がみたされるようにする仕方がほかにもあるとし, 各 A にあたえられる値を $p''(A)$ とする. このとき, $\mathfrak{A}$ の元の列 $\{E_n\}$ で A をおおうようなものをとれば,

$$p''(A) \leq \sum_{n=1}^{\infty} p''(E_n) = \sum_{n=1}^{\infty} p(E_n).$$

よって, 最右辺の下限を考えれば, $p''(A) \leq p^*(A) = p'(A)$. 同様にして $p''(A^c) \leq p'(A^c)$. ゆえに, $1 = p''(A) + p''(A^c) \leq p'(A) + p'(A^c) = 1$ より $p''(A) = p'(A)$.

したがって, $B(\mathfrak{A})$ の各元に, (a), (b), (c) をみたすように実数を対応せしめる仕方は, ただ一通りである.

参考書について

本書を読み終えたのち，さらにくわしく確率論を勉強しようとする人のために，参考書をあげる．ただし，確率論の書物は極めて多いから，枚挙しはじめればきりがないことになってしまう．それで，なるべく手近なものを少数あげるにとどめておく．

まず，古典的な確率論の参考書には，次のようなものがある：
(1) 末綱恕一『確率論』(1941, 岩波全書)
(2) 渡辺孫一郎『確率論』(1934, 共立出版)

両者共，含蓄の多い異色ある著．いろいろとおもしろい話題がのせられている．

次に，現代的な確率論を解説したものは
(3) 伊藤清『確率論の基礎』(1944, 岩波現代数学叢書)
(4) 伊藤清『確率論』(1953, 岩波現代数学)
(5) 河田敬義『確率論』(1948, 共立出版)
(6) Kolmogorov, A., Grundbegriffe der Wahrscheinlichkeitsrechnung (1933, Ergebnisse) [邦訳：A. N. コルモゴロフ (坂本實訳)『確率論の基礎概念』(2010, ちくま学芸文庫)]
(7) Feller, W., An introduction to probability theory and its applications, I, II (3版 1968, Wiley) [邦訳：W. フェラー (卜部舜一ほか訳)『確率論とその応用』(1960-70, 紀伊國屋書店)]

(3), (6)は，現代確率論の要点を手際よくまとめている．(4)はかなり高級．(5)は，極めて豊富な内容をうまく整理している．(7)は，日本の学術書にはちょっと見られない風格の，悠々たる名著．種々の事柄が，紙数をおしまずていねいに解説されている．

マルコフ連鎖を解説したものでは，上の(5), (7)および

(8) Fréchet, M., Recherches théoriques modernes sur le calcul des probabilités, I, II (1938, Gauthier-Villars)

がよい．また，マルコフ連鎖のエントロピーについては

(9) Shannon, C. E. & Weaver, W., The mathematical theory of communication (1949) ［邦訳：C. E. シャノン，W. ウィーバー（植松友彦訳）『通信の数学的理論』(2009, ちくま学芸文庫)］

を見られたい．

最後に，確率論を基礎に発展する統計数学に関しては，実に無数の書物がある．しかし，ここでは次の一冊をあげるにとどめよう：

(10) van der Waerden, B. L., Mathematische Statistik (1957, Springer)

文庫版への追加

(11) 伊藤清『確率論』(1991, 岩波基礎数学選書)

(4)の改訂増補版．京都賞受賞者の著者の面目躍如とした名著．

問題解答

I. 確率の概念

§1. 問1. (a) スペードのA, スペードの2, …, スペードのK；クラブのA, クラブの2, …, クラブのK. (b) ハートのA, ハートの2, …, ハートのK；スペードの2, クラブの2, ダイヤの2. (c) スペードのK, クラブのK. (d) クラブのJ, Q, K以外のカードの全体. **問3.** 各事象を，それにぞくする根元事象の個数によって分類すれば，根元事象がr個ふくむ事象の総数は$\binom{6}{r}$. よって，事象の総数は$\binom{6}{0}+\binom{6}{1}+\cdots+\binom{6}{6}=(1+1)^6=2^6=64$. **問4.** 2^N.

§2. 問1. (a) 1/2. (b) 4/13. (c) 1/26. (d) 49/52.

§3. 問 $x\in A$ ならば，$A\subseteq B$ より $x\in B$. したがって，$B\subseteq C$ より $x\in C$. それゆえ，Aの元はすべてCの元. よって，$A\subseteq C$.

§4. 問1. (a), (b), (c), (d)の事象をそれぞれ A, B, C, D とおけば，$A\cup B=$ スペード，クラブ，ハートのカードおよびダイヤの2の全体；$A\cap B=\{$スペードの2, クラブの2$\}$；$A^c=$ ハート，ダイヤの全体；…以下略.

§6. 問. 任意の試行において，$E=F=\Omega$ とおけば，$p(\Omega\cup\Omega)=p(\Omega)=1\neq 2=p(\Omega)+p(\Omega)$. もちろん，このとき $E\cap F=\Omega\neq\emptyset$.

演習問題 I. 1. $A=\{abcd, acdb, adbc, adcb, acbd, abdc\}$, B, C, D は略. $A\cup B=\{abcd, acdb, adbc, adcb, acbd, abdc, cbda, dbac, dbca, cbad\}$；$A\cap B=\{abcd, abdc\}$；$A\cap B^c=\{acdb, adbc, adcb, acbd\}$. 次に $A\cap B\cap C=\{abcd\}$. しかるに，$abcd\in D$. よって，$A\cap B\cap C\subseteq D$.

4. (1) $4^{13}/\binom{52}{13}$. (2) $\binom{26}{k}\binom{26}{13-k}/\binom{52}{13}$. (3) $\binom{13}{5}\binom{13}{1}\binom{13}{3}\binom{13}{4}/\binom{52}{13}$. (4) $\binom{4}{k}\binom{48}{13-k}/\binom{52}{13}$. **5.** (1) $52!/(13!)^4$. (2) $4!48!(13!)^4/((12!)^452!)$. (3) $4!48!(13!)^4/\{a!b!c!d!(13-a)!(13-b)!(13-c)!(13-d)!52!\}$. (4) $26!(13!)^2/52!$. **6.** (1) $\binom{13}{5}4^5/\binom{52}{5}$. (2) $4/\binom{52}{5}$. (3) $13\times 48/\binom{52}{5}$. (4) $13\times 12\times 4\times 6/\binom{52}{5}$.

II. 確率の性質

§1. 問4. $x\in E-F$ ならば, $x\in E$, $x\notin F$. よって, $x\in E$, $x\in F^c$. したがって, $x\in E\cap F^c$. これより $E-F\subseteq E\cap F^c$. 逆に, $x\in E\cap F^c$ ならば, $x\in E$, $x\in F^c$. よって, $x\in E$, $x\notin F$. したがって, $x\in E-F$. これより $E\cap F^c\subseteq E-F$. ゆえに, $E-F=E\cap F^c$. 問5. $a\in E-F$ ならば, $a\notin F$. よって, $E-F$ と F とに共通な元というものはあり得ない. したがって $(E-F)\cap F=\emptyset$. 問6. $(E-F)\cup F=(E\cap F^c)\cup F=(E\cup F)\cap (F^c\cup F)=(E\cup F)\cap \Omega=E\cup F$.

§2. 問1. まず, $E_i\cap F_j$ 全部の和事象$=\bigcup_{i=1}^n\bigcup_{j=1}^m(E_i\cap F_j)=\bigcup_{i=1}^n(E_i\cap\bigcup_{j=1}^m F_j)=\bigcup_{i=1}^n(E_i\cap E)=\bigcup_{i=1}^n E_i=E$. また, $(E_i\cap F_j)\cap(E_k\cap F_l)=(E_i\cap E_k)\cap(F_j\cap F_l)$ であるから, $i\neq k$ あるいは $j\neq l$ であれば $(E_i\cap F_j)\cap(E_k\cap F_l)=\emptyset$. よって, $\{(E_i,F_j)|i=1,2,\cdots,n; j=1,2,\cdots,m\}$ は E の分割である. これが, $\{E_i|i=1,2,\cdots,n\}$, $\{F_j|j=1,2,\cdots,m\}$ の細分であることは, $E_i\cap F_j\subseteq E_i$, $E_i\cap F_j\subseteq F_j$ より明らかであろう. 問2. 加法定理を用いる. 問3. 加法定理と数学的帰納法を用いる.

§3. 問1. まず, $p(E\cap F)\leq p(E)$. よって, $0\leq p(E\cap F)/p(E)\leq 1$. ゆえに, $0\leq p_E(F)\leq 1$.

演習問題II. **1.** $B_1\cap B_2\cap\cdots\cap B_n$ なる形の事象で, 各 B_i が A_i もしくは A_i^c にひとしいようなものを全部考え, それらの集

まりを $\{E_1, E_2, \cdots, E_{2^n}\}$ とする.これは Ω の分割である.また,$A_1 \cup A_2 \cup \cdots \cup A_n$,および A_i,$A_i \cap A_j$,$A_i \cap A_j \cap A_k$,$\cdots$ は,いくつかの E_i の和事象となっている.たとえば,$A_1 \cap A_2$ は,$A_1 \cap A_2 \cap B_3 \cap \cdots \cap B_n$($B_i$ は A_i かあるいは $A_i{}^c$)なる形の E_i 全部の和事象にひとしい.ゆえに,証明すべき式の左辺,および右辺の各項は,いくつかの $p(E_i)$ の和としてあらわされることになる.このとき,各 $p(E_i)$ が,両辺のどことどこに何回あらわれているか,を調べてみよ. **2.** 1. を用いる.答は $\left\{16\binom{39}{13}\binom{26}{13} - 72\binom{26}{13} + 72\right\} / \binom{52}{13}\binom{39}{13}\binom{26}{13}$. **3.** 1. を用いる.答は $1 - \dfrac{1}{2!} + \dfrac{1}{3!} - + \cdots \pm \dfrac{1}{N!}$. **4.** 1. と同じ方針で示される. **5.** 4. を用いる.答は $\dfrac{1}{m!}\left(1 - 1 + \dfrac{1}{2!} - \dfrac{1}{3!} + - \cdots \pm \dfrac{1}{(N-m)!}\right)$. **6.** 根元事象の総数は $(m+n)(m+n-1)$,また,1回目の結果が赤である根元事象の総数も,2回目の結果が赤である根元事象の総数も,ともに $m(m+n-1)$.よって,1回目が赤である確率も,2回目が赤である確率も $m/(m+n)$. **7.** 根元事象の総数は $(m+n)(m+n-1)\cdots(m+n-r+1)$,第 i 回目が赤である根元事象の総数は $(m+n-1)(m+n-2)\cdots(m+n-i+1)m(m+n-i)\cdots(m+n-r+1)$.よって,第 i 回目が赤である確率は $m/(m+n)$.

III. 多重試行

§1. 問1.
もし $(E, \emptyset) \neq \emptyset$ ならば,$(a, b) \in (E, \emptyset)$ なる (a, b) がある.したがって,$b \in \emptyset$.これは矛盾である.ゆえに,$(E, \emptyset) = \emptyset$. $(\emptyset, E)$ も同様.

§2. 問1.
$(E_2{}^c, \Omega) \cup (E_1, F_1) \cup (\Omega, F_2{}^c)$.

問2. $([0, \pi[, [0, \pi[)$,$([0, \pi[, [\pi, 2\pi[)$,$([\pi, 2\pi[, [0, \pi[)$,$([\pi, 2\pi[, [\pi, 2\pi[)$ の有限個の和事象,および,$\emptyset$,$\Omega^{(2)}$.

§3. 問1. $(E_1, E_2, \cdots, E_n)$ (E_i は $[0, \pi[$ か $[\pi, 2\pi[$ の有限個の和事象,および,$\varnothing$,$\Omega^{(n)}$.

§5. 問3. まず,(c):E, F を $\Omega^{(n)}$ の互いに排反な確率事象とし,$\bigcup_{i=1}^{r}(E_1^{(i)}, \cdots, E_n^{(i)})$,$\bigcup_{j=1}^{s}(F_1^{(j)}, \cdots, F_n^{(j)})$ を,それらの定理2におけるような表現とする.このとき,$\bigcup_{i=1}^{r}(E_1^{(i)}, \cdots, E_n^{(i)}) \cup \bigcup_{j=1}^{s}(F_1^{(j)}, \cdots, F_n^{(j)})$ は,明らかに $E \cup F$ のそのような表現である.よって,$p(E \cup F) = \sum_{i=1}^{r} p(E_1^{(i)}) \cdots p(E_n^{(i)}) + \sum_{j=1}^{s} p(F_1^{(j)}) \cdots p(F_n^{(j)}) = p(E) + p(F)$. (b):$p(\Omega^{(n)}) = p((\Omega, \Omega, \cdots, \Omega)) = p(\Omega) p(\Omega) \cdots p(\Omega) = 1$. (a):$0 \leq p(E)$ は明らか.一方 $p(E) + p(E^c) = p(\Omega) = 1$ より $p(E) \leq 1$.

§6. 問1. $\Omega^{(\infty)}$ の確率事象は,$\{(a_1, a_2, \cdots) | I_i((a_1, a_2, \cdots)) = \alpha\}$ のような形の基本的な事象の有限個を,$\cup$,$\cap$,^{c} で組み合わせてえられる.しかるに,そのような基本的な事象は,筒確率事象 $(\Omega, \cdots, \Omega, \underset{i}{\{a | I(a) = \alpha\}}, \Omega, \cdots)$ にほかならない.よって,$\Omega^{(\infty)}$ の確率事象は,有限個の筒確率事象を $\cup$,$\cap$,^{c} で組み合わせて得られる. 問5. $\Omega^{(\infty)}$ の確率事象を,注意4の A' のように表わし,そこにおけるような B' を構成する.そのとき,これは,§5,定理2によって方確率事象に分割することができる.これを $\bigcup_{i=1}^{r}(F_1^{(i)}, \cdots, F_n^{(i)})$ とおけば,たやすく知られるように,$\bigcup_{i=1}^{r}(F_1^{(i)}, \cdots, F_n^{(i)}, \Omega, \cdots)$ が求める表現である.

演習問題III. 1. $(a_1, a_2, \cdots, a_n) \in \Omega^{(n)}$ とすれば,$\{(a_1, a_2, \cdots, a_n)\} = (\{a_1\}, \{a_2\}, \cdots, \{a_n\})$.よって,これは方確率事象,したがって確率事象である.ゆえに,$\Omega^{(n)}$ のいかなる部分集合も,このようなものの有限個の和事象として,確率事象でなくてはならない. 2. 最初のは $2^{10}/6^6$,次のは $2^8 \times 3 \times 5/6^6$. 3. $(0.9)^n \leq 0.1$ より,$n \geq 22$. 4. (1) $n(0.1)(0.9)^{n-1}$. (2) $\binom{n}{2}(0.1)^2(0.9)^{n-2}$. (3) $\binom{n}{r}(0.1)^r(0.9)^{n-r}$. 5. $\mathfrak{E}_1, \mathfrak{E}_2$ に対応する確率空間をそれぞれ Ω_1, Ω_2 とし,Ω_1, Ω_2 の確率事象 E_1, E_2 に対して,(E_1, E_2)

$= \{(a, b) | a \in E_1, b \in E_2\}$ とおく. (a, b) の全体は (Ω_1, Ω_2) にほかならない. 次に, (Ω_1, Ω_2) の確率事象としては, 上のような (E_1, E_2) の有限個の和事象となるようなものを指定する. また, 確率の定め方は: まず $p((E_1, E_2)) = p(E_1) \times p(E_2)$ とおき, 一般の確率事象に対しては, このようなものの和をとればよい.

IV. 確率変数

§1. 問2. 簡単のために, $\alpha_1 < \alpha_2 < \cdots < \alpha_n$ とする. そのとき, $\{X = \alpha_1\} = \{X \leq \alpha_1\}$, $\{X = \alpha_2\} = \{X \leq \alpha_2\} - \{X \leq \alpha_1\}$, $\cdots$, $\{X = \alpha_n\} = \{X \leq \alpha_n\} - \{X \leq \alpha_{n-1}\}$. よって, $\{X = \alpha_i\}$ $(i=1, 2, \cdots, n)$ はすべて確率事象である. **問3.** 定義により, $p_i = p(\{X = \alpha_i\})$. よって, $0 \leq p_i \leq 1$. また, $\sum_{i=1}^{n} p_i = \sum_{i=1}^{n} p(\{X = \alpha_i\}) = p(\bigcup_{i=1}^{n} \{X = \alpha_i\}) = p(\Omega) = 1$. **問4.** および **問5.** それぞれ, 定理3, 定理4の証明を, そのままたどればよい.

§2. 問2. $Y(a) = 0$ なる a があれば, $\dfrac{X}{Y}(a) = \dfrac{X(a)}{Y(a)}$ とおくわけにはいかない.

§3. 問2. X_i のとりうる値を大きさの順に並べて $\alpha_1 < \alpha_2 < \cdots < \alpha_r$ とすれば, $\{X_i = \alpha_1\} = \{X_i \leq \alpha_1\}$, $\{X_i = \alpha_j\} = \{X_i \leq \alpha_j\} - \{X_i \leq \alpha_{j-1}\}$ $(j > 1)$. また, 実数 α が, $\alpha < \alpha_1$ をみたせば $\{X_i \leq \alpha\} = \emptyset$, $\alpha > \alpha_r$ をみたせば $\{X_i \leq \alpha\} = \Omega$, さらに $\alpha_k \leq \alpha < \alpha_{k+1}$ なる k があれば $\{X_i \leq \alpha\} = \bigcup_{j=1}^{k} \{X_i = \alpha_j\}$. これらを用いて計算せよ. **問3.** 例1の証明をそのままたどればよい.

§8. 問1. $\log B = -(np + x_n\sqrt{npq}) \log(1 + \sqrt{q/(np)} x_i) - (nq - x_n\sqrt{npq}) \log(1 - \sqrt{p/(nq)} x_i)$ の右辺の二つの $\log$ に, 3次導関数までのテーラーの定理: $\log(1+x) = x - \dfrac{x^2}{2} + \dfrac{x^3}{3(1+\theta x)^3}$ $(0 < \theta < 1)$ を用い, その結果を整頓すれば, $\log B = -\dfrac{1}{2} x_i^2 + \zeta_i(n)$ なる形で, かつ $\zeta_i(n) \to 0$ $(n \to \infty)$ となる. よって, $B = e^{-\frac{1}{2} x_i^2} e^{\zeta_i(n)}$,

$\zeta_t(n) \to 0 \ (n \to \infty)$.

演習問題IV. 1. $0 < r < n$ の場合について説明する(他の場合は明らか).根元事象の総数は,N個のものからn個とってえられる順列の総数 ${}_N P_n$. また, $\{S=r\}$ にぞくする根元事象の総数は $\binom{n}{r}{}_R P_{r(N-R)} P_{(n-r)}$. よって,$p(\{S=r\}) = \binom{n}{r}{}_R P_{r(N-R)} P_{(n-r)} \big/ {}_N P_n = \binom{R}{r}\binom{N-R}{n-r}\big/\binom{N}{n}$. **3.** $p(\{a\})=p$, $p(\{b\})=q$ とおけば,分布は,$i \to p^i q + q^i p \ (i=1, 2, \cdots, n-1)$, $n \to p^n + q^n$. $M(X)$, $V(X)$ はこれからただちに得られる. **4.** X, Y のとりうる値を $\alpha_1, \alpha_2; \beta_1, \beta_2$ とし,$p(\{X=\alpha_i\}\cap\{Y=\beta_j\})=p_{ij} \ (i, j=1, 2)$ とおく.一方,α, β が何であっても,$C(X-\alpha, Y-\beta)=0$. これを $\alpha, \beta, \alpha_i, \beta_j, p_{ij}$ で表わせば,$\sum_{i,j=1}^{2} p_{ij}(\alpha_i-\alpha)(\beta_j-\beta) = \sum_{i=1}^{2}\sum_{j=1}^{2} p_{ij}(\alpha_i-\alpha)\sum_{i=1}^{2}\sum_{j=1}^{2} p_{ij}\times(\beta_j-\beta)$. これより,$\alpha=\alpha_k$, $\beta=\beta_l$ とおいて,$p(\{X=\alpha_i\}\cap\{Y=\beta_j\})=p(\{X=\alpha_i\})p(\{Y=\beta_j\})$ をうる. **5.** $\{X_1=\alpha_1\}\cap\{X_2=\alpha_2\}\cap\cdots\cap\{X_n=\alpha_n\}$ なる形の事象を $A(\alpha_1, \alpha_2, \cdots, \alpha_n)$ とおけば,それにぞくする根元事象に対しては $f(X_1, X_2, \cdots, X_n)$ の値は一定である.よって,$\{f(X_1, X_2, \cdots, X_n)=\alpha\}$ なる事象は,$A(\alpha_1, \alpha_2, \cdots, \alpha_n)$ なる形の事象のいくつかの和事象である.同様にして,$\{g(Y_1, Y_2, \cdots, Y_m)=\beta\}$ は,$B(\beta_1, \beta_2, \cdots, \beta_m) = \{Y_1=\beta_1\}\cap\{Y_2=\beta_2\}\cap\cdots\cap\{Y_m=\beta_m\}$ なる形の事象の幾つかの和事象となる.これを用いて計算すれば,$p(\{f(X_1, X_2, \cdots, X_n)=\alpha\}\cap\{g(Y_1, Y_2, \cdots, Y_m)=\beta\}) = p(\{f(X_1, X_2, \cdots, X_n)=\alpha\})p(\{g(Y_1, Y_2, \cdots, Y_m)=\beta\})$ が得られる. **6.** $\binom{2N-r}{N}\frac{1}{2^{2N-r}}$ **7.** $M(X) = \frac{2N+1}{2^{2N}}\binom{2N}{N} - 1$.

V. マルコフ連鎖

§2. 問1. $p(A)=\sum_{i_1,\cdots,i_{r-1}=1}^{N} p(i_1)p(i_1 \to i_2)\cdots p(i_{r-1} \to i)$, $p(A\cap B) = \sum_{i_1,\cdots,i_{r-1}=1}^{N} p(i_1)p(i_1 \to i_2)\cdots p(i_{r-1} \to i)p(i \to j)$. よって,$p_A(B)$

$= p(A \cap B)/p(A) = p(i \to j)$.

§3. 問1. くわしく計算して見なくても，遷移行列を掛け合わせて P^2, P^3, …をつくっていくとき，0 でない要素がどのようにふえるかを調べれば十分である． **問3.** 混合型であることは，問1のようにして確かめられる．極限分布は，$i \to \frac{1}{7}$ $(i=1, 2, \cdots, 7)$.

§4. 問2. $k>r$ の場合と，$k \leq r$ の場合とに分けて考える．

§5. 問4. $H(\mathfrak{M}_s) = -\sum_{i_1,\cdots,i_s,j=1}^{N} p(i_1, \cdots, i_s) p(i_1, \cdots, i_s \to j) \times \log p(i_1, \cdots, i_s \to j) = -\sum_{i_1,\cdots,i_s,j=1}^{N} p(i_1, \cdots, i_l) p(i_1, \cdots, i_l \to i_{l+1}) \cdots \times p(i_{s-1}, i_{s-1} \to i_s) p(i_{s-l+1}, \cdots, i_s \to j) \log p(i_{s-l+1}, \cdots, i_s \to j)$. ここで，一般に，$\sum_{j_1=1}^{N} p(j_1, \cdots, j_l) p(j_1, \cdots, j_l \to j_{l+1}) = p(j_2, \cdots, j_{l+1})$ であることを用いれば，$= -\sum_{i_{s-l+1},\cdots,i_s,j=1}^{N} p(i_{s-l+1}, \cdots, i_s) p(i_{s-l+1}, \cdots, i_s \to j) \times \log p(i_{s-l+1}, \cdots, i_s \to j) = H(\mathfrak{M})$.

演習問題 V. 1. $p(1\to 1)=1$, $p(2\to 1)=1/4$, $p(2\to 2)=1/2$, $p(2\to 3)=1/4$, $p(3\to 1)=1/16$, $p(3\to 2)=1/4$, $p(3\to 3)=1/4$, $p(3\to 4)=1/4$, $p(3\to 5)=1/16$, $p(3\to 6)=1/8$, $p(4\to 3)=1/4$, $p(4\to 4)=1/2$, $p(4\to 5)=1/4$, $p(5\to 5)=1$, $p(6\to 3)=1$; 他の $p(i\to j)$ は 0. **2.** $f^{(n)}(i)$ は，最初の実験の結果が ω_i であったとき，第 $n+1$ 回目にはじめて再び ω_i があらわれる条件付確率；$g^{(n)}(i)$ は，最初の実験の結果が ω_i であったとき，第 $n+1$ 回目までに ω_i が再びあらわれる条件付確率である．また，$V(x)+1 = 1/(1-U(x))$ $(|x|<1)$. よって，級数論におけるアーベルの定理により，$\sum_{n=1}^{\infty} p^{(n)}(i \to i)$ すなわち $V(1)$ が収束するための条件は，$\lim_{n\to\infty} g^{(n)}(i) = U(1) < 1$ なることである． **3.** 最初の実験の結果が ω_i のとき，第 2 回目の実験から以後，第 $n+1$ 回目にはじめて ω_j があらわれる条件付確率を $f^{(n)}(i\to j)$ とすれば，$p^{(n)}(i\to j) = f^{(n)}(i\to j) + f^{(n-1)}(i\to j) p(j\to j) + \cdots + f^{(1)}(i\to j) p^{(n-1)}(j\to j)$. これと 2. とを用いよ． **4.** いかなる n に対しても $p^{(n)}(j\to i) = 0$

ならば，2. の $\lim_{n\to\infty} g^{(n)}(i)$ が 1 よりも小となることを示せ．　　7. エルゴード部分は $\{\omega_1\}$, $\{\omega_5\}$ の二つ．ω_2, ω_3, ω_4, ω_6 は一時的な状態．　　9. $p(i) = p(i \to j) = \dfrac{1}{N}$ $(i, j = 1, 2, \cdots, N)$ なる独立なマルコフ連鎖．

VI．ボレル型の確率空間

§2.　問 1.　$E_1 = F_1^c$, $E_n = F_{n-1} - F_n$ $(n > 1)$ とおけば，$\{E_n\}$ は互いに排反で，かつ $\bigcup_{n=1}^\infty E_n = \Omega$, $\bigcup_{n=r}^\infty E_n = F_{r-1}$ $(r > 1)$. よって，$\sum_{n=1}^\infty p(E_n) = 1$. ゆえに，$0 = \lim_{r\to\infty}\sum_{n=r}^\infty p(E_n) = \lim_{r\to\infty} p(\bigcup_{n=r}^\infty E_n) = \lim_{r\to\infty} p(F_{r-1}) = \lim_{r\to\infty} p(F_r)$.

§4.　問 2.　$E_n = \{|S_0^{(n)} - M(X)| < \varepsilon\}$, $\Omega' = \{\lim S_0^{(n)} = M(X)\}$ とおけば，$\Omega' \subseteq \bigcup_{m=1}^\infty \bigcap_{n=m}^\infty E_n$. よって，$p(\bigcup_{m=1}^\infty \bigcap_{n=m}^\infty E_n) = 1$. ゆえに，$\lim_{m\to\infty} p(\bigcap_{n=m}^\infty E_n) = 1$. したがって，$\lim_{m\to\infty} p(E_m) = 1$.

§5.　問 3.　必要なことは明らか．十分なこと：$F(x; X) = F(x; Y)$ より，$p(]-\infty, x[; X) = p(]-\infty, x[; Y)$. よって，$p(\{X \in]-\infty, x[\}) = p(\{Y \in]-\infty, x[\})$. これよりただちに，いかなる区間 I に対しても，$p(\{X \in I\}) = p(\{Y \in I\})$ であることがわかる．次に，$p(\{X \in A\}) = p(\{Y \in A\})$ なる A の全体を $\mathfrak{B}$ とおけば，$\mathfrak{B}$ は区間全体の集まり $\mathfrak{A}$ の σ-拡大であることが示される．よって，いかなるボレル集合 A に対しても，$p(\{X \in A\}) = p(\{Y \in A\})$.

演習問題 VI.　1.　(1) $p = p(E)$, $q = p(E^c)$ とおけば，$p^{\alpha-1}(1 - q^\beta)/(p^{\alpha-1} + q^{\beta-1} - p^{\alpha-1}q^{\beta-1})$. (2) 0. (3) 21.　2.　$p(A_n) \leq 2^n/6^n$. よって，$\sum_{n=1}^\infty p(A_n) \leq \sum (1/3)^n < \infty$. ゆえに，ボレル‐カンテリの定理を用いることができる．　3.　はじめ，E として R^n の方確率事象 $(E_1, E_2, \cdots, E_n)$ をとり，$\{(X_1, X_2, \cdots, X_n) \in E\}$ が確率事象となることをいう．次に，R^n をジョルダン型の確率空間と見たときの確率事象の全体を $\mathfrak{A}$ とおく．このとき，$\{(X_1, X_2, \cdots, X_n) \in E\}$ が確率事象となるような E の全体は，$\mathfrak{A}$ の σ-拡大であ

ることが示される．

文庫版付記

§1. 寺田の法則

寺田寅彦氏は物理学者として，次のような経験法則を得た：

同じ測定を独立に何回もくり返すとき，その観測値列の極大値（前後より大きい値，あるいは一続きの値）は平均して3～4回ごとに現われる．

これを確率論的に証明しようとしたのが渡辺孫一郎氏や森口繁一氏らである．しかし，うまく行かない．

一方，私は測定値，観測値等が，どのような確率分布に従う試行値のとき，極大値の平均間隔がどうなるかを，出来る限り調べようと思い立った．

こうして出来上ったのが私の処女論文：

「いわゆる寺田の法則について」（『数学』，1949）

である．（これはインターネットで「寺田の法則」を探せば，今でも全文を読むことができる．）

結果として得られた寺田の法則の確率論版は次のようなものである．

（1） 測定値が連続分布をなす試行の結果と見られるとき，極大値間の平均間隔は3に等しく，逆も成り立つ．（極

大な値が何回か続く場合はそれらを一つと考える.)

(2) 根元事象が等確率である離散分布やポアソン分布をなす場合などでは，極大値間の平均間隔は3～4である.

(3) 寺田の法則に従わない確率分布の例を作ることができる．以上.

寺田氏の実験における測定値は恐らく，ディジタルではなく，アナログなものであったろうと思う．従って，極大値間の平均間隔は丁度3になった筈で，寺田氏がもっと観察を続ければよかったのにと思う.

なお，無理数の小数展開は，10個の等確率をもつ根元事象 0, 1, 2, …, 9 から成る確率分布の試行の観察値と見ることができる：

$$\pi = 3.1\dot{4}15\dot{9}2\dot{6}535\dot{8}9\dot{7}\cdots$$
$$\sqrt{2} = 1.4\dot{1}42135\dot{6}2373\dot{0}\cdots$$

だから，ずっと見て行けば，極大値の平均間隔は3～4であることがわかるはずである.

§2. 追 記

以下は余談である.

寺田の経験法則を私に教えてくれたのは，親友村外志夫（むら・としお）[1] である．時は1948年秋，場所は私の郷里金石(かないわ)[2]の海岸の砂浜．彼は言う.

---

1) 応用数学者．micromechanicsの大家．私の竹馬の友．残念ながら五年前に死去.
2) 加賀藩の港町.

「寅彦が，実験の測定値を時間順に並べると，極大値が平均して3回か4回ごとに現われるという経験法則を見つけた．森口さん（森口繁一氏）がそれを確率で証明しようとしているんだ．」

「ふうん．」

話は別のことに移って行ったが，私はその寅彦のことが何か心に引っかかって上の空だった．間もなく村が，「ちょっと待っててくれ」と言って座を立った．

私は「意識して」波を見つめた．大波小波というが，見ていると大波は3回目か4回目にまた来る．何時まで見ていてもそれが続く．

村が帰って来たとき私は言った．

「寅彦，おれもやってみる．」

これが私の苦心のはじまりである．

——ところで，この砂浜は今は「ない」．五，六十年の間に，すっかり波で侵蝕されてしまったのである．村と話していた砂浜の幅は優に百メートルはあっただろう．

しかし，このような話は方々にある．例えば，金石の南西，勧進帳で有名な安宅の関は，現在の海岸から数キロの海中にあるという．

日本海は五，六十年に百メートル以上というスピードで拡大しているのである．

他方，突飛な話だが，私は「浅草海苔」という固有名詞について，一つの考えをもっている．

徳川家康が江戸へ入った頃浅草寺は海岸にあって，近く

で海苔がとれた．浅草海苔という名称はそれに由来するという．
　だが，今の浅草と海岸との距離は何キロだろうか．
　太平洋は徐々に後退——縮小しているのだ．
　要するに本州という島は，五，六十年に百メートル以上というスピードで東ないしは南東に移動している——と私は信じている．
　（もちろん，この移動説は冗談．それにしても，思いいずるわが砂浜，消滅は残念である．）

2014年3月20日

　　　　　　　　　　　　　　　　　　　赤　　攝　也

索　引

ア　行

一時的な状態 (transient state) 238
一重確率空間 198
n 次元の確率空間 286
n 次元の確率分布 286
n 重確率空間 123, 127, 201, 218
n 重試行 115
エルゴード部分 (ergodic part) 239
延長 220
エントロピー 224, 229, 230

カ　行

回帰的な状態 (recurrent state) 238
開区間 23
ガウス (Gauss) 分布 289
確率 (probability) 17, 21, 22, 32
確率過程 (stochastic process) 236
──の極限 272
確率空間 (probability state) 53
──の公理 53
確率事象 (probability event) 41
──の族 72
確率変数 (random variable) 137, 265
──の値 138
──の差 149, 272
──の積 149, 272
──の和 146, 272
確率密度 (probability density) 62

可測関数 (measurable function) 264
──の差 268
──の積 268
──の和 268
可測集合 (measurable set) 253
加法定理 76
カラテオドリ (Carathéodory) の定理 247, 301
完全確率の定理 96
記憶の長さ l のマルコフ過程 (l-pl Markov process) 236
記憶の長さ l のマルコフ系列 216, 233
記憶の長さ l のマルコフ連鎖 (l-pl Markov chain) 218, 234
期待値 (expectation) 156
基本的な条件 43
共通部分 (intersection) 38
共分散 (covariance) 164
行列 (matrix) 193
極限 268, 272
──分布 211
均等 (homogeneous) 234, 235, 237
空事象 30
空集合 (empty set) 34
区間 23
クロフトン (Krofton) 184
元 (element) 34
言語のエントロピー 232
広義の確率事象 244
広義の確率変数 263

コルモゴロフ (Kolmogorov) の不等式 256
根元事象 (elementary event) 15, 26
——それ自身 47
混合型 207

サ 行

差 (difference) 38, 149, 268, 272
細分 (refinement) 76
σ-拡大 245
試行 14, 26
——から得られる単純マルコフ系列 196
事象 (event) 28
実確率空間 61, 252
実確率分布 (real probability distribution) 61, 252
指標 40
周期 (period) 239
集合 (set) 34
条件付確率 (conditional probability) 83, 93
小数法則 (law of small numbers) 171
状態 (state) 190, 192, 197
乗法定理 95
初期確率 192, 197, 217
ジョルダン (Jordan) 型の確率空間 252
数学的期望値 156
スターリング (Stirling) の公式 177, 289
積 149, 268, 272
——事象 38
遷移確率 (transition probability) 192, 197, 217

遷移行列 193, 197, 204
全事象 29
相対確率 (relative probability) 83, 93
相対頻度 19, 31, 81, 151
族 72
測度 (measure) 253

タ 行

第 r 次の分布 206
大数の法則 (law of large numbers) 168, 170, 280
大数の強法則 (strong low of large numbers) 256, 262, 280
多重確率空間 293
多重試行 101, 115
単純マルコフ系列 192
単純マルコフ連鎖 (simple Markov chain) 196
チェビシェフ (Tchebyshev) の不等式 166, 279
中心極限定理 (central limit theorem) 281
都合がよい 29
都合がわるい 29
つつむ 36
定義確率変数 140
定常 (stationary) 222, 237
定数 140, 268
——値確率変数 140
——値関数 268
点区間 56
筒確率事象 131, 204
統計数学 24
同系統 89
筒事象 130
特性関数 287

独立 (independent)　83, 84, 85, 151, 154, 272
ド・モルガン (de Morgan) の法則　71

ナ 行

二項分布 (binomial distribution)　148
二重試行　102

ハ 行

ハイネ-ボレル (Heine-Borel) の定理　249
排反 (exclusive)　48, 72
バナッハ (Banach) のマッチ箱の問題　188
左閉区間　23
ビット (bit)　229, 230
標準形 (normal form)　110, 117, 132
標準偏差 (standard deviation)　162, 278
複写　142, 235
複素確率変数　287
部分集合 (subset)　36
分割 (partition)　75
分散 (variance)　161, 162, 278
分布 (distribution)　142, 266, 286
——関数 (distribution function)　266
平均値 (mean value)　156, 157, 274
ベイズ (Bayes) の定理　97
ベール (Baire) 関数　286
ベルヌイ (Bernoulli) の定理　170
ポアソン (Poisson) の小数法則　171

ポアソン分布　62
方確率事象　106, 116, 199
方事象　104, 116, 129
ボレル (Borel)
——拡大　245
——型の確率空間　252
——-カンテリ (Cantelli) の定理　259
——集合　251, 285
——の法則　262

マ 行

マルコフ (Markov) 過程　236
マルコフ連鎖　218, 234
右閉区間　23
無限区間　61
無限多重確率空間　132, 204, 218
無限多重試行　128
無限離散型　61

ヤ・ラ・ワ行

有界測度空間　253
有限離散型　61
ユークリッド (Euclid) 空間　285
余事象　39
余集合 (complement)　39
ラプラス (Laplace)　17
——の定義　32
——の定理　176, 186, 280
離散型 (discrete type)　62, 252
——の確率空間　61
ルベグ (Lebesgue) 積分　269-271
——可能　270, 271
連続型 (continuous type)　62, 252
連続性の公理　247
和　146, 268, 272
——事象　38

——集合 (union) 37

記　号

∪ 型の確率事象　110, 116, 131

本書は一九五八年十二月十五日、培風館より刊行された。

書名	著者・訳者	内容
アインシュタイン回顧録	アルベルト・アインシュタイン／渡辺正訳	相対論など数々の独創的な理論を生み出した天才が、生い立ちと思考の源泉、研究態度を語った唯一の自伝。貴重写真多数収録。新訳オリジナル。
入門 多変量解析の実際	朝野熙彦	多変量解析の様々な使いこなせばい？ マーケティングの例を多く紹介し、ユーザー視点に貫かれた実務家必読の入門書。
公理と証明	彌永昌吉	数学の正しさ、「無矛盾性」はいかにして保証されるのか。あらゆる数学の基礎となる公理系のしくみと証明理論の初歩を、具体例をもとに平易に解説。
地震予知と噴火予知	井田喜明	巨大地震のメカニズムはそれまでの想定とどう違っていたのか。地震理論のいまと予知の最前線を明快に整理し、その問題点を鋭く指摘した提言の書。
ゆかいな理科年表	スレンドラ・ヴァーマ／安原和見訳	えっ、そうだったの！ 数学や科学技術の大発見大発明大流行の瞬間をリプレイ。ときにニヤリ、ときになるほどとうならせる、愉快な読みきりコラム。
位相群上の積分とその応用	アンドレ・ヴェイユ／齋藤正彦訳	ハールによる「群上の不変測度」の発見、およびその後の諸結果を受け、より統一的にハール測度を論じた画期的著作。本邦初訳。 (平井武)
シュタイナー学校の数学読本	ベングト・ウリーン／丹羽敏雄／森章吾訳	中学・高校の数学がこうだったなら！ フィボナッチ数列、球面幾何など興味深い教材で展開する授業七十二例。方法論を解きながら、数学再入門でもある。
問題をどう解くか	ウェイン・A・ウィケルグレン／矢野健太郎訳	初等数学やパズルの具体的な問題を解きながら、解決に役立つ基礎概念を体系的に学ぶことの出来る入門書。 (芳沢光雄)
数学フィールドワーク	上野健爾	微分積分、指数対数、三角関数などが文化や社会、科学の中でどのように使われているのか。さまざまな応用場面での数学の役割を考える。 (鳴海風)

書名	著者	紹介
算法少女	遠藤寛子	父から和算を学ぶ町娘あきは、算額に誤りを見つけ声を上げた。と、若侍が……。算額への誘いとして定評の少年少女向け歴史小説。箕田源二郎・絵
演習詳解 力学[第2版]	江沢洋／中村孔二／山本義隆	経験豊かな執筆陣が妥協を排し世に送った最高の演習書。練り上げられた問題と丁寧な解答は知的刺激に溢れ、力学の醍醐味を存分に味わうことができる。
原論文で学ぶアインシュタインの相対性理論	唐木田健一	ベクトルや微分など数学の予備知識も解説しつつ、一九〇五年発表のアインシュタインの原論文を丁寧に読み解く。初学者のための相対性理論入門。
医学概論	川喜田愛郎	医学の歴史、ヒトの体と病気のしくみを概説。現代医療で見過ごされがちな「病人の存在」を見据えつつ、「医学とは何か」を考える。（酒井忠昭）
初等数学史(上)	フロリアン・カジョリ 小倉金之助補訳 中村滋校訂	厖大で精緻な文献調査にもとづく記念碑的著作。古代エジプト・バビロニアからギリシャ・インド・アラビアへいたる歴史を概観する。図版多数。
初等数学史(下)	フロリアン・カジョリ 小倉金之助補訳 中村滋校訂	商業や技術の一環としても発達した数学。下巻は対数・小数の発明、記号代数学の発展、非ユークリッド幾何学など。文庫化にあたり全面的に校訂。
複素解析	笠原乾吉	複素数が織りなす、調和に満ちた美しい数の世界とは。微積分に関する基本事項から楕円関数の話題までがコンパクトに詰まった、定評ある入門書。
初等整数論入門	銀林浩	「神が作った」とも言われる整数。そこには単純に見えて、底知れぬ深い世界が広がっている。互除法、合同式からイデアルまで。（野﨑昭弘）
新しい自然学	蔵本由紀	科学的知のいびつさが様々な状況で露呈する現代。非線形科学の泰斗が従来の科学観を相対化し、全く新しい自然学の見方を提唱する。（中村桂子）

書名	著者/訳者	内容
ゲルファント 座標法 やさしい数学入門	ゲルファント/グラゴレヴァ/キリロフ 坂本實訳	座標は幾何と代数の世界をつなぐ重要な概念。数直線のおさらいから四次元の座標幾何まで、世界的数学者が丁寧に解説する入門書。
ゲルファント 関数とグラフ やさしい数学入門	ゲルファント/グラゴレヴァ/シノール 坂本實訳	数学でも「大づかみに理解する」ことは大事。グラフ化＝可視化は、関数の振る舞いをマクロに捉える強力なツールだ。世界的数学者による入門書。
解析序説	小林龍一/廣瀬健/佐藤總夫	自然や社会を解析するための、「活きた微積分」のセンスを磨く。差分・微分方程式までをも丁寧にカバーした入門者向け学習書。〔笠原晧司〕
確率論の基礎概念	A・N・コルモゴロフ 坂本實訳	確率論の現代化に決定的な影響を与えた『確率論の基礎概念』に加え、有名な論文「確率論における解析的方法について」を併録。全篇新訳。
物理現象のフーリエ解析	小出昭一郎	熱・光・音の伝播から量子論まで、振動・波動にもとづく物理現象とフーリエ変換の関わりを丁寧に解説。物理学の泰斗による名教科書。〔千葉逸人〕
ガロワ正伝	佐々木力	最大の謎、決闘の理由がついに明かされる！ 難解なガロワの数学思想をひもといた後世の数学者たちの物理学者たちの奮闘の歴史と今日的課題に迫る。写真・図版多数。
ブラックホール	R・ルフィーニ 齊藤芳正訳	相対性理論から浮かび上がる宇宙の「穴」。星と時空の謎に挑んだ物理学者たちの奮闘の歴史と今日的課題に迫る。
はじめてのオペレーションズ・リサーチ	佐藤文隆 齊藤芳正訳	問題を最も効率よく解決するための科学的意思決定の手法。当初は軍事作戦計画として創案されたが、現在では経営科学等多くの分野で用いられている。
システム分析入門	齊藤芳正	意思決定の場に直面した時、問題を解決し目標を達成する多くの手段から、最適な方法を選択するための論理的思考。その技法を丁寧に解説する。

数学をいかに使うか	志村五郎	「何でも厳密に」などとは考えてはいけない」——。世界的数学者が教える「使える」数学とは。文庫版オリジナル書き下ろし。
数学をいかに教えるか	志村五郎	日米両国で長年教えてきた著者が日本の教育を斬る！掛け算の順序問題、悪い証明と間違えやすい公式のことから外国語の教え方まで。
記憶の切繪図	志村五郎	世界的数学者の自伝的回想。幼年時代、プリンストンでの研究生活と数多くの数学者との交流と評価。巻末に「志村予想」への言及と収録。（時枝正）
通信の数学的理論	C・E・シャノン／W・ウィーバー　植松友彦訳	IT社会の根幹をなす情報理論はここから始まった。発展もちじるしい最先端の分野に、今なお根源的な洞察をもたらした古典的論文が新訳で復刊。
数学という学問 I	志賀浩二	ひとつの学問として、広がり、深まりゆく数学。数・微積分・無限など「概念」の誕生と発展を軸にその歩みを辿る。オリジナル書き下ろし。全3巻。
現代数学への招待	志賀浩二	「多様体」は今や現代数学必須の概念。「位相」「微分」などの基礎概念を丁寧に解説・図説しながら、多様体のもつ深い意味を探ってゆく。
シュヴァレー　リー群論	クロード・シュヴァレー　齋藤正彦訳	現代的な視点から、リー群を初めて大局的に論じた古典的著作。著者の導いた諸定理はいまなお有用性を失わない。本邦初訳。
現代数学の考え方	イアン・スチュアート　芹沢正三訳	現代数学は怖くない！集合」「関数」「確率」などの基本概念をイメージ豊かに解説。直観で現代数学の全体を見渡せる入門書。図版多数。（平井武）
若き数学者への手紙	イアン・スチュアート　冨永星訳	数学者になるってどういうこと？現役で活躍する数学者が豊富な実体験を紹介。数学との付き合い方から「してはいけないこと」まで。（砂田利一）

飛行機物語	鈴木真二
なめらかな社会とその敵	鈴木健
集合論入門	赤攝也
確率論入門	赤攝也
現代の初等幾何学	赤攝也
現代数学概論	赤攝也
数学と文化	赤攝也
微積分入門	W・W・ソーヤー 小松勇作 訳
新式算術講義	高木貞治

なぜ金属製の重い機体が自由に空を飛べるのか？ その工学的な根本的なバージョンアップを構想した画期的 著作、ついに文庫化！ 複雑な世界を複雑なまま生 きることはいかにして可能か。本書は今こそ新しい。

「ものの集まり」という素朴な概念が生んだ奇妙な 世界、集合論。部分集合・空集合などの基礎から、 丁寧な叙述で連続体や順序数の深みへといざなう。

ラプラス流の古典確率論とボレル―コルモゴロフ流 の現代確率論。両者の関係性を意識しつつ、確率の 基礎概念と数理を多数の例とともに丁寧に解説。

ユークリッドの平面幾何を公理的に再構成するに は？ 現代数学の考え方に触れつつ、幾何学が持つ 面白さも体感できるよう初学者への配慮溢れる一冊。

初学者には抽象的でとっつきにくい〈現代数学〉。 「集合」「写像とグラフ」「群論」「数学的構造」と いった基本的概念を手掛かりに概説した入門書。

諸科学や諸技術の根幹を担う数学、また「論理的・ 体系的な思考」を培う数学。この数学とは何ものな のか？ 数学の思想と文化を究明する入門概説。

微積分の考え方は、日常生活のなかから自然に出て くるもの。∫や∬の記号を使わず、具体例に沿っ て説明した定評ある入門書。

算術は現代でいう数論。数の自明を疑わない明治の 読者にその基礎を当時の最新学説で説く。『解析概 論』の著者若き日の意欲作。 (高瀬正仁)

ガウスの数論　高瀬正仁

青年ガウスは目覚めるとともに正十七角形の作図法を思いついた。初等幾何に露頭した数論の一端！　創造の世界の不思議に迫る原典講読第2弾。

評伝　岡潔　星の章　高瀬正仁

詩人数学者と呼ばれ、数学の世界に日本的情緒を見事開花させた不世出の天才・岡潔。その人間形成と研究生活を克明に描く。誕生から研究の絶頂期へ。

評伝　岡潔　花の章　高瀬正仁

野を歩き、花を摘むように数学的自然を彷徨した岡潔は、数学の絶頂期から晩年、逝去に至るまで丹念に描く。その圧倒的な数学世界を、絶頂期から晩年、逝去に至るまで丹念に描く。

高橋秀俊の物理学講義　高橋秀俊／藤村靖

ロゲルギストを主宰した研究者の物理的センスとは。力について、示量変数と示強変数ルジャンドル変換、変分原理などの汎論四〇講。（上條隆志）

物理学入門　武谷三男

科学とはどんなものか。ギリシャの力学から惑星の運動解明まで、理論変革の跡をひも解いた科学論。三段階論で知られる著者の入門書。アインシュタインも絶賛した数学読みの古典的名著。（田崎晴明）

数は科学の言葉　トビアス・ダンツィク／水谷淳訳

数感覚の芽生えから実数論・無限論の誕生まで、数万年にわたる人類と数の歴史を活写。物の古典的名著。

常微分方程式　竹之内脩

初学者を対象に基礎理論を学ぶとともに、重要な具体例を取り上げ、それぞれの方程式の解法と解について解説する。練習問題を付した定評ある教科書。

対称性の数学　高橋礼司

モザイク文様等〝平面の結晶群〟ともいうべき周期性をもった図形の対称性を考察し、視覚イメージから抽象的な群論的思考へと誘う入門書。（梅田亨）

数理のめがね　坪井忠二

勝負の確率といった身近な現象物のかぞえ方、地球物理学の大家による数理エッセイ。後半に「微分方程式雑記帳」を収録する。

一般相対性理論　P・A・M・ディラック　江沢洋訳

一般相対性理論の核心に最短距離で到達すべく、卓抜した数学的記述で簡明直截に書かれた天才ディラックによる不朽の名著。詳細な解説を付す。

幾何学　ルネ・デカルト　原亨吉訳

哲学のみならず数学においても不朽の功績を遺したデカルト。『方法序説』の本論として発表された『幾何学』、初の文庫化！

不変量と対称性　今井淳/寺尾宏明/中村博昭

数とは何かそして何であるべきか
変えても変わらない不変量とは？ そしてその意味や用途とは？ ガロア理論や結び目の現代数学に現われる、上級の数学センスをさぐる7講義。

数学的に考える　キース・デブリン　冨永星訳

リヒャルト・デデキント　渕野昌訳・解説
「数とは何かそしてなんであるべきか？」「連続性と無理数」の二論文を収録。現代の視点から数学の基礎付けを試みた充実の訳者解説を付す。新訳。

代数的構造　遠山啓

ビジネスにも有用な数学的思考法とは？ 言葉を厳密に使う、量を用いて考える、分析的に考えるといったポイントからとことん丁寧に、解説する。

現代数学入門　遠山啓

群・環・体などの代数の基本概念の構造を、構造主義の歴史をおりまぜつつ、卓抜な比喩とていねいな計算で確かめていく抽象代数学入門。（銀林浩）

代数入門　遠山啓

現代数学、恐るるに足らず！ 学校数学より日常の感覚の中に集合や構造、関数や群、位相の考え方を探る大人のための入門書。（エッセイ 亀井哲治郎）

オイラー博士の素敵な数式　ポール・J・ナーイン　小山信也訳

文字から文字式へ、そして方程式へ。巧みな例示と丁寧な叙述で「方程式とは何か」を説いた最晩年の名著。遠山数学の到達点がここに！（小林道正）

数学史上最も偉大で美しい式を無限級数の和やフーリエ変換、ディラック関数などの歴史的側面を説明した後、計算式を用い丁寧に解説した入門書。

遊歴算家・山口和「奥の細道」をゆく	鳴海 風・高山ケンタ・画	全国を旅し数学を教えた山口和。彼の道中日記をもとに数々のエピソードや数学愛好者の思いを描いた和算時代小説。文庫オリジナル。（上野健爾）
不完全性定理	野﨑昭弘	事実・推論・証明……。理屈っぽいとケムたがられる話題を、なるほどと納得させながら、ユーモアたっぷりにひもといたゲーデルへの超入門書。
数学的センス	野﨑昭弘	美しい数学とは詩なのです。いまさら数学者にはなれないけれどもやり直したい人のために応えてくれる心やさしいエッセイ風数学再入門。
高等学校の確率・統計	黒田孝郎／森毅／小島順／野﨑昭弘ほか	成績の平均や偏差値はおなじみでも、実務の水準とは隔たりが！ 基礎からやり直したい人のための検定教科書指導書付きで復活。
高等学校の基礎解析	黒田孝郎／森毅／小島順／野﨑昭弘ほか	わかってしまえば日常感覚に近いものながら、数学挫折のきっかけの微分・積分。その基礎を丁寧にひもといた再入門のための検定教科書第2弾！
高等学校の微分・積分	黒田孝郎／森毅／小島順／野﨑昭弘ほか	高校数学のハイライト「微分・積分」！ その入門コース『基礎解析』に続く本格コース。公式暗記の学習からほど遠い、特色ある教科書の文庫化第3弾。
算数・数学24の真珠	野﨑昭弘	算数・数学には基本中の基本〈真珠〉となる考え方がある。ゼロ、円周率、＋と－、無限……。数学のエッセンスを優しい語り口で説く。（亀井哲治郎）
数学の楽しみ	テオニ・パパス 安原和見訳	ここにも数学があった！ 石鹸の泡、くもの巣、雪片曲線、一筆書きパズル、魔方陣、DNAらせん……。イラストも楽しい数学入門150篇。
相対性理論（下）	W・パウリ 内山龍雄訳	アインシュタインが絶賛し、物理学者内山龍雄をして、研究を措いてでも訳したかったと言わしめた、相対論三大名著の一冊。（細谷暁夫）

確率論入門
かくりつろんにゅうもん

二〇一四年九月十日　第一刷発行
二〇二三年四月十五日　第三刷発行

著　者　赤　攝也（せき・せつや）
発行者　喜入冬子
発行所　株式会社　筑摩書房
　　　　東京都台東区蔵前二―五―三　〒一一一―八七五五
　　　　電話番号　〇三―五六八七―二六〇一（代表）
装幀者　安野光雅
印刷所　株式会社加藤文明社
製本所　株式会社積信堂

乱丁・落丁本の場合は、送料小社負担でお取り替えいたします。
本書をコピー、スキャニング等の方法により無許諾で複製することは、法令に規定された場合を除いて禁止されています。請負業者等の第三者によるデジタル化は一切認められていませんので、ご注意ください。

© SETSUYA SEKI 2014　Printed in Japan
ISBN978-4-480-09628-9 C0141